高等学校数字媒体专业规划教材

交互设计概论

The Fundamentals of Interaction Design(2nd Ed) 第❷版

李四达 编著

清华大学出版社
北 京

内容简介

本书是国内首次采用课程教学的形式，深入论述交互设计理论、方法、历史和课程实践的教材之一，重点关注用户体验、可用性、需求分析、原型设计、情感化设计、创意思维和UI设计等概念与实践。全书共分10课，全面介绍交互设计师的职业、工具、设计方法与工作流程。本书内容丰富，资料新颖，条理清晰，图文并茂，内容切合实际并与课程教学紧密联系，课后的思考与实践题可供读者复习与参考。本书可作为高等院校“交互设计”“用户研究”和“界面设计”等课程的教材，也可作为设计爱好者的自学用书。

本书提供教学配套资源，内容包括课程的电子教案、UI设计组件和素材包等，可在清华大学出版社官网上下载。

图书在版编目（CIP）数据

交互设计概论 / 李四达编著 . —2 版 . —北京：清华大学出版社，2020.1（2025.2 重印）
高等学校数字媒体专业规划教材
ISBN 978-7-302-53351-1

Ⅰ . ①交… Ⅱ . ①李… Ⅲ . ①人机界面 – 程序设计 – 高等学校 – 教材 Ⅳ . ① TP311.1

中国版本图书馆 CIP 数据核字（2019）第 163550 号

责任编辑：袁勤勇
封面设计：李四达
责任校对：焦丽丽
责任印制：曹婉颖

出版发行：清华大学出版社
网　　址：https://www.tup.com.cn，https://www.wqxuetang.com
地　　址：北京清华大学学研大厦 A 座　　**邮　　编：**100084
社 总 机：010-83470000　　**邮　　购：**010-62786544
投稿与读者服务：010-62776969, c-service@tup.tsinghua.edu.cn
质量反馈：010-62772015, zhiliang@tup.tsinghua.edu.cn
印 装 者：北京博海升彩色印刷有限公司
经　　销：全国新华书店
开　　本：210mm × 260mm　　**印　　张：**19.75　　**字　　数：**519 千字
版　　次：2009 年 9 月第 1 版　2020 年 1 月第 2 版　　**印　　次：**2025 年 2 月第7次印刷
定　　价：69.00 元

产品编号：083945-01

前　　言

2008年，万众瞩目的北京奥运会胜利召开，人们沉浸在欢乐喜庆的气氛中。此时也正是Web 2.0风起云涌、iPhone手机登场之时，网页设计师、交互设计师、UI设计师、用户体验设计师等一系列新的名词引发了大家的关注，引发笔者撰写了《交互设计概论》。该书是最早系统论述交互设计理论、历史、方法与实践的高校专业教材之一。出版后，得到了众多专家、学者和读者的好评，也成为一代莘莘学子青春记忆的一部分。时光荏苒，白驹过隙，一晃十年已逝，而放眼当今世界，早已是智能手机与交互媒体的天下。交互设计也已经从当年的幼苗成长为枝繁叶茂的参天大树。媒介与环境的变迁、理论与实践的积累，成为作者重写本书的动力，相信读者能够从该书中体会到时代的脉搏以及作者对交互设计更深刻的认识。

每一种新媒介的产生都开创了人类认知世界的新方式，并改变了人们的社会行为。手机改变世界。刷脸购物、共享经济、体验时代、互联网+、O2O等新词汇预示着新生活，如今的"手机人类"正在经历着最剧烈的文化碰撞。正如传媒大师和先哲麦克卢汉所预言的那样："任何新媒介都是一个进化的过程，一个生物裂变的过程。它为人类打开通向感知和新型活动领域的大门。"今天，体验经济不仅改变了以产品为核心的商业模式，而且也改变了设计。苹果的简约风吹遍全球，谷歌的"材质设计"成为UI设计的新时尚，一种基于流动的、交互的、大众的和服务的设计美学呼之欲出。正是简约、高效、扁平化、直觉、人性关爱、回归自然代表了交互设计之美。共享、共创、共赢和独特的个性化设计正在成为设计潮流。今天，伪扁平化设计、后直觉主义、材料美学、超实用性、魔幻现实主义、自然的借鉴、多重维度、交互与流动、触摸与灵感……所有这一切都将成为新时代设计师的语言，个性、顿悟、创意、梦想、浪漫、伤感、回归和对人生价值的追求将成为未来设计师的坐标。人工智能设计时代即将来临，创意与分析、可视化与大数据、灵感与逻辑、右脑与左脑的结合已成为"跨界人才"的标准，交互设计指引着人机混合创意的未来之路。

《交互设计概论（第2版）》采用课程教学的形式，深入论述交互设计理论、方法、历史和课程实践，重点关注用户体验、可用性、需求分析、用户研究、原型设计、情感化设计、创意思维和扁平化UI设计等概念与实践，同时对设计工具、方法与流程进行深入的介绍。全书资料新颖、插图精美、彩色印刷，作者期望用通俗、简洁的语言和课后的思考与实践，带给读者不一样的阅读体验。在这个"手机阅读"的时代，一个精心建设的精品课程会给你带来美的享受和智慧的力量。本书的出版得到全国高等院校计算机基础教育研究会教育教学研究课题和吉林动画学院的支持，写作和资料收集得到了苏绮雯同学的协助，在此一并表示感谢！

作　者

2019年2月于北京

目　　录

1.1 交互与交互设计

1.2 什么是交互设计

1.3 交互设计5要素

1.4 交互设计与文化

1.5 交互设计的范畴

1.6 交互设计的对象

1.7 交互设计的意义

1.8 交互设计关键词

第1课 交互设计基础

随着数字科技的发展和体验经济时代的到来，从教育、金融、医疗、养老保健到数字娱乐和休闲旅游，交互设计在生活中的作用越来越重要。本课的重点是交互设计定义、范畴、价值、意义、要素以及关键词。这些内容是交互设计的理论基础。

1.1 交互与交互设计

“交互”或“互动”的历史可以上溯到早期人类在狩猎、捕鱼、种植活动中的人与人、人与工具之间的关系。在《说文解字》中如此解释：“互，可以收绳也，从竹象形，人手所推握也”。其意思是：“互”是象形字，像绞绳子的工具，中间像人手握着正在操作的样子。范仲淹的《岳阳楼记》中有“渔歌互答”之句，沈括《梦溪笔谈·活版》当中还有“更互用之”。“交互”除了指人与人之间的相互交往以外，也特指人与物（特别是人造物体）之间的关系，如人们对乐器、饰品、钱币、玩具和收藏品的鉴赏、把玩或体验过程。中国古代的许多伟大发明都蕴含有“交流与互动”的含义。例如，我国1978年在湖北随州出土的曾侯乙编钟就代表了2000多年前古人的精湛的工艺制造水平(图1-1)。钟是一种用于祭祀或宴饮的打击乐器。最初的钟是由商代的铜铙演变而来，频率不同的钟依大小次序成组悬挂在钟架上，形成合律合奏的音阶，故称为编钟。曾侯乙编钟是我国迄今发现数量最多、保存最好、音律最全、气势最宏伟的一套编钟。这套编钟深埋地下2400多年，至今仍能演奏乐曲，音律准确，音色优美。除了编钟外，中国的许多古代流传下来的玩具、游戏和日用品，如铜镜、风筝、空竹、鞭炮、套圈、七巧板、九连环、华容道、麻将、围棋、象棋、纸牌等均蕴涵了“互动”与“用户控制和体验”的思想。

图1-1　在湖北随州出土的战国时期的曾侯乙编钟

“交互”或“互动”一词在英文中出现较早，其英文为Interact，意为互相作用、互相影响、互相制约和交互感应。形容词为Interactive，即“相互作用或相互影响的”含义。“互动”在中文中原属社会学术语，指人与人之间的相互作用，分为感官互动、情绪互动、理智互动等，指共同参与、相互影响、相互作用。随着数字媒体的发展，“互动”在这一领域里特指人机之间的相互影响和作用。计算机交互技术的出现，使人与人之间情感的互动开始转移为人与计算机之间情感的交互。简言之，“互动”可理解为人与人或人与物的相互作用之后，给人感官或心理上产生某种感受的过程。交互设计（Interaction Design，IxD）从狭义上看，就是指人与智能媒介之间的交互方式。例如，由日本 Teamlab 新媒体艺术家团体打造的全球首家“数字艺术博物馆”（图 1-2）就将自然互动的娱乐体验发挥到了极致。此外，智慧服装、人脸识别、GPS 定位智能鞋甚至所有基于“互联网 +”概念设计的智能家居等都是交互设计的范例。交互方式代表了不同的行为隐喻，并帮助全球几亿人欣赏和分享照片、浏览新闻、发邮件、玩游戏或微信聊天等。所有这些事情不仅依赖于数字和工程技术的发展，而且正是交互设计，或者人性化的人机互动方式（界面设计），才能使这些数字媒体产品和服务成为贴心的伙伴、省力的助手、娱乐的源泉和最亲密的朋友。

图 1-2　位于日本东京的全球首家数字艺术博物馆（2018 年）

1.2　什么是交互设计

在今天的数字信息社会中，我们每时每刻都在享受着交互设计所带来的数字化生活。每天全球都有数亿人在手机上发邮件、刷朋友圈、玩抖音、晒照片、秀美图……同样，当使用微信或支付宝付款，用地铁触摸屏查询地址，在虚拟游戏厅体验激情或是去网络咖啡厅冲浪，都受益于良好的交互设计。与此相反，你也可能每天从下述方面深受拙劣交互设计的困扰，例如，在公交车站候车却无法获知下趟车何时到站，在浏览器输入一个网址后没有任何反应，一个软件或服务花上 10 分钟的时间还不知道如何操作。这些违反常理和人性的交互设计使得我们面对数字化生活而心有余悸。此外，还有周围的老人、儿童、残疾人和对计算机并不十分熟悉的庞大群体，这也使得交互设计的需求越来越重要。

在 2017 年的一次演讲中，阿里巴巴董事局主席马云曾经以一个老太太在银行排队缴费所遇到的种种麻烦为例，指出："我希望支付宝能够让任何一个老太太的权利，跟银行董事长的权利是一样的。"如今，支付宝已经完全改变了我们的生活方式（图 1-3）。支付宝不仅是一种具有原创性的无现金社会解决方案，而且成为我国未来建立庞大的社会信用体系的基础，而交互设计就是其中最重要的一环。

图 1-3　支付宝的出现将把中国变成无现金交易的国家

交互设计是关注人与人之间如何能够借助机器来相互沟通和相互理解的一个领域。交互设计专家琼·库珂（Jon Kolko）在《交互设计沉思录》中指出："所谓交互设计，就是指在人与产品、服务或系统之间创建一系列的对话。""交互设计是一种行为的设计，是人与人工智能之间的沟通桥梁。"因此，交互设计就是通过产品的人性化，增强、改善和丰富人们的体验。无论是微信还是美团，陌陌还是滴滴打车，所有的服务都离不开对用户需求的分析。无论是老年人还是儿童，都是当今信息社会的成员，但作为特殊群体，他们也同样面临着与当下技术环境"对话"的困惑或障碍（图 1-4），而交互设计师正是通过产品设计的人性化和通用性，来帮助这些特殊群体克服技术障碍的人。斯坦福大学教授、《软件设计的艺术》的作者特里·维诺格拉德（Terry Winograd）把交互设计描述为"人类交流和交互空间的设计"。同样，卡耐基·梅隆大学的交互设计师、斯坦福大学教授丹·塞弗（Dan Saffer）在《交互设计指南》（*Designing for Interaction*）一书中指出："交互设计是围绕人的：人是如何通过他们使用的产品、服务连接其他人。"

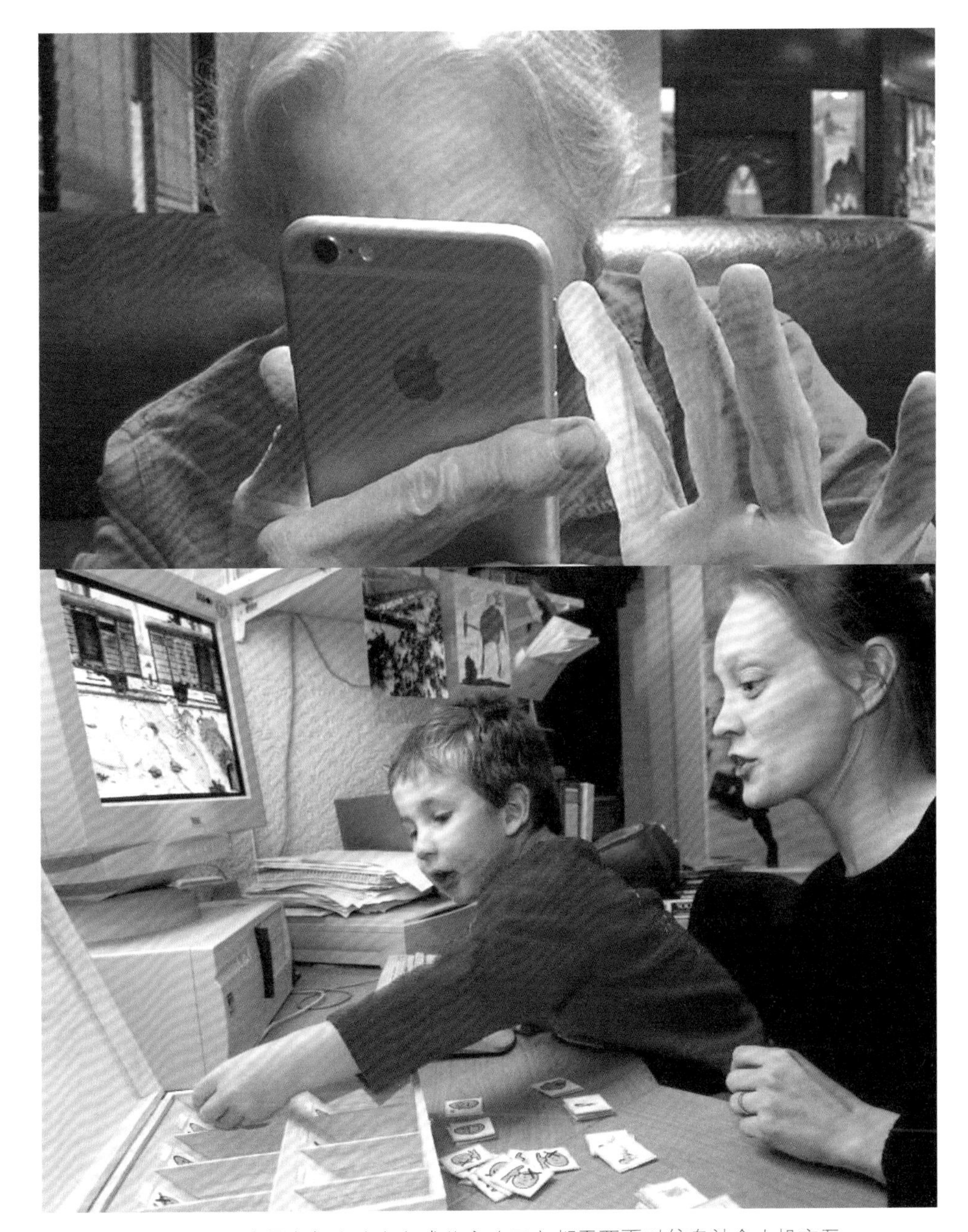

图 1-4　无论是老年人（上）或儿童（下）都需要面对信息社会人机交互

1.3　交互设计5要素

交互设计创始人之一、世界最早的交互设计研究机构——艾雷维尔交互设计学院（Ivrea Interaction Design Institute）负责人格莉安·史密斯（Gillian C. Smith）博士认为：正如工业设计师为我们的家庭和办公环境塑造出各种日常生活的工业产品一样，交互设计是借助交互技术来塑造我们的交互式生活——计算机、电信和移动电话等。如果要我用一句话来描述或总结交互设计，我要说："交互设计是通过数字化产品或界面来打造和丰富我们的日常生活，无论你是在工作、玩耍或是娱乐休闲。"除了衣食住行的生活服务外，媒体与社交是交互设计的重要考量因素之一。著名交互设计大师比尔·莫格里奇(Bill Moggridge，1943—2012，图 1-5，右上）指出：除了好用（usability）、实用（utility）、满足（satisfaction）与对话（communicative quality）功能外，我们应该再将社交（sociability）列为设计的第 5 要素。特别是在今天这样一个网络高速发展的时代，交互设计必须明确地将媒体与社交平台列入设计重点。莫格里奇曾担任伦敦皇家艺术学院客座教授及美国斯坦福大学教授，他在 2003 年出版了该领域第一本学术专著《设计交互》（图 1-5，左），系统介绍了交互设计发展的历史、方法以及如何设计交互体验原型。

图 1-5 《设计交互》图书及封面（左）和比尔·莫格里奇（右）

20 世纪 80 年代中期，莫格里奇提出了"交互设计"的词汇，用来描述他们的发明世界第一台笔记本计算机 GRiD Compass（图 1-6）的工作。当时受苹果公司总裁史蒂夫·乔布斯委托，工业设计师莫格里奇和 IDEO 设计公司的同事们出色地完成了这个设计任务。莫格里奇意识到：他们一直在从事一种非常不同的设计工作。虽然与视觉传达、人机工程学、工业设计和人机界面设计等领域重叠或交叉，但交互设计明确地是一个新的领域。莫格里奇指出：当设计师关注如何通过了解人们的潜在需求、行为和期望来提供设计的新方向（包括产品、服务、空间、媒体和基于软件的交互），那他从事的工作就是属于交互设计。莫格里奇还指出："数字技术改变我们和其他东西之间的交流（交互）方式，从游戏到工具。数字产品的设计师不再认为他们只是设计一个物体（漂亮的或商业化的），而是设计与之相关的交互。"

图 1-6　莫格里奇参与设计的世界第一台笔记本计算机 GRiDCompass

"对话"与"社交"是交互设计的重要领域。我们正是通过媒介，如微信、QQ、抖音、朋友圈、支付宝、微博、陌陌、淘宝和滴滴出行等"技术环境"彼此沟通和交流。因此，媒介的本质就是人类生存的技术环境，如我们现在随身携带的智能手机，就把整个社会人与人，人与服务联系了在一起（图 1-7）。媒体（medium）意为"二者之间"，被借用来说明信息传播的一切中介，通常指传播信息的物质载体或技术手段。具体来说，"媒体"一般就是指信息的承载物，而信息包括文字、图形、图像、视频、声音、语言等多种形态。媒体是人与人之间信息交流所依赖的物质和能量信号。信息科学的研究表明，人与人之间交流的信息是被主体感知或描述的客观事物运动状态及其变化方式。一切信息都是由特定的物质运动过程产生、发送、接收和利用的。这种物质叫做信息载体，如声波、光波、电磁波等。媒体是任何传播过程所不可或缺的一个环节，是传播活动的必要构成因素之一。

图 1-7　支付宝和抖音等手机应用已经成为不可或缺的生活方式

加拿大媒介学者米歇尔·麦克卢汉（Marshall McLuhan，1911—1980，图 1-8）指出：“任何技术都逐渐创造出一种全新的人的环境，环境并非消极的包装用品，而是积极的作用进程。”麦克卢汉认为：媒介是人体和人脑的延伸，如衣服是肌肤延伸，住房是体温调节机制的延伸，自行车和汽车是腿脚的延伸，而计算机则是智慧（人脑）的延伸。因此，媒介或技术是社会发展的基本动力，每一种新的媒介的产生，都开创了人类交往和社会生活的新方式。理解媒介文化和数字媒介是当代社会从事设计、软件和信息交流技术工作所不可或缺的知识背景。

图 1-8　麦克卢汉（左）和其著名的《理解媒介：论人的延伸》（右）

1.4 交互设计与文化

被誉为麦克卢汉之后最具启发性的媒体历史学家、美国纽约城市大学教授列夫·曼诺维奇（Lev Mannovich）在其 2013 年出版的《软件为王：新媒体语言的延伸》一书中指出："为什么新媒体和软件值得特别关注？因为事实上，今天几乎所有的文化领域，除了纯美术和工艺品外，软件早已取代了传统媒体，成为创建、存储、传播和生产文化产品的手段。"因此，曼诺维奇认为："19 世纪的'文化'由小说定义，20 世纪的'文化'由电影定义，而 21 世纪的'文化'则由交互界面定义。"如图 1-9 所示。当代社会文化的本质就是交互界面及其衍生产品。从这点上看，软件设计、交互设计在当今社会具有重要的文化属性。曼诺维奇教授是纽约城市大学数据分析方向的博士导师，利用数据分析方法进行文化研究。1996 年，他在加州大学圣地亚哥分校任教时，就要求媒体艺术的学生至少要选两门计算机方向的课程。在 2017 年中央美术学院举办的学术论坛中，在被问及如何才能培养出新型艺术人才时，曼诺维奇回答道："面向未来的专业艺术教育必须包含计算机 / 数据科学的内容，而且要和专业艺术教育占有同等的地位，只有这样才能适应文化创意产业的发展。"

图 1-9　美国纽约城市大学教授列夫·曼诺维奇

曼诺维奇进一步指出，今天的"传统媒体"已成为软件化、数字化之后的数字媒体，媒体软件不仅替换了绝大多数媒体（如照相机、纸张文具和报纸电视等），而且也改变了"媒体"的本质，产生了新媒体的美学和视觉语言。如今，无论是工作、娱乐、休闲，离开了软件几乎是无法进行的。通过成千上万的各种文化活动，软件已经成为我们与世界和他人，与记忆、知识和想象力发生联系的接口。软件是世界通用语言，也是让当代社会平稳运行的引擎。因此，正如 20 世纪初推动世界的是电力和内燃机，软件则是 21 世纪初推动全球经济、文化的引擎。软件为王，这正是当代新媒体语言或者当代文化语言的基础。

交互设计与数字媒体密不可分。数字媒体是当代信息社会的技术延伸或者数字化生活方式，如当下人们离不开的“两微一快一抖”（微信、微博、快手和抖音），是当今数字信息化社会中的社交媒体、服务媒体、互动媒体、智能推送媒体和数字流行媒介的总称（图 1-10）。数字媒体的基本属性可以从两个方面来定义：从技术角度上看，作为软件形式的数字媒体具有数字化、模块化、分布式、可变性、即时性、可编程、可搜索、超链接和智能响应等特征（冷色系）；从用户角度看，这种媒介属于高黏性媒介（暖色系），包括虚拟性、沉浸感、参与性和交互性等基本特征。例如，根据腾讯网 2015 年底对 10 万手机用户的调查统计分析，近半数用户每天使用移动终端超过 3 小时，其中视频、音乐与游戏成为用户最热衷的娱乐方式。这一比例大大高于人们使用非数字媒介图书、报纸、杂志所占用的时间。所以说数字媒体是高黏性媒介。参与性、交互性是数字社交与服务媒体的重要特征，而虚拟性、沉浸感往往可以在数字化的影视与网络游戏中得到体现。

图 1-10　数字媒体的基本属性和媒介特征

1.5　交互设计的范畴

交互设计并非凭空产生，其源头可以追溯到工业设计和人机工程学。而交互设计过程是生产有用、易用和令人愉悦的产品过程。这一点和工业设计有很多共同点。工业设计偏重真实的空间或实体设计，而不涉及虚拟世界。但随着信息技术的发展，交互设计将越来越显示出横跨真实与虚拟两端的特征（硬件和软件）。此外，交互设计关注更多的是时间轴向上的行为设计，而不仅仅是静态空间轴向的视觉设计。在传统工业设计流程中，设计师积极与用户交流收集见解，以此推动设计的进展，并将用户体验目标贯彻到整个设计过程。以这个前提反观交互设计，二者的目标、使用手段和工具都是大致相同的，但工业设计更关注与人机器的交互，其产品设计的领域更为广泛，而交互设计重点在于数字产品或服务的设计。它与传统的工业设计及视觉传达相重叠或交叉，但二者在产品范围、设计流程和设计工具上都有着明显的区别。著名交互设计专家、斯坦福大学教授丹·塞弗（Dan Saffer）专门绘制了一张学科关系图（图 1-11）来说明交互设计与用户体验及工业设计、视觉设计、心理学等诸多学科的关系。交互设计（英文缩写为 IxD，用以区别于工业设计的缩写 ID）具有的跨学科和多层次的特征，它是以用户体验（UX，或者 UE）为核心，涵盖信息构架、视觉传达、工业设计、认知心理学、人机工程学和界面设计等多学科的综合实践领域。

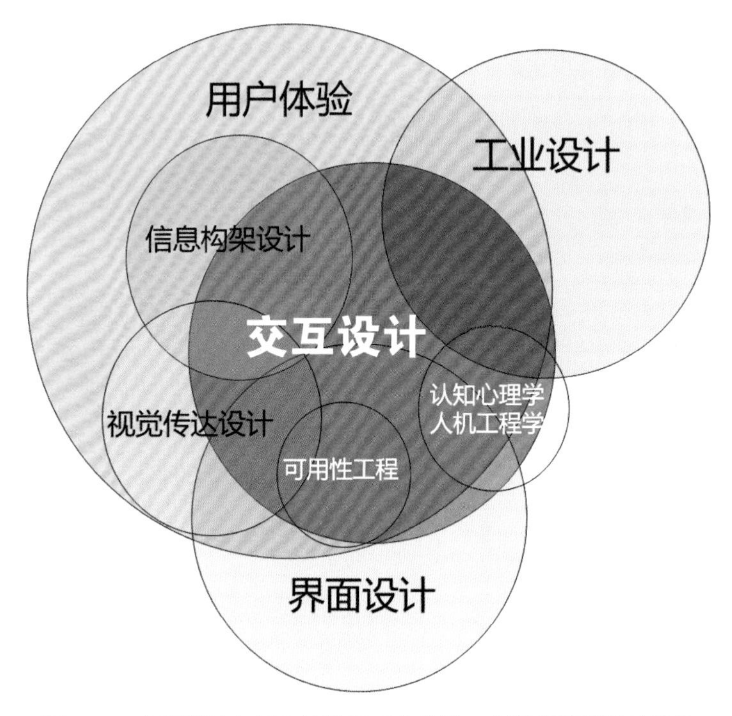

图 1-11　交互设计与用户体验及工业设计、心理学等学科的关系

虽然学术界对于交互设计属于多学科这一点并无争议，但对于交互设计所涉及哪些学科以及各学科所占的比例，不同的设计师则有着不同的答案。例如，著名的 UX 管理专家和设计咨询师朱莉·比莉茨（Julie Blitzer）就通过一张信息图表（图 1-12）来诠释她对交互设计的理解。比莉茨认为交互设计的研究方法源于视觉设计、心理学、计算机科学、工业设计、图书馆学、人类学、行为经济学、市场学、工业设计和建筑学 10 个领域，而且这些学科所占的比重是不同的，该信息图表为我们理解交互设计的范畴提供了另一种视角。

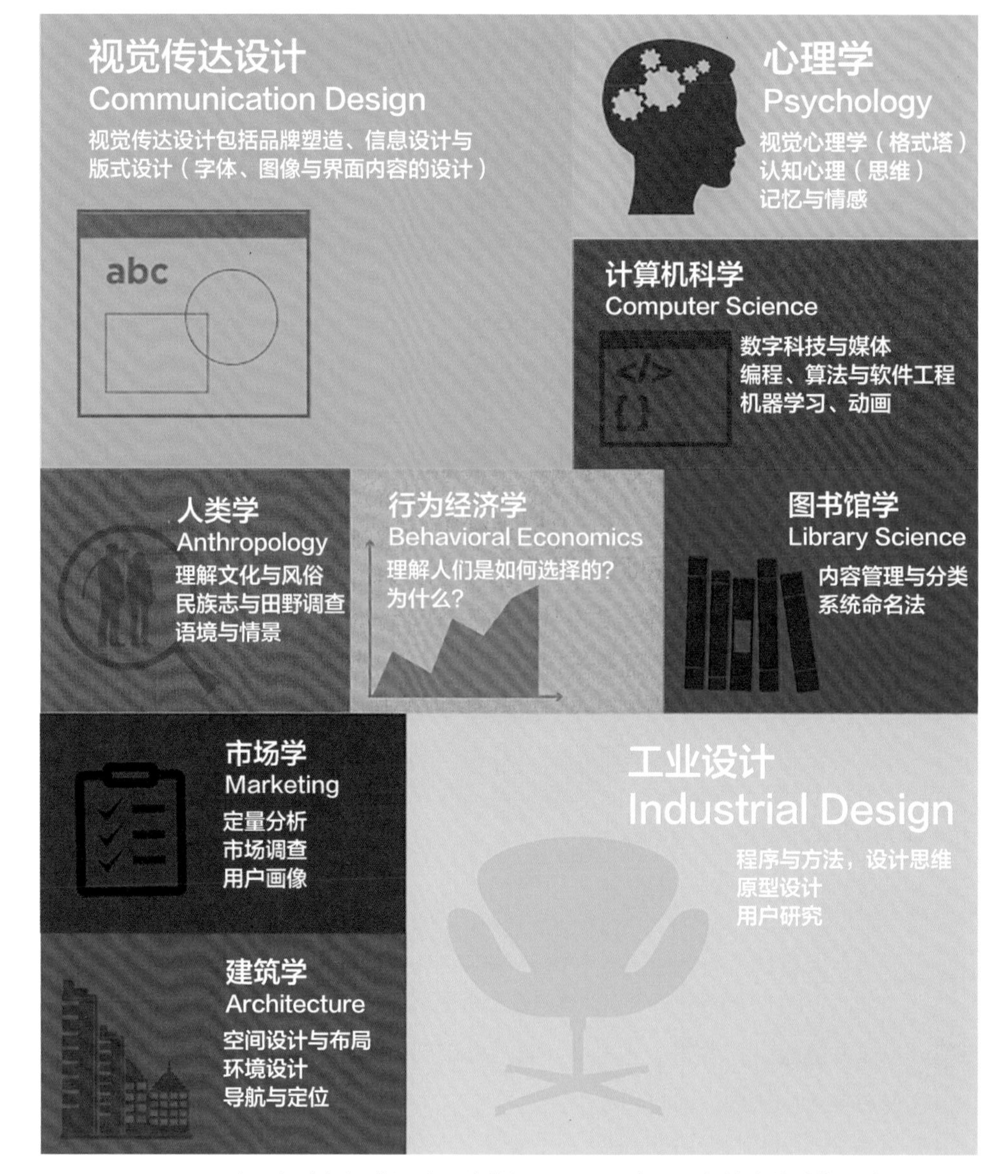

图 1-12　交互设计与视觉设计、计算机、工业设计、人类学等学科的关系

虽然交互设计作为一个正式的学科范畴仅仅有不到 20 年的历史，20 世纪 90 年代以来，通过对最新的人机交互研究成果进行总结，交互设计逐渐形成了自己的理论体系和实践范畴的架构。理论体系方面，交互设计从人机工程学独立出来，更加强调认知心理学以及行为学

和社会学的理论指导；实践方面，交互设计从“人机界面”拓延开来，强调计算机对于人的反馈交互作用。随着计算机技术与通信技术的结合，人工智能的介入，计算机逐渐成为“人类智力放大器”，人机交互也从单纯的计算机输入、输出技术逐渐形成一门涉及设计学、艺术、人类学、物理学、电子和计算机科学、人工智能、信息论和控制论、认知科学和心理学、社会学、人机工程学、工业设计及语言学等多学科相结合的交叉学科。

交互设计属于用户体验的范畴。2010 年，苹果前总裁史蒂夫·乔布斯曾经指出：“我们所做的要讲求商业效益，但这从来不是我们的出发点。一切都从产品和用户体验开始。”由此我们可以看到用户体验的重要性。随着共享经济、体验社会和改善民生等一系列概念的深入人心，用户体验设计、社会创新设计、以用户为中心设计（UCD）等已经成为当前设计的新理念。它的影响力可以堪比历史上的包豪斯主义、极简主义、功能主义、国际主义等著名设计理论。用户体验设计的价值观已经成为设计界的公认的标准，无论是视觉传达、环境、工业造型或新媒体，都必须考虑用户体验，需要用“用户的角度”来看待设计。当年著名的 IDEO 设计公司所提倡的“市场—原型—视觉”的用户体验模型已经成为我们理解交互设计、视觉设计以及用户及市场关系的基础（图 1-13）。

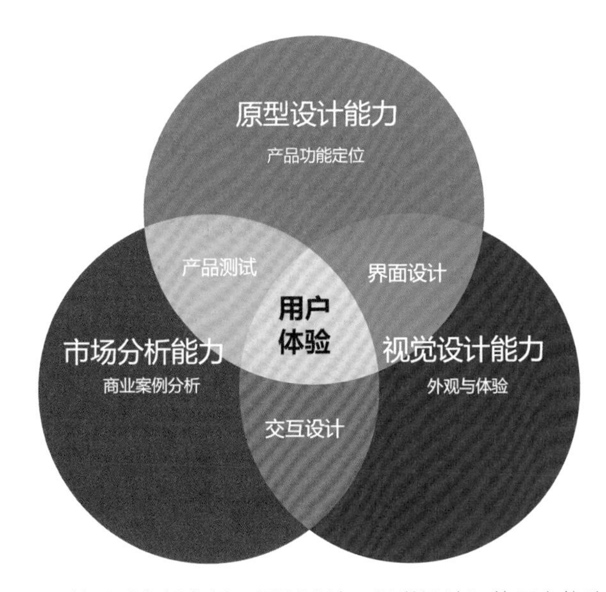

图 1-13　基于“市场分析—原型设计—视觉设计”的用户体验模型

1.6　交互设计的对象

人类生活是建立在交流基础上的，语言和文字信息是人们基本的交流方式，信息交流的根本是对话，而对话的原则是简洁清楚，对话的过程也是检验交流信息能力和对信息的理解度。人从出生就开始利用感官、想象、情感和知识与周围的产品和环境进行某种形式的对话。例如，商店、购物中心、产品目录、邮件、广告牌、博物馆、学校、电视、娱乐、网站等都是人与事物处理关系的场合，对这些设施或服务的信息进行设计，都可以从人机对话的角度进行。因此，交互设计指的是涉及支持人们日常工作与生活的交互式产品的设计。具体说，交互设计就是创建新的用户体验，其目的是增强和扩充人们工作、通信及交互的方式或交互空间。交互设计的对象就是人们日常生活的各种服务的虚拟化形式，也就是基于手机 App、在线网络、公共媒体或者应用于教育、娱乐、医疗或者旅游等领域的软件设计。

近年来，随着电子商务的火爆，电商们纷纷都开始和线下的服务相结合，将购物、旅游、餐饮、外卖、演出、电影等消费活动捆绑在一起。数字化生活已经成为当下年轻人的生活方式（图 1-14）。如美团点评网将旅游服务不断完善，从星级酒店到客栈、民宿，从团购到手机选房，都成为服务特色。因此，交互设计是最“接地气”的设计。例如，去医院的就诊和看病流程就充分体现了服务设计的重要性。该流程包括网上预约，前往医院，取号、就医、化验、缴费、取药等一系列行为，通过科学的设计方法和智能化服务（如手机、触摸屏、自动语音导航等），就可以使医院的服务规范化和简洁化，病人由此可以得到更方便、自然和满意的服务。我们每天经历的方方面面，大到城市轨道交通系统的设计，小到餐饮店的柜台都充满着交互设计的影子，线上 + 线下的用户体验就是交互设计的舞台。

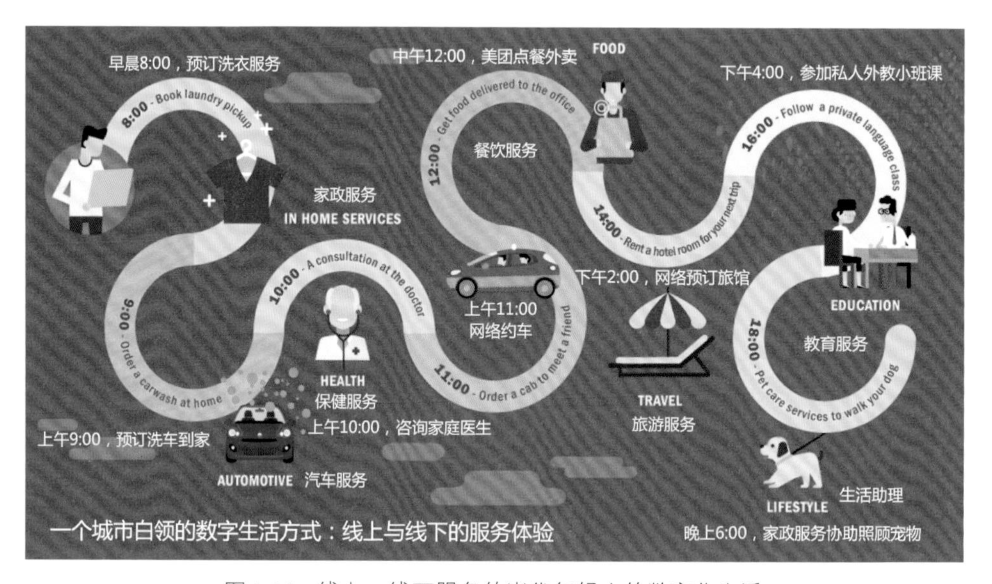

图 1-14　线上 + 线下服务的当代年轻人的数字化生活

交互设计的本质就是沟通的设计。从狭义上看，是指虚拟产品（软件）的界面视觉和交互方式的设计，包括界面视觉（色彩、图像、版式、图标和文字）、控件（按键、窗口、手势、触控）、信息构架（导航）以及动画、视频和多媒体设计的工作。从广义来说，交互设计属于服务设计（Service Design，SD）的范畴。例如，互联网企业最热衷的 O2O 业务（如滴滴打车、淘宝电影、美团、天猫商城）就是指从线上（Online）到线下（Offline）实体的服务的一整套产品和服务体系（图 1-15）。线上是交互设计，而线下则更多涉及物流、餐饮、休闲方式的设计。如果不了解服务的流程和用户体验，自然很难设计出贴心的 App 应用。交互设计师的工作重点是尝试理解用户的不同需求，并通过产品设计或服务设计来改变人们的行为，例如，“陌陌”关注陌生男女交往的方式。“美团”则关注城市白领的餐饮习惯和休闲行为，特别是抓住了“省钱”和“分享”的体验（图 1-16）。交互设计师还是产品“幕后”的策划者和工程师。他不仅在于对用户消费心理的洞悉，而且还应该从各个环节来提供服务的“贴心”和“满意”程度。交互设计师是消费者和产品、服务及企业的沟通桥梁。腾讯、百度等国内企业把交互设计师、视觉设计师（GUI）和用户体验设计师都归类于用户体验部（UED），他们的工作可以统称为用户体验设计。

图 1-15　手机应用的 O2O 模式服务流程（平台 + 线上 + 线下）

图 1-16　“美团”“点评”和“陌陌”的界面与交互

1.7　交互设计的意义

交互设计通过“线上”与“线下”的结合，可以将传统的“不可见”的服务流程“可视化”与“透明化”，使得人们对服务更放心、更信任。例如，超市中可见的部分就是商品本身，但商品的制造、存储、流通和分销过程对于顾客来说就是不可见的过程，这往往会导致人们对服务有着各种各样的疑虑，如担心食品的农药残毒或工业污染。因此，通过建立食品安全追溯的“一条龙”服务，借助食品标签的“二维码”，就可以让消费者能够追踪产品的种植、采收、物流和销售等多个环节（图 1-17）。这也成为数字时代交互设计日趋重要的原因之一：信息可视化、服务透明化、温暖、贴心与高效永远是消费者最为关注的体验。

图 1-17 “食品身份证”是涉及食品安全的跨领域服务设计

此外，交互设计的方式也远不止仅仅靠触摸或手机实现的交互，无论是手势交互、虚拟现实或增强现实，都是媒介大师米歇尔·麦克卢汉（Marshall McLuhan，1911—1980）所说的“卷入式体验”，即全身心投入的，以多感官交互为代表的体验。2012 年，新媒体艺术家杰弗里·肖（Jeffrey Shaw）带领一个国际团队在敦煌完成了一个增强现实的体验项目《净土》（Pure Land 360）。敦煌莫高窟千佛洞的寺庙洞窟群曾经是古丝绸之路沿途往返的主要站点，是一个充满壁画、雕像和建筑纪念碑的艺术宝库，被联合国教科文组织列为世界遗产。据记载，莫高窟历经了前秦、北凉、西魏、北周、隋、唐、五代、宋、西夏、元、清等十几个朝代，共 1600 余年。包括洞窟 492 个，壁画 45000 平方米，彩塑造像 2400 余身。是一处汇集了绘画、雕塑、建筑及东西方文化的人类文化艺术宝库。《净土》以莫高窟第 220 号洞穴的壁画为真实蓝本，重新构建敦煌洞穴中非凡的绘画和雕塑，特别是关于东方药师佛的极乐世界的传说。该作品是一个 360 度全景立体投影剧场，一个沉浸式虚拟仿真环境；带着 3D 眼镜的观众可以看到真实立体的壁画形象（图 1-18）。骑着白象的飞天神佛、莲座上俯视信徒的庄严立像逐次浮现，修复后的壁画颜色华美、神色如真，配合着佛教音乐，让观众得到神圣的宗教体验。这件作品一大特点是对壁画中宴会场景的真实复原，观众选中奏乐人物时，会出现乐器的模型动画与所奏音乐，选中舞蹈仕女时则会出现真人复原舞蹈表演，观众可以直观感受到千年前的艺术历史文化。

图 1-18　杰弗里·肖的敦煌交互体验作品《净土》（局部）

借助新型交互工具的设计，该作品还采用了类似真实洞窟的“手电筒”探宝模式。观众可以用小型 LED 手电筒模拟火炬照亮壁画，这种交互设计方式让观众身临其境地感受到探索洞穴时的真实体验。作品的另外一个亮点是虚拟放大镜，可以让观众通过放大细节并以超高分辨率来观看壁画中的特定物体，如一排香炉和两组音乐家演奏的乐器，这些都被重建为浮出壁画的三维模型（图 1-19，上）。观众还可以通过 LED 手电筒看到敦煌彩塑当年的原始色彩，而这些鲜艳的颜色经过千年的砂石风化和侵蚀后几乎已经完全看不到了（图 1-19，中）。此外，当观众扫描到壁画的歌舞场面时，还会从壁画中弹出来几个舞蹈少女的立体影像（图 1-19，下）。这些动画来自北京舞蹈学院的舞蹈演员的表演，描绘了受印度和中东文化影响的中国古典佛教舞蹈的精彩场景。

图 1-19　杰弗里·肖的敦煌交互体验作品《净土》（局部）

随着敦煌作为世界文化遗产的声誉越来越大，每天参观莫高窟的游客络绎不绝，洞穴中二氧化碳等气体浓度的剧增加速了壁画的酸化变黑的过程，这给敦煌文物的保护带来了巨大的压力。杰弗里·肖的《净土》项目目的之一就是期望用“虚拟洞窟壁画”来代替实景，特别是希望能够设计一个 1:1 的模拟真实洞窟的增强现实项目。这个“仿真洞窟”可以同时容纳几十个人参观，由此解决观众体验和原始洞窟文物保护的矛盾。在这个增强现实的项目中，每个进入“仿真洞窟”的观众都可以领到一个类似 iPad 的手持“浏览器”。观众通过扫描“墙壁”

的不同位置，就可以看到屏幕中的“壁画”（图 1-20）。这个手持装置比小型 LED 手电筒更为经济实用，因为不仅可以浏览更多的画面，而且还便于观众之间的交流。该“增强现实体验馆”不仅发挥了观众的参与热情，也为观众将探索壁画作为一项有趣的任务（如寻找宝藏）或游戏奠定了基础。杰弗里·肖的《净土》项目为未来博物馆的文化遗产的展示、保存和创新服务提供了一个绝佳的创意与技术操作的范例。

图 1-20　观众通过 iPad 增强现实互动体验敦煌壁画

近年来，在新媒体展览中，越来越多的艺术家开始借助 VR 或者增强现实来强化观众的参与性和互动性。如在 2018 年春节北京的《数码巴比肯》展览中，中国知名新媒体艺术家吴珏辉就推出了一个 VR 体验作品《尼奥之眼》。在一个摆放着 9 个塑料垃圾桶的黑暗房间，墙壁上有激光投射的各种动态的菱形网格。但当观众戴上 AR 头盔，通过“尼奥之眼”就能看到一个完全不一样的世界，一个由复古和未来主义的情境交织在一起的场景，而观众和主角一起成为时间规则的制定者。吴珏辉的 VR 作品质疑了人类“真实”的存在状态，代表了作者对该话题的一个思考维度。上面的几个案例说明了交互设计在当代数字生活中的重要价值。通过总结交互设计在购物、娱乐、教育、办公、餐饮以及旅游等领域中的角色，我们可以总结出交互设计的意义：交互设计通过操作便捷化、体验丰富化、信息可视化、服务透明化以及流程人性化来打造一个基于智能环境的便捷、高效和富于人情味的和谐社会。温暖、贴心与高效永远是消费者最为关注的体验，也是交互与服务设计的宗旨。

1.8 交互设计关键词

《至美用户：人本设计剖析》（*Beautiful User:Design for People*）一书的作者艾伦·拉普敦（Ellen Lupton）指出："在构想产品、空间或媒体的时候，设计师都不免要追问：人们会怎么与我的产品交互。因此，很多设计师都把满足人的需求作为设计的根本使命。用比尔·莫格里奇的话说：'工程师从技术角度出发，为技术寻找用途；生意人从交易角度出发，寻找技术和人；而设计者则从人的角度出发，为用户设计解决方案。'"拉普敦本人不仅是著名的交互设计师，而且还是纽约库珀·休伊特（Cooper Hewitt）史密森尼设计博物馆（图1-21）当代设计馆高级策展人，这个博物馆专门开设了"莫格里奇设计档案馆"，并珍藏了第一代交互设计大师的遗物和工作档案，这对于人们研究交互设计思想史的发展提供了第一手资料。

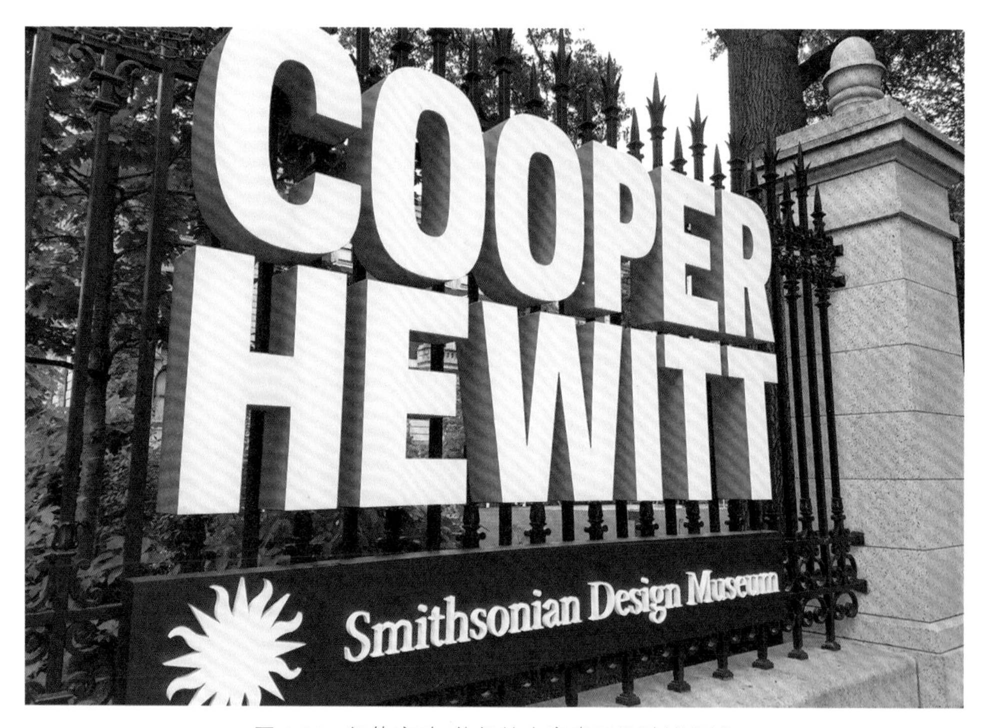

图1-21 纽约库珀·休伊特史密森尼设计博物馆

设计的核心是语言，交互设计也不例外。莫格里奇所倡导的"以人为本"的设计需要引入全新的概念、术语和关键词来描述设计环境中用户的轨迹：什么是用户？人们是如何参与到设计过程中的？描述这些过程的语言是什么？这些术语都有其历史和意义，它们共同勾画出了交互设计词汇体系的轮廓。设计师用这些词汇来阐明他们实践的意图以及结果。对这些词汇的理解会成为用户和设计师在制定、挑战、提升以及交流沟通的桥梁。这些关键词对于掌握交互设计无疑是非常重要的。《至美用户》一书共选出了20个词汇或术语，由此成为描述交互设计最为重要的概念和思想。下面分别介绍这 20 个词汇的含义。

（1）参与式设计 (participation design)：很多现代设计师都在积极争取把关键的利益相关方（终端用户、设计师、顾客和客户等）纳入到设计过程中。参与式设计已经变成了一个包罗万象的词，用来形容一切有用户参与的设计活动。这些参与活动的区别在于参与者的参与程度、参与的性质以及最终到手的作品的所属权。参与式设计属于被称为“关系美学”的更大范畴，特指能让观众参与进来的、具有开放过程的艺术实践。正如著名人机交互专家、美国宾夕法尼亚州立大学教授约翰·卡罗尔（John M. Carroll）所写的，参与式设计实践可以用无数种方式实现，“可以肯定的是，最终的用户有权利参与决定这件产品的设计方式。”

（2）生产和消费者（prosumer）：这个词是 1980 年由未来主义者阿尔文·托夫勒（Alvin Toffler）在他的《第三次浪潮》一书中第一次创造出来。产消者是生产者（producer）和消费者（consumer）的合成词。托夫勒曾经利用该词形容那些主动的、参与式的消费者（或生产者）。此外，马歇尔·麦克卢汉在 1972 年也指出消费的趋势：“从消费到制作的转换，从获得到参与的转换。”作为一个营销术语，产消者指的是介于专业级别和消费级别之间的技术粉丝或“技术宅”。创客类的 DIY 活动就经常涉及消费特定的耗材和服务。大部分手艺人和创客虽然自己是生产者，但同时也需要依赖很多消费商品来实现创意。

（3）创客 (maker)：创客是一种将手工技艺和工艺、发明以及科技驱动的生产方式结合了起来的前卫运动。纽约大学著名社会学教授理查德·桑内特（Richard Sennett）在《手艺人》（*The Craftsman*）一书中说道：“制作就是思考。”创客的概念植根于工艺美术运动，它实际上就是被解放的生产者，这个概念在 20 世纪 60 年代的反主流文化 DIY 运动和个人计算机与开源代码运动中重新浮出水面。20 世纪 90 年代，以创客为主体的制汇节（Maker Faires）活动（图 1-22）出现在了美国、亚洲、欧洲等国家或地区，召集了“科技爱好者、工匠、教育家、多面手、业余爱好者、工程师、科学俱乐部、作者、艺术家、学生以及参展商”。创客文化的核心就是通过分享设计知识和推广制造方法，让生产手段回归用户。

图 1-22　2014 年深圳制汇节（Maker Faire）海报和活动现场

2012 年,《连线》杂志主编克里斯·安德森（Chris Anderson）出版了《创客：新工业革命》一书，标志着创客现象开始吸引社会公众的关注。从 2011 到 2015 年，在深圳、北京、上海等地，科技粉丝和“技术宅”纷纷登场，举办了多届创客嘉年华，为普及和宣传创客文化起到了重要的推动作用。例如，淘宝网 2018 年的造物节（图 1-23），就把电商的产品或服务特色作为造物节“神店”予以推广。闭幕式上，马云还亲自为观众推选出来的“唐代仕女”“瓷胎竹编”“闪光剧场”和“喜鹊造字招牌体”等原创项目颁奖。马云表示，淘宝的初心就是创造。这样的年轻人越来越多，中国也会越来越有希望。当下的创客已经不限于技术宅，包括艺术家、科技粉丝、潮流达人、音乐发烧友、黑客、手艺人和发明家等纷纷加入了这个“大家庭”。“创客”一词已经演变成为寻求创新突破口的年轻人，也指勇于创新，努力将自己的创意变为现实的人。观察思考、勤于动手、工匠精神、艺工结合、创意分享和科技时尚已经成为“创客”的标签，创新、创意、创业也成为这个时代的主旋律。创客精神与交互设计有着同样的理念：科技 + 艺术，崇尚自由与分享，动手动脑，科技宅与黑客精神。这些源于“嬉皮士”和原创精神的哲学不仅成为计算机粉丝们所推崇的文化，而且也成为新一代电商和网络青年们的实践理念。

图 1-23　淘宝网的“2018 的造物节”宣传海报

（4）定制 (customization)：定制一词从 1934 年开始使用。作为动词的意思是制作某种达到特定用户规格的东西。在工业革命之前，定制是一种规范，指通过大批量生产制造出标准化和低成本的产品。在 20 世纪 60 年代和 70 年代，激进的设计师制造出了模块化的产品系统，这个系统可以由终端用户进行个性化调整。随着科技的发展，定制在 21 世纪初迅速发展，如耐克公司推出的 Nike ID 在线系统，这种服务让人们可以为自己的运动鞋选择颜色和材料。今天，随着数字化生产工具的使用变得更容易（如 3D 打印技术），定制已经上升到了另一个阶段，通过让生产方式回归到设计师或用户手中来改变规模经济，虽然早期形式的 3D 打印从 20 世纪 80 年代开始就已经在工业领域应用（当时也称为“增材制造技术”，即使用多层材料制作原型），但对于个人来说过于昂贵，直到最近这种技术才开始逐步平民化。

（5）工匠 (tinkering)：该词汇的早期含义接近于我国俗称的“匠人”，有一定的贬义。通常指 16 世纪末的手工艺人，暗示重复性的、毫无目标的工作或没有意义的瞎忙。而今天这个词指的是开放式的、自主式的实验活动。工匠并不一定追求一个最终结果，而是在探索发现的过程中找到价值。工匠通常涉及独立工作的用户，因而和设计思维与头脑风暴有着紧密的联系，并借此过程培养创新意识，激发创意。我国近年来大力提倡“工匠精神”，基本内涵包括敬业、精益、专注、创新等方面的内容。

（6）功能可见性（affordance）：环境心理学家詹姆斯·吉布森（James J. Gibson）创造的这个词，用于形容环境中展示的某些特为人们提供了行动的可能性。当人们把感觉信息转化成行动的时候，功能可见性就出现了。根据心理学教授哈里·赫夫特（Harry Heft）的说法，有一些功能可见性，如电话和键盘的使用是后天习得而非天生的，但传统旋钮式收音机的界面简洁而清晰，这使得用户可以很快就熟悉其功能，如调节开关、音量、音质或接收频道（中波、短波和调频）等（图 1-24）。理解功能可见性是界面设计、交互设计以及体验设计方法的关键之一。MIT 媒体实验室的石井裕（Hiroshi Ishii）博士以及日本著名产品大师深泽直人（Naoto Fukasawa）教授都无一不强调“功能可见性”在产品或交互设计中的重要影响。

图 1-24　传统收音机简单而直观的控制旋钮

（7）黑客（hacker）：黑客最初产生于软件安全领域，而现在已经延伸到实体的范围。为了让已有的产品实现新的功能，黑客们倾向于把东西拆开或者加入新的部件。黑客们总是试图颠覆消费主义：他们把生产出的东西看作材料、组件或产品原型。黑客行为常常与技术宅、创新精神、技艺、独树一帜的风格相联系。硅谷创业之父保罗·格瑞汉姆（Paul Graham）在其著名的《黑客与画家：计算机时代的大创意》（*Hackers and Painters*，图 1-25）一书中，以自己亲身的成长经历总结道："计算机与画画有很多共同之处。事实上，在我知道的所有行业中，黑客与画家最相像。他们的共同之处，在于他们都是创作者。" 文化理论家米歇尔·德·塞托（Michel de Certeau）在其《日常生活实践》（*Practice of Everyday Life*）（1984）一书中，详细研究并列举了人们通过重新占领大众文化的个人化的行为方式，把重点从生产者和物件本身移向用户，德·塞托找到了现代主义观点中自上而下规划的瑕疵所在。黑客价值观的核心就是分享、开放、民主，以及用计算机创造美和艺术。

图 1-25 《黑客与画家：计算机时代的大创意》英文版

（8）交互设计（interaction design）：交互设计关注的不仅仅是对操作一台设备的追求，还包括更广义的行为和关系，如基于屏幕的体验（网站和 App）、交互性产品（智能硬件或装置）以及服务设计（实体空间、产品、软件以及更多形式的交互）。交互设计与人机交互（HCI）、计算机科学、软件工程、认知心理学、社会学和人类学等诸多学科均有密切的联系。著名设计师和帕森斯新学院教授安东尼·邓恩（Anthony Dunne）提到，很多计算机科学家和黑客在 20 世纪 90 年代早期对交互性的理解都是"显示在计算机屏幕上的人与机器的合作关系"。但这种合作关系在苹果创始人史蒂夫·乔布斯等人的努力下出现在智能手机和移动媒体市场上，也成为我们这个时代最显著的特征。正如曼诺维奇所指出的：数字媒体 = 界面（交互）+ 算法 + 数据结构，而 21 世纪的文化则是由交互界面所定义的。

（9）界面设计（interface design）：在人机互动（human machine interaction）的过程中有一个接触层面，即我们所说的界面（interface）。界面这个词在 19 世纪 80 年代出现在科学文章中，用于命名两个实体连接之处的表面。从 20 世纪 40 年代开始，人机工程学开始使用这个词来形容人类对于机器的控制。认知心理学家唐纳德·诺曼（Donald A. Norman，图 1-26）在其 1988 年出版的图书《设计心理学》（*The Design of Everyday Things*）中，列出了以用户为中心的界面设计的指导方针。诺曼指出：为了满足这种设计的人本目的，界面应该含有尽量少的说明和解释，而是最大程度依靠用户的行动及其对系统的直觉映射来完成交互的目标。因此，反馈设计应该清晰地确认行为的结果，而界面则应该反映当前系统的状态。简而言之，设计师必须“保证用户可以弄明白该怎么做，以及用户能够知道正在发生什么”。

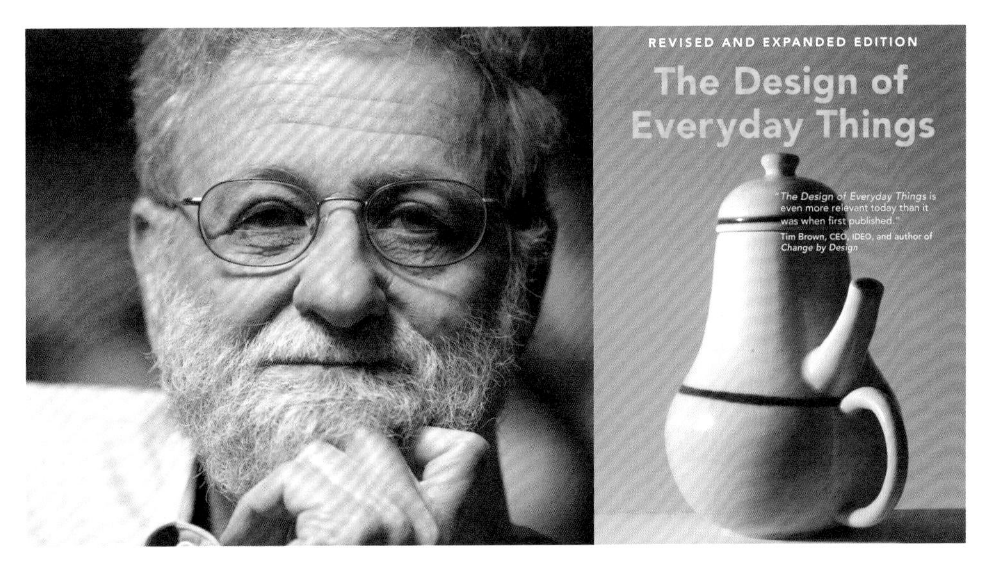

图 1-26　著名心理学家唐纳德·诺曼（左）和《设计心理学》(右)

（10）开源设计 (open-source design)：利用在网上可以公开修改并对公众免费的信息来制造产品的实践就是开源设计。这种实践源于 20 世纪 70 年代初由程序员发动的免费分享运动。当时他们推广免费的软件，为了提高透明度而抵制公司对创造性工作的控制。1999 年，一位麻省理工学院（MIT）毕业的工程师成立了“开放设计基金会”(Open Design Foundation)，吸引了很多个人和企业争相效仿。开源意识形态引起了关于知识产权的问题，创造者如何能通过自己的作品赚钱并且保护其概念的完整性？开源设计的支持者认为，免费使用工具和数据会从整体上提高设计知识的质量。这种观点同时也促成了共享经济的形成，这种经济形态通过工具、知识以及服务的共享交流而发展壮大。

（11）自己动手（DIY）设计：自己动手 (Do-It-Yourself) 或称为 DIY，意指自主设计或自主创造。20 世纪 60 年代，出于对政府、军队和大企业的愤怒和反抗，大批美国青年离开了城市，加入到“返土归田”运动。嬉皮士们前往乡村，结成公社，渴望过上乌托邦的“公社”生活。此时，他们急需一份生存指南，告诉他们如何造屋、耕种、如何获取和使用工具、如何快乐，等等。1968 年 7 月，一个斯坦福大学的毕业生，从军队退伍的摄影记者和技术专家斯图尔特·布兰德（Stewart Brand）印制了一本涵盖约 120 商品的 61 页的小册子，内容包括图书和杂志介绍、户外用品、房屋、各种工具和机器制造图纸（图 1-27),《全球概览》(*Whole Earth Catalog*）从此诞生。该杂志是 20 世纪 60 年代的反主流文化的标志。他们歌颂“拿起工具”，从早期计算机和电子产品到鹤嘴锄、园艺手册、链锯以及帐篷。该手册提供的 19 种家具的平面图和照片，用户使用简单的板子和钉子就可以组装。该说明书可以邮寄给任何愿意支付邮资的人。布兰德讲述了他最初的动机：“我们不能指望所有人都能理解复杂的生产技术或拥有专业的工具。于是我有了一个想法，如果有人真的尝试着去自主创造，他们就得需要去学习。设计只有在能够传递知识时，才是好的设计。”今天的创客运动传承了 DIY 的传统。

图 1-27　纸媒时代的《全球概览》封面（上）和内页（下）

（12）设计思维 (design thinking)：设计思维关注创意过程的实现。这个探究过程从一些开放的问题定义开始，其目标是专注于用户的潜在需要与需求，而非预先决定好的结果。设计思维的支持者通常在跨学科团队中合作，他们找出多种解决方案，然后在迭代的过程中创造、测试和修正原型。20 世纪 60 年代，在英格兰的一些建筑学院，人们开始对找到设计过程背后的方法产生了极大兴趣。正如设计史学家彼得·唐顿（Peter Downton）指出的："如果可以识别、检验以及理解设计师的设计方法，那么这些方法也就可以被改进或更正。"第一届"设计方法"大会于 1962 年在伦敦举办。同年，英格兰设计研究协会（DRS，如今仍然活跃）和美国设计方法小组（DMG）成立。经过长期的设计实践，设计思维已经整合成了一个具有清晰定义的方法论，它在企业决策中受到重视，也被广泛纳入了世界各地的设计教材中。这套方法受到了 IDEO 创始人比尔·莫格里奇、蒂姆·布朗以及戴维和汤姆·凯利的推崇。设计思维最初是源于传统的设计方法论，即需求与发现、头脑风暴、原型设计和产品检验这样一整套产品创意与开发的流程。斯坦福设计学院的“五步创意法”就是源自 IEO 公司的实践总结。公司的许多成功项目都是这几个步骤的变体：灵感、综合、构思 / 测试和执行。这个过程也被归纳为“发现—解释—创意—实验—推进”的 5 个迭代步骤(图 1-28)，并分别对应 5 个问题，这些问题的解决方法就是该环节的最关键的内容，一旦确定了答案，就可以推进创意的进程。

图 1-28　IDEO 公司的“发现—解释—创意—实验—推进”流程

（13）体验设计 / 体验经济 (experience design/experience economy)：体验设计专注于长时间内用户和产品之间的感觉、认知以及情感接触，强调了人们在面对产品或服务时产生的联想与行为。体验经济是一个商业概念，由经济学家约瑟夫·派恩二世（B.Joseph Pine Ⅱ）等人在其 1999 年的书《体验经济》中提出。他们认为：“仅仅有商品和服务已经不够了。”商业必须引发积极的记忆与情感，在数字交互设计中，用户使用软件和网站时的环境和相关的情感投入，可以激励这些用户进行有意义的参与行为，并由此形成品牌认知。

（14）人机工程学 (ergonomics)：人机工程学同时也指人类工程学和人因工程学，其目标是让世界变成更适宜人类居住。英国工程师在第二次世界大战期间，在设计改进驾驶员座舱环境的过程中创造了这个词。虽然人机工程学的主要发展是出于军事研究，但这个概念起源于 20 世纪早期的工业理论。该词汇的希腊词根 ergo 的意思是“出力、工作”，而 nomics 表示“规律、法则”。因此，Ergonomics 的含义也就是“出力的规律”。这种理论专注于让人适应机器而非设计出更适合人类使用的机器。弗雷德里克·温斯洛·泰勒（Frederick Winslow Taylor）的工时与动作研究和工业效率技术（同时也被称为科学管理）就是其中的代表。到 20 世纪 50 年代和 60 年代，人机工程学已经触及从图书到太空船、从厨具到办公设备的众多领域。工业设计先驱亨利·德雷夫斯（Henry Dreyfuss，1903—1972）最早提出了“人本设计”的词汇，由此工业设计和人机工程学成为最早关注“用户体验”的领域。通过反复的前期研究和可用性测试，德雷夫斯在 1959 年为美国少女们设计的公主电话（Princess）摆脱了传统电话粗笨的形象，成为当时家庭时尚装饰的代表（图 1-29）和人机工程学的经典。德雷夫斯的著作《为人而设计》(*Design for People*) 开创了基于人机工程学的设计理念。德雷夫斯的一个强烈信念是设计必须符合人体的基本要求，他认为适应于人的机器才是最有效率的机器。

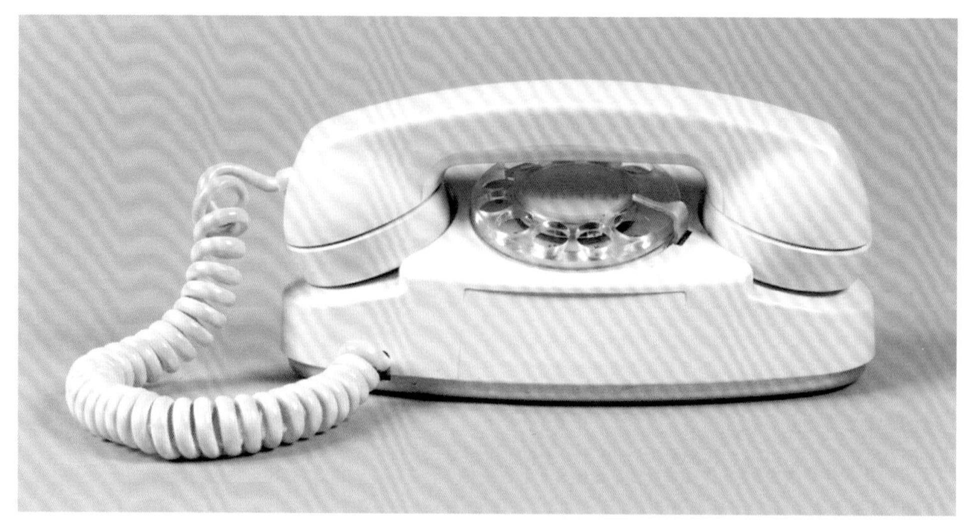

图 1-29　德雷夫斯 1959 年设计的公主电话

（15）用户（user）：这个词汇广泛的含义是“使用者”，即使用产品或服务的一方，指产品或者服务的购买者。今天该词汇在创新领域以及 ICT 领域里面的使用频率越来越高。在科技创新层面，用户通常是指科技创新成果的使用者；1944 年，美国纽约当代艺术博物馆（MoMA）的展览《为用户而设计》（*Design for User*）代表了“用户”开始出现于公众语境。著名构成主义艺术家拉斯洛·莫霍利 - 纳吉（László Moholy-Nagy）应邀参加了该展览的学术研讨。纳吉写道，该展览的目的是“让用户意识到设计的重要性”。随后，纳吉成立了位于芝加哥的伊利诺依理工大学，这是美国第一所授予设计博士的学校。用户随后逐渐变成设计话语中的核心概念。在科技高速发展的今天，用户不再默默无闻，而是成为更有活力的媒介，并承担起了参与者和制作者的新角色。开源系统、黑客与创客、自媒体出版、3D 打印以及自主制造等用户行为方兴未艾，让用户从被动的接受者变成了主动的制造者。

（16）以人为本的设计（Human-Centered Design，HCD）：美国 IDEO 设计公司长期以来都在提倡设计思维，建议把设计思维应用在更加广阔多样的领域来解决问题，并提出用“以人为本的设计”来代替“以用户为中心的设计（UCD）”。以人为本的设计不再停留在把用户看成是产品或服务的主体的层面上，而是认为人拥有更广阔的需要、需求和行为，并把这些考虑和所有相关利益方的关注点综合起来。HCD 在人类体验的大领域内鉴别问题，并寻找各种形式的问题解决方案，包括产品、流程、协议、服务、环境以及社会制度等。在数字时代，HCD 的设计理念也在计算机领域得到了共鸣。MIT 计算机科学实验室主任迈克尔·德图佐斯（Michael Dertouzos）在其著作的《未完成的革命：以人为本的计算机时代》一书中倡导以人为本的计算。提出“让计算机为人类服务，而不是倒过来让人类为计算机系统服务”的口号。

（17）以用户为中心的设计（User-Centered Design，UCD）：UCD 意味着设计师必须了解用户需求并用于指导设计。其核心理念是：用户最清楚他们需要什么样的产品或服务，消费者最了解他们的需要和使用偏好，而设计师主要根据用户的需求进行设计。UCD 设计方式以用户需求和局限性为中心，把用户作为研究对象，通过对其职业、性别、年龄、偏好、购物习惯和人口统计等参数的分析，为特定的用户群绘制用户画像（persona），从而发展出产品研发的决策。这个过程通常涉及心理学家、人类学家以及其他社会科学家，其交互产品的设计同样也涉及多个学科的方法（图 1-30）。以用户为中心的设计方式并不以产品概念或新科技为起点开始设计过程，而是从挖掘用户的需求开始。这种方法意在改进人们的生活和体验，同时也寻找机会为客户创造利益。用户画像又被称为“角色扮演”（user scenario），最早源自 IDEO 设计公司和斯坦福大学设计团队进行 IT 产品“用户研究”所采用的方法之一。

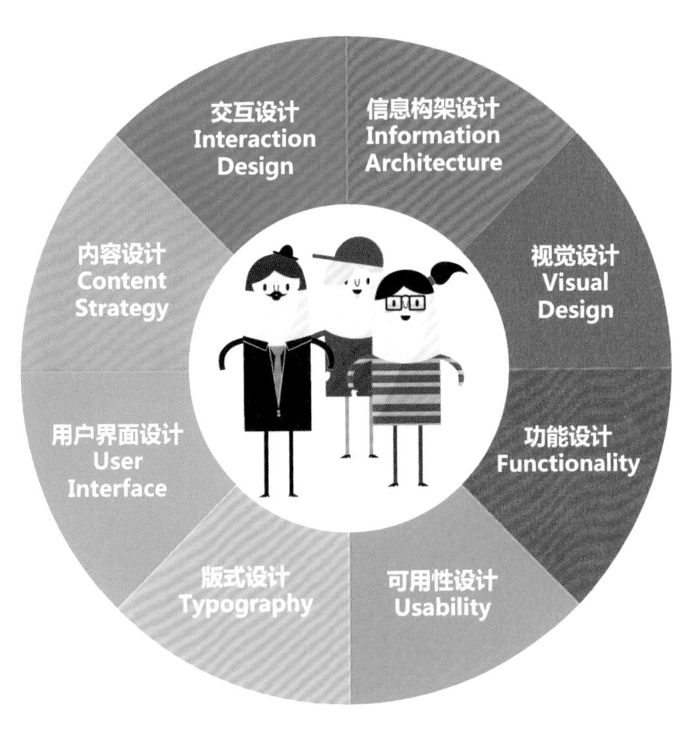

图 1-30　以 UCD 为核心的交互设计涉及多个学科

（18）协同创造（co-creation）/ 协同设计（co-design）：协同设计是在设计开发过程中与利益相关者（业务或客户）共同创建的行为，以确保结果满足他们的需求并且可用。协同设计也称为参与式设计，这也是设计界内更常使用的术语。这种协同生产的方法与管理与组织理论密切相关，它依赖于设计师和市场人员根据用户的意向来设计解决方案。包括著名的青蛙设计公司（Frog Design）和斯玛特设计公司（Smart Design）在内的设计咨询公司经常采用这种方法来解决问题，协同设计现在已经成为商业和设计融合的纽带。

（19）通用设计（universal design）：通用设计也称为无障碍设计，就是要让产品、环境以及媒介对所有用户都可用，其中也包括那些身体、感官和认知区别于常人的人（图 1-31）。无障碍设计运动的先锋活动家罗尔夫 A. 菲斯特（Rolf A. Faste）是研究报告《建筑环境的无障碍设计》的作者之一。1990《美国残疾人法案》（ADA）制定了公共场所的无障碍设计规定。实际上，因为人类能力间的巨大差别，要想满足所有用户的需求是不可能的。但是通过考虑不同用户的需求，设计师就可以在很大程度上扩大产品、地点和信息的可接触性。

图 1-31　通用设计也称为无障碍设计（示意相关的海报与标识）

（20）众筹（crowd funding）/ 众包（crowd-sourcing）:2006 年，美国《连线》(*Wired*) 杂志的编辑杰夫·豪威（Jeff Howe）率先提出了“众包”这个词，指邀请大批志愿者来参与或完成某项任务。事实上，很多欧洲政府从 16 世纪就开始就为各种各样的事情公开选拔并悬赏最佳解决方案（通常是工程方面的问题）。没有了大众的贡献，维基百科、亚马逊用户评论、Ebay、微信以及 Facebook 都不会存在。“众包”这个词通常都包含了某种互惠互利的意义。现在还逐渐演化出了相关的概念“众筹”，也就是通过网络筹款的方式，来解决产品设计前期的研发费用，如 Kickstarter 就是这样的网站。

思考与实践1

思考题

1. 什么是交互或互动？什么是交互设计（IxD）？
2. 为什么交互设计要关注数字媒体？
3. 莫格里奇对交互设计的重要贡献是什么？
4. 简述交互设计的范畴、对象和意义？
5. 交互设计的 5 个要素是什么？
6. 什么是用户？用户体验包括哪些内容？
7. 为什么曼诺维奇说 21 世纪的“文化”由交互界面定义？
8. 什么是 O2O（线上到线下）服务模式？
9. 交互设计相关的 20 个关键词是什么？涵盖哪些知识点？

实践题

1. 目前可智能穿戴技术已成为交互设计领域发展的新趋势。如图 1-32 所示的婴儿 24 小时体温、心跳速率等监控产品已成为交互产品的的新兴市场。请调研该领域的（母婴市场）的智能产品，并从用户需求、用户体验和功能定位三个角度分析该类产品的优缺点和市场商机。

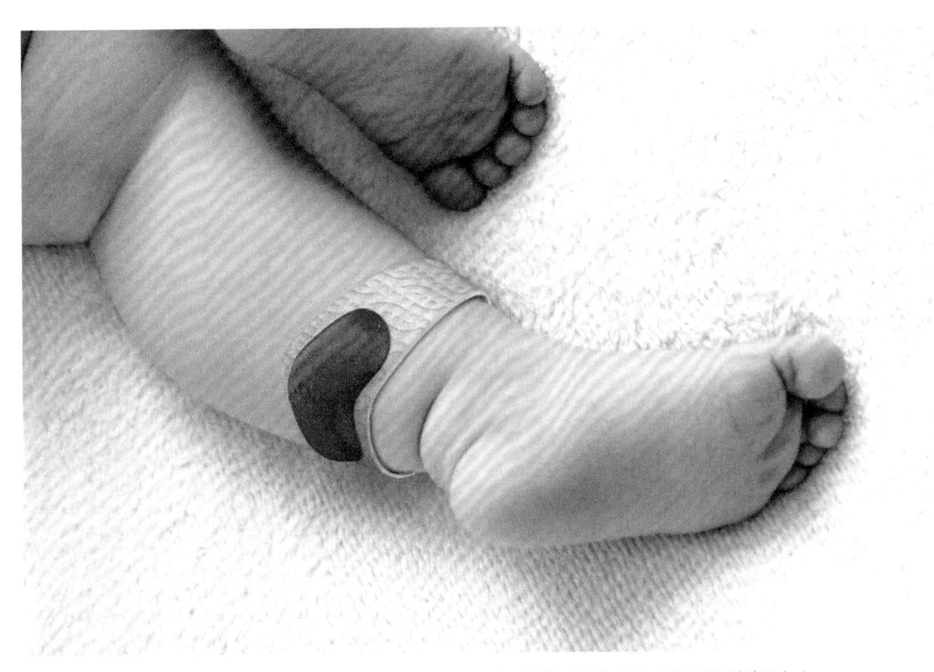

图 1-32　针对婴幼儿的智能可穿戴传感器（与手机终端相连）

2. 请调研家庭中 50~70 岁的中老年人群的社交习惯，并尝试为他们设计一款专用的社交工具（客源考虑以下关键词：子女圈、同事圈、朋友圈、社工、集体舞、医疗保健、金融理财、家庭医生、紧急救助、健身和旅游）。请根据上述调研和产品定位的设想提出设计原型和方案。

第2课 体验与交互设计

交互设计师的工作包括用户研究和界面设计等，综合性、实践性是该职业的突出特征。本课结合体验经济时代需求与服务的变化，详述交互设计师的职业特征/素质与工具/职场/要求及薪酬等大数据，为读者提供该行业的基本轮廓。本课还阐述了创意人才培养的途径，为大学生自主创业提供参考。

2.1 什么是交互设计师

对于交互设计师的职业和工作性质，许多业内的设计师在知乎、百度百科、问问等网站或社交平台给出了自己理解的答案。但哪个说法更权威？由心理学家、交互设计专家唐纳德·诺曼领衔的尼尔森·诺曼集团曾经在 2013 年对美国、英国、加拿大和澳大利亚的近千名用户体验设计师进行了调查。该公司的调研报告显示：大多数交互设计师都在从事用户研究、交互设计和信息架构（IA）领域的工作，包括绘制线框、视觉界面、收集用户需求或开展易用性研究等。除了必需的视觉表达和绘画技巧外，包括设计、文档写作、编程、心理学和用户研究都是其工作范畴（图 2-1）。该报告指出了交互设计职业的以下几个特征。首先是工作内容并不确定，往往会依照需求而改变。其次，交互设计师必须了解他人的想法，也就是倾听更重要。此外，该工作的主要目的在于改进软件系统和界面，简单、高效、可用性与人性化是判断的标准。设计师还需要要让用户参与设计的过程，并通过原型迭代与试错来不断改进产品模型。由于工作的性质，设计师随时需要总结自己的工作，随时归纳和总结自己的数据，并确保他们是合理且有说服力的。此外，交互设计师还必须有一个开放的心态和敏锐的悟性，并且学会去包容与帮助他人，能够在纷杂中理出头绪并通过深入研究来启发灵感或创意。

图 2-1　交互设计师一天工作流程的模拟图（示意职业特征）

诺曼指出：用户体验领域最显著的一个特点是其综合性。虽然设计学、心理学、社会学、工业设计和计算机科学是与该专业最接近的领域，但多数交互设计师还是必须通过实践来不断完善自己。交互设计师是为产品设计架构和交互细节的人（图 2-2）。他们的工作决定了产品的导航和交互方式。因此，不仅需要关注“看得见”的内容，如颜色、外观、布局、图像、文字、版式等，也应该关注那些“隐藏的”或“深层次”的信息结构和交互细节，如信息结构、可控和不可控的元素、后台数据、可用性、易用性和可寻性等。交互设计师的主要职责是让系统（软件）更容易上手，更快捷方便，同时带给用户以美的享受和丰富的体验。正如国外针对女性推出的一款移动健康的监测包（图 2-3），将技术与艺术完美结合在一起，既方便易用，又像是装饰品，在给女性带来健康保障的同时，也带来美和愉悦的感觉，这种结合了视觉、美感和可用性的产品正是交互设计的杰作。

图 2-2　交互设计师类似于“建筑设计师”（产品设计规划）

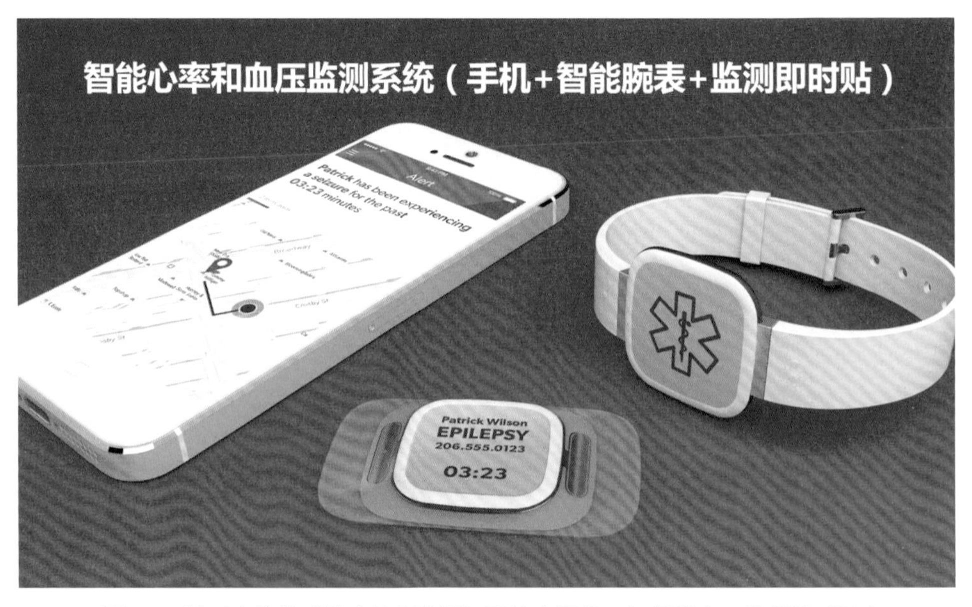

图 2-3　针对女性的“移动健康监测”系统（手机 + 智能手表 + 监测即时贴）

让产品具备有用性、可用性和吸引力是任何企业所追求的目标。因此，用户研究无疑是交互设计师最重要的任务。用户需求的研究包括定性研究（如逐一访问用户，了解他们的动机和体验）和定量研究（如大范围采集数据，分析用户的行为、痛点、态度等）。用户研究的具体任务清单包括有 11 项内容（图 2-4），相对应的与图形和设计能力相关的任务有 21 项。因此，几乎所有的工作都会涉及“视觉思维”或者设计表达能力，用户研究同样需要更多的时间和精力。交互设计师首先应该是领导的“高级参谋”，给产品创意出谋划策，随后才是产品设计师和界面设计师。根据国内对知名互联网企业的调查，对交互设计师的要求侧重于“沟通能力，需求理解，产品理解和设计表达”的能力。而用户研究（UE）则倾向于“需求理解，用户体验，逻辑分析，数据分析，产品理解和行业分析”的能力。视觉设计的工作则偏向于“团队合作，设计表达和创造力”。由于在实际环境中，交互设计师往往会同时涉及上述两种不同性质的工作，这也使得设计师要有“多面手”的综合能力。

用户研究（UE）的任务	产品外观或界面设计（UI）的任务
现场调研（走查）	图形设计（标识，图像）
竞争产品分析	界面设计（框架，流程，控件）
与客户面谈（焦点小组）	视觉设计（文字，图形，色彩，版式）
数据收集与数据分析	框架图设计，高清 PS 界面设计
用户体验地图（行为分析）	交互原型（手绘、板绘，软件）
服务流程分析	图表设计，信息可视化设计
用户建模（用户角色）	图形化方案，产品推广，广告设计
设计原型（框架图）	手绘稿，PPT 设计
风格设计（用户情绪板研究）	包装设计
产品关联方专家咨询	动画设计（转场特效，动效）
深度访谈（一对一面谈）	插画设计（H5 广告，banner，推广海报）
需要共同完成的任务（UE+UI）	
交互设计（根据用户研究的结果，提供交互设计方案）	
高保真效果图（展示给终端客户的效果图和交互产品原型）	
低保真效果图（提供或分享给工程师团队的工作文件）	
撰写项目专案（产品项目汇报）	
情景故事板设计（产品应用场景分析）	
可用性测试（A/B 测试）	
项目头脑风暴（小组，提供产品设计的初步构想）	
信息构架设计，信息可视化设计	
演讲和示范（语言、展示与设计表达）	
与编程师的对接（产品测试与开发、用户反馈，寻找与技术的对话方式）	

图 2-4　用户研究的任务清单（左）与界面设计任务（右）的比较

2.2 职业与工具概述

从工作性质上看，交互设计师应该是一个具有“十八般武艺”的综合型人才。懂设计，会画图，善于表达，也会使用一些技术工具。交互设计师最重要的素质就是要懂得倾听和思考。同时，交互设计也是不断迭代更新的行为过程，只有了解过去大师们的工作，才能取得更高的成就。同样，无论是产品的更新换代还是概念设计，都是深思熟虑、反复验证的结果。创新产品源于创造性的思想碰撞和严谨的逻辑论证，这个思索分析的过程贯穿于交互设计工作流程的每个环节。一个优秀的交互设计师必然是一个善于准确表达自己想法和观点的人。与此同时，交互是一门分享的艺术，需要的是开放的性格和良好的沟通技巧。图 2-5 中列举了根据国内一些知名互联网企业的调查得到的关于交互设计师的职业素养细则。

职业素养	具体描述
相互尊重	从同事群体中时刻吸收各种观点和灵感
动笔思考	经常绘制草图会让思路和灵感更容易
不断学习	通过设计圈和分享平台来不断完善和提高自己
有取有舍	优先级的判断力，能够轻重缓急的合理安排工作
重视自己	倾听内心的声音，自己满意才能说服别人
乐观进取	和团队保持更融洽的工作气氛
技术语言	理解网络基础语言知识（HTML5,Java,JavaScript）
软件工具	能够利用软件绘制线框图、流程图、设计原型和 UI
专业技能	能够用工程师的语言交流（数据和精度）
同理心	能够感受到用户的挫败感并且理解他们的观点
价值观	简单做人，用心做事，真诚分享
说服力	语言表达和借助故事、隐喻等来说服别人
专注力	勤于思考，喜欢创新，工匠精神
好奇心	学习新东西的愿望和动力，改造世界的愿景
洞察力	观察的技巧，非常善于与人沟通
执行力	先行动，后研究，在执行进程中不断完善创意

图 2-5　交互设计师的职业素养细则

目前，针对用户体验设计有许多设计工具，但这些工具或语言是根据不同的任务开发的，主要用于绘制线框图、流程图、设计原型、演示和 UI 设计。部分工具和编程也被用于开发软件、建立网站、编写 App 应用以及进行交互设计。例如，Arduino 编程开放源代码和硬件套装，HTML、CSS、JavaScript 程序语言、Processing、MAX/MSP 动态编程、jQueryMobile 等。部分工具，如苹果 Sketch、Adobe XD、Interface Builder 和 Unity 3D 5 等也都是非常专业的开发软件。通用型软件，如微软的 PowerPoint、Visio，还有 Adobe PS 等都是常用的演示和创意工具。下面给出了目前国内常用的原型设计、数字编程和界面设计工具（图 2-6）。

设计工具或编程	主 要 用 途
Snagit12，HyperSnap7	抓屏，录屏
Microsoft PowerPoint 2017	展示，原型设计
Keynote	流程动画，展示，原型设计（苹果计算机）
Mockflow，墨刀	在线原型设计软件
Adobe Photoshop CC	图像创作，照片编辑，高保真建模
HTML、CSS、JavaScript 程序语言	网页编辑，原型设计
Axure RP 7/8	线框图绘制，原型设计
Processing，MAX/MSP 动态编程	交互装置，智能硬件
Arduino 编程和硬件套装	交互原型工具，开放源代码硬件 / 软件环境
Maka，易企秀，兔展，应用之星	HTML5 在线设计工具，快速
Unity 3D 5，VVVV	三维动画、游戏、交互编程、智能硬件
JustinMind Prototyper 7	线框图绘制，手机原型设计
Microsoft Visio 2017	流程图绘制，图表绘制
Adobe Illustrator CC	矢量图形创建，线框图
Balsamiq Mockups 3	线框图，快速原型设计
Xcode 和 Interface Builder	苹果 iOS 应用程序（App）开发工具
PIXATE，InVision，Form	交互原型软件
LEGO mindstorms NXT	乐高可编程积木套件，原型设计工具
Adobe XD CC，Figma	原型设计（专业级），客户端演示
Adobe InDesign CC	网页设计，排版
Sketch+Principle	苹果计算机交互设计原型 + 客户端展示 + 动效
jQuery Mobile	移动端 App 开发工具，HTML5 应用设计工具
iH5，Epub360，Adobe Edge	HTML5 在线设计工具，专业级
Adobe Dreamweaver CC	网页设计，布局
Skitch	抓屏，分享，注释
Adobe Animate CC、Adobe AE CC	动画，手机动效，应用原型设计
Mindjet Mindmanager 15	流程图绘制，图表绘制，思维导图绘制
Xmind Zen	流程图绘制，图表绘制，思维导图绘制
Google Coggle	在线工具，艺术化思维导图绘制
Flurry，Google Analytics，Mixpanel	网络后台数据分析工具（网站和 App）
友盟、TalkingData、腾讯移动统计	网络后台 App 数据分析工具
麦客 CRM	在线表单收集和设计工具

图 2-6　交互设计师应掌握的工具与程序

2.3 体验经济与交互设计

在以往工业时代，由于经济落后与材料的匮乏，公共机构提供的服务只能满足人们“有用”和“可用”的需求，而关于体验的设计在所难免地被忽略。随着时代的发展，以往工业时代沿袭下来的服务并没有追上经济发展的步伐，依然存在诸多的弊病，而人们对生活品质的追求不断提高，对于服务来说，仅仅的“有用”和“可用”已经不能满足人们的需求，而“好用”“常用”和“乐用”正在成为人们关注的内容。例如，个性化的订制餐饮和主题餐饮的出现就满足了人们对极致生活体验的追求（图 2-7）。哈佛大学管理策略大师麦可·波特（Michael Porter）指出：未来企业发展的方向将由生产制造商品，改为以关心顾客的需求为目标，以能够为人类社会创造价值与分享价值作为主导。因此，体验和服务经济的繁荣正是这个历史趋势的体现。正如腾讯 CEO 马化腾在 2015 年 IT 领袖峰会上所指出的：当前各种产业，包括制造业都在从制造为中心转向服务为中心，最终都变成以人为中心。2015 年，我国的服务业占 GDP 比重已达到 50.5%，同时我国服务产业的就业比重达到了 43%。我国由工业主导向服务业主导转型的趋势已经成为推动体验经济发展的动力。

图 2-7　满足人们对极致生活体验的追求是服务设计的目标之一

体验经济时代的来临，推动了许多企业的文化和价值观发生了转变，例如，荷兰著名的咖啡品牌雀巢（Nestle）公司由传统食品制造商转为关心消费者健康的体验服务型企业（图 2-8）。同样，美国运动鞋品牌耐克（Nike）公司也由单一制造商转为整合计步器、可穿戴智能设备与运动健身的制造商 + 服务商。国内的产品制造商，如联想集团期望通过协同手机、蓝牙心率耳机、智能体质分析仪等的数据连接，为用户提供更多的健康和保健的服务。交互设计首先关心的是如何为用户创造价值，其次才是如何获得商业价值。因为人们越来越意识到，前者是后者的源头。交互设计总是与新型商业模式联系在一起，因为这个新思想的提出是以无形的服务重组各方面的资源，通过重新发现用户需求，运用新技术来改善线上及线下的服务流程，并带给用户便捷和贴心的体验。

图 2-8　雀巢公司成立的雀巢健康科学机构聚焦于生活保健服务领域

根据体验经济鼻祖约瑟夫·派恩二世（B.Joseph Pine II）的理论，体验可以分为四种：娱乐的、教育的、逃避现实的和审美的体验（图 2-9）。在其《体验经济》一书中，他从体验与人的关系的角度入手，采用二维坐标系对人的体验进行划分。横轴表示人的参与程度。这个轴的一端代表消极的参与者，另一端代表积极的参与者。纵轴则描述了体验的类型，或者说是环境上的相关性。在这根轴的一端表示吸收，即吸引注意力的体验；而另一端则是沉浸，表明消费者成为真实的经历的一部分。换句话说，如果用户“走进了”客体，例如看电影的时候，他是正在吸收体验。如果是用户“走进了”体验，比如说玩一个虚拟现实的游戏，那么他就是沉浸在体验之中。而让人感觉最丰富的体验，是同时涵盖上述 4 个方面，即处于 4 个方面交叉的“甜蜜地带”（sweet spot）的体验。派恩指出：“所谓体验就是指人们用一种从本质上说是以个人化的方式来度过一段时间，并从中获得过程中呈现出的一系列可记忆事件。”体验是当一个人达到情绪、体力、智力甚至是精神的某一特定水平时，意识中产生的美好感觉，它是主体对客体的刺激产生的内在反映。而针对用户体验进行的设计活动就是用户体验设计（UE），从事该领域的设计师也被称为用户体验设计师。从工作性质上看，用户体验设计师与交互设计师可以说是同一类人。从称谓上，前者应该是“用脑”多一些，而后者则“动手”多一些。但无论是研究还是绘图，二者都是设计师缺一不可的技能。

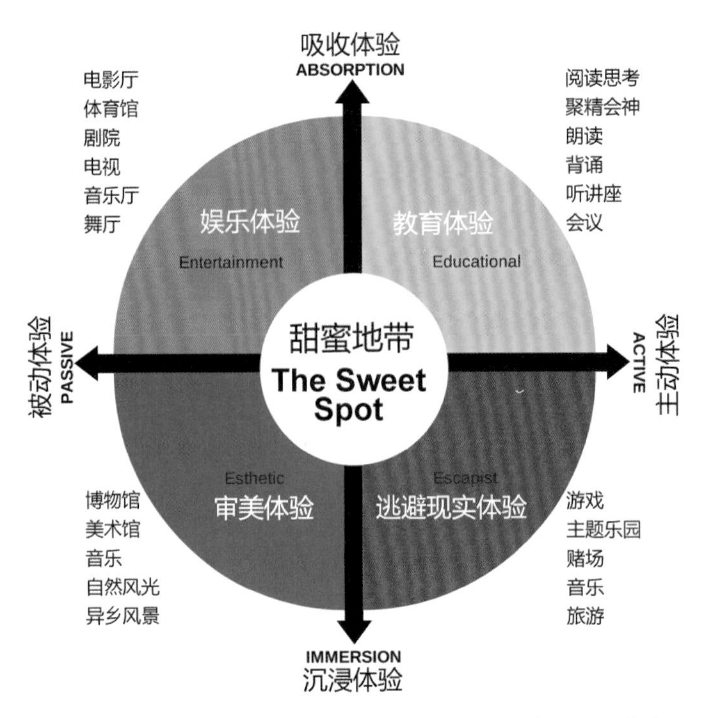

图 2-9　体验的内容：娱乐的、教育的、逃避现实的和审美的体验

与解决人们生活所需的工业产品设计不同，用户体验设计充满了复杂的行为和主观体验感受。正如我们在迪士尼乐园乘坐过山车时所经历的胆怯、兴奋、狂喜和巨大的满足感，产品和服务除了可用性和易用性外，还包括享受、美学和娱乐的体验。也就是说在产品、系统与人交互的过程中，除了要达到基本可用性目标中的效率、有效、易学、安全和通用性之外，还应该具备令人满意、有趣、富有启发、美感、成就感等。为什么旅游时买的纪念品令人难忘？因为这个纪念品负载的恰恰是你对这趟旅游的实际感悟和温馨的回忆。好的设计与服务同样可以达到这个目标。2010 年，苹果前总裁史蒂夫·乔布斯曾经指出："我们所做的要讲求商业效益，但这从来不是我们的出发点。一切都从产品和用户体验开始。"乔布斯对其公司产品品质和服务近乎痴迷的追求造就了苹果公司"与众不同"的哲学，也使得"用户至上"的思想深入人心。时至今日，后工业时代的设计对象已经从可见转变到不可见，大量的设计都需要"深潜"用户心理或洞悉用户行为（图 2-10）。因此，用户体验设计的价值观已经成为社会的共识和设计界的公认标准，无论是视觉传达、环境、工业造型或新媒体，都必须考虑用户体验，需要从"用户的角度"来看待设计。

以浴缸为例，日本人泡澡之前是要进行淋浴的，要先洗净身上的污垢再进入浴缸。淋浴是用来清洁身体的，而浴缸是为了通过泡澡来放松心情。因此，浴缸对日本人来说有着非常重要的地位。这些洗澡水在浴缸的小锅炉里可以再次加热、过滤、循环。盖上盖子保温后，这些水就可以让家人重复使用或者拿来洗衣服，非常节能环保。此外，还有专门在泡澡时使用的架子放置物品。能伸缩调节与脸部的距离与角度的充气支架，让你在泡澡时也不耽误看书玩手机。浴室还有电子控制板，可以定时加热，自动放水，保温，调温，控制浴室空调（图 2-11）。还能在泡澡的时候和家人通话，一旦发生了危险情况，家人第一时间就能知道。浴室里还用带挂钩的网袋来放置孩子们的小玩具、洗面奶、牙膏和浴球等。浴室虽小，但墙面整洁并提供收纳的功能。由此设计师就为用户营造出了一种“温馨自然”的舒适体验。

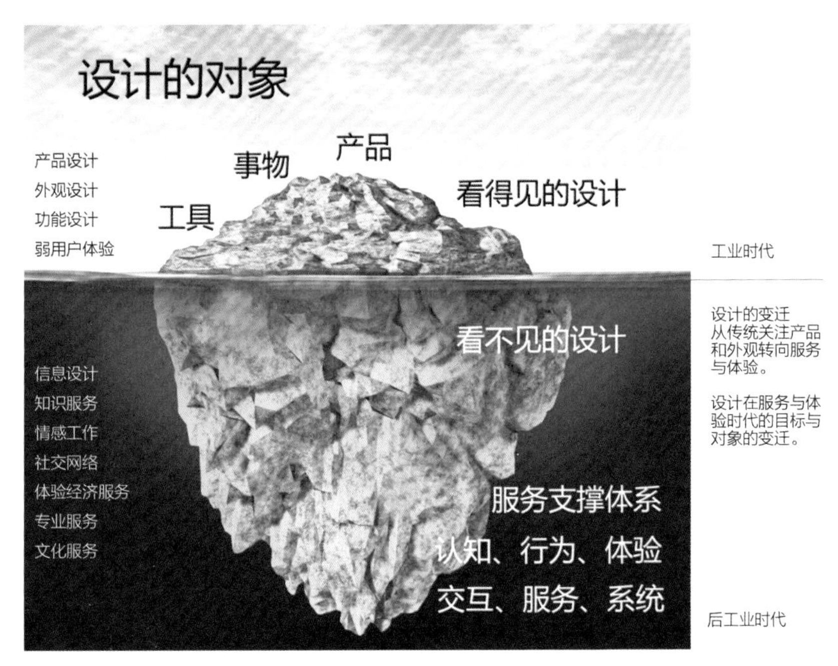

图 2-10　体验经济时代设计对象的变迁：从可见到不可见

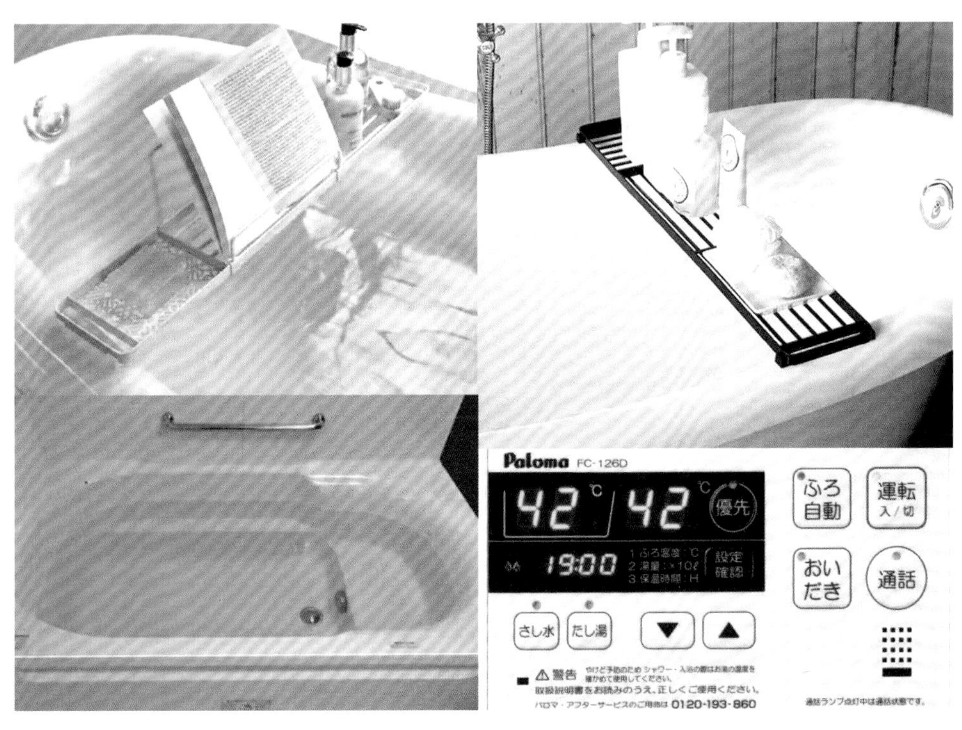

图 2-11　浴缸的设计充分体现了可用性

可用性、人性化设计和情感化设计需要落实到具体的人与环境的关系，从更广泛的产品、建筑、生活方式以及人与自然的联系来理解。例如，去日本旅游的中国游客都有一个共识，那就是在这个国家的很多设计都非常温暖贴心，从数控智能马桶圈到家庭洗浴缸，从电饭煲到各种药妆，产品与服务都体现出了对细节的认真执着和对人性的关爱。例如，你有没有希望卫生间可以有专门擦手机的卫生纸？如果你去日本成田机场的到达大厅，可能就会发现这个装置（图 2-12）。智能手机屏幕可容纳 20 倍于马桶座圈的细菌，而且有 65％ ~75％的人承认在卫生间里使用手机查看社交媒体，发微信甚至打电话。因此，这个小小的贴心设计就反映了可用性、人性化设计和细节化。

图 2-12　日本成田机场的卫生间提供的手机屏幕擦纸

2.4　体验设计与可用性

在科技和生产力高速发展的今天，物质需求不再是主导需求，取而代之的是精神和情感需求。用户体验是指用户在使用一个产品（服务）的过程中建立起来的纯主观的心理感受。虽然用户体验通常被看成服务的一部分，但实际上体验是一种经济物品，像服务、货物一样是实实在在的产品，不是虚无缥缈的感觉。服务设计在于满足用户对产品内容和交互方式的各种体验。虽然商品是有形的，服务是无形的，但带给顾客的体验却是令人难忘的。早在 2001 年，设计研究专家詹妮弗·普里斯（Jennifer Preece）等人就对用户体验的标准化和定性指标做了深入的研究。他们指出：用户体验性（experience goal）的指标是建立在可用性（usability goal）目标之上的。可用性目标是指符合使用产品或服务规范的基本体验，如有效率、有效性、安全性、统一性、易学习、易记忆等。而深层次的用户体验指标关注的是品质，也就是基于用户情感体验的指标，如满意度、享受乐趣、好玩有趣、娱乐性、有帮助、有启发性、具有愉悦美感、能激发创意、成就感和挑战性等（图 2-13）。

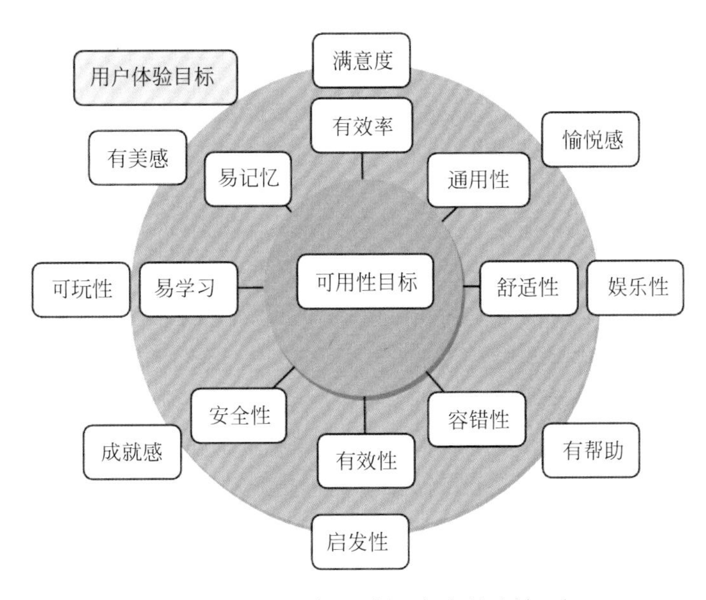

图 2-13　交互设计可用性目标和体验性目标

对于不同的公司来说，用户体验的目标是不同的，像社交类、阅读类、娱乐类 App 更加关注社交与情感，而服务类和电商类 App 则关注人们的衣食住行各个方面，但对用户的理解（定性、定量）和同理心（感同身受和替换思维）是企业生存和发展的关键。正如腾讯 CEO 马化腾说过的：“腾讯对待消费者不是以客户的形式来对待，而是以用户的形式来对待。用户与客户之间，虽然一字之差，但却有着天壤之别。用户思维是一种打动思维，以打动用户的心来形成消费者的黏性。”腾讯张小龙认为：用户体验和人的自然本性有关。例如，微信当年的“摇一摇”寻找附近陌生人交友就是一个以“自然”为目标的设计。因为“抓握”和“摇晃”是人类在远古时代，没有工具时必须具备的本能。最原始的体验往往是最好的。詹姆斯·加瑞特认为用户体验就是“产品在现实世界的表现和使用方式”，包括用户对品牌特征、信息可用性，功能性和内容的多方面的感知。可用性和情感化设计相结合，就产生了丰富的用户体验。如美食给人们带来的体验不仅仅是色香味那么简单，还有餐具的美感、环境的优雅，图 2-14 所示的精心设计的美食造型，都让人们在体验味蕾的快感外，还能体味到一方水土特有的内涵。这些正是归属感、幸福感所带来的享受。

图 2-14　精心设计的美食造型和餐具

2.5　职场要求与薪酬

交互设计师除了自由职业者之外，多数都在 IT 或互联网公司任职。具体工作包括用户研究、创建人物角色、产品概念设计、信息架构、交互设计、原型设计、视觉设计以及可用性测试等。国内一些大的互联网公司都有专门的 UED 部门，如百度 MUX、网易杭州研究院 UED、腾讯 CDC、搜狐 UED、携程 UED、支付宝 UED、人人网 FED 和新浪 UED 团队等。UED 团队的兴起和发展也表明国内互联网公司越来越重视产品的用户体验，实践着以用户为中心的设计理念。其中，腾讯的用户体验部（UED）成立最早，最有规模，也最有代表性（图 2-15）。

图 2-15　腾讯用户研究与体验设计部

腾讯用户研究与体验设计部（CDC）分成 4 个中心：用户研究、体验设计、品牌设计和设计研发，大约 100 人左右的规模。用户研究中心主要从事用户研究工作，包括公司重点产品的体验评估和前瞻性探索等。CDC 体验设计中心负责公共产品以及公司各种管理平台的建设，如统一的安全与支付体系、公益平台等，也负责腾讯的投资公司，如京东商城等提升用户体验。CDC 品牌设计中心负责为腾讯集团进行品牌设计、品牌形象产品研发以及礼品研发。该部门也会参与和负责各种品牌建设、传播及营销活动。设计研发中心主要是建设用户研究与设计相关的工具和平台，如腾讯的用户体验中心，设计导航和腾讯问卷等，对内负责搭建腾讯设计资源管理以及设计管理平台。除了 CDC 外，腾讯还有另一个用户研究部门：互联网用户体验设计部（ISUX）。该部门成立于 2011 年，是腾讯 QQ 时代的核心设计团队之一。在 QQ 时代，该团队负责的是互联网业务，如腾讯网、QQ 会员、数字多媒体、SNS 应用、社交与开放平台和电商等业务。目前该部门主要负责腾讯的社交网络相关产品的用户体验设计与研究，主要工作包括视觉设计、交互设计、用户研究和前端开发。

随着移动互联网的快速发展和国家“互联网 +”的战略实施，国内对用户体验人才的需求连年增长，交互设计师也成为各大 IT 公司、电商或传统企业争相招聘的对象。例如，百度移动用户体验部（MUX）对交互设计师（UE）、视觉设计师（UI）和用户体验师（UX）都有明确的工作职责和职位要求（图 2-16，图 2-17，右，百度 MUX 校园招聘广告）。该部门负责百度所有无线产品的视觉、交互设计和用户研究方面的工作，其 2015 年的招聘要求如下。

图 2-16　百度移动用户体验部（MUX）的校园招聘广告

交互设计师（UE）的工作职责：

- 负责百度移动云事业部相关产品的交互设计工作。
- 参与到产品的规划和创意过程中，分析业务需求并加以归纳，分解出交互需求。
- 设计产品的人机交互界面结构、用户操作流程等。
- 完成界面的信息架构、流程设计和原型设计，提高产品的易用性。
- 编写交互设计说明书、标准规范和交互元件库，并对标准规范及元件库进行维护。
- 配合视觉设计师完成产品视觉设计，并协同前端及开发团队实现交互效果。
- 组织或参与用户访谈，配合用研人员进行可用性测试。

- 研究用户行为和使用场景，优化现有产品的设计缺陷并提出优化解决方案。
- 参与竞品研究，用户反馈和数据分析，进行产品可用性和易用性测试和评估。
- 分享设计经验，沉淀设计方法，总结设计思想，与团队共成长。

交互设计师（UE）的职位要求：

- 对行业内产品和应用有深入体验和见解，对行业内产品和应用保持高度热情。
- 熟悉 UED 设计方法和工作流程；对交互设计有较深的理解和实践。
- 可以独立完成整个设计过程（对流程图、线框图等交互设计方法能熟练应用）。
- 能够独立负责多个产品或整个产品线，在产品规划、策略等方面有效推动交互设计思路。
- 能够积极参与研究过程，能够将调研结论有效转化为交互设计方案。
- 对产品有整体规划和梳理产品信息架构的能力，善于梳理各种因素之间的关系。
- 熟悉研究方法论和一般研究步骤，了解各种研究方法，有一定的统计和数据分析基础。
- 了解手机等移动客户端的交互设计和表现方法，较强的理解能力和逻辑思维能力。
- 良好的沟通与协调的能力。熟练应用需求分析等交互设计方法，有 1 年以上交互设计经验。
- 工业设计、计算机、心理学、平面设计、广告设计等相关专业，本科以上学历，良好的英语阅读能力。熟练掌握设计和原型开发工具，如 PS，Illustrator，Axure 等。
- 对各类资讯及大众软件动向有灵敏的触觉，并能第一时间尝试和分析。
- 乐于动手实践，有创造力，具备以用户为中心的思想，良好的合作态度及团队精神。

图 2-17 腾讯校招广告《面试官的声音》和百度 MUX 招聘广告

视觉设计师（UI）的职位要求：

- 本科及以上学历，美术、设计或相关专业本科以上学历，具备扎实的美术功底，优秀的视觉表达执行能力。
- 从事设计行业工作 3 年以上，对网站的设计有丰富经验，有成功案例案例者优先。
- 具有深厚的设计理论与娴熟的设计技巧，善于捕捉流行趋势，并能推动团队的设计能力。

- 热爱设计，拥有宽广的行业视野与时尚的审美标准。
- 对平面设计、UI 设计、网页和图标设计、符号设计、品牌设计和手持界面设计等都有了解甚至熟知。精通 PS、Illustartor、Flash 等设计工具，了解 Actionscript 动画设计。
- 具备良好合作态度及团队精神，并富有工作激情、创新欲望和责任感。
- 能承受高强度的工作，具有良好的项目沟通能力，具备一定的创意文案能力。
- 对互联网广告行业有一定的了解，对互动设计的流行趋势有灵敏的触觉和领悟能力，对潮流信息敏感。
- 具备 Flash 或 AE 动画广告的设计和制作，擅长把创意概念转化为有视觉冲击力的互动作品，具备较好的手绘能力。
- 极富创新精神，构思新颖，创意独特，对待设计永葆激情。

视觉设计师（UI）的工作职责：

- 负责参与产品（网页、手持方向）的前期视觉用户研究、设计流行趋势分析。
- 主导设定产品的整体视觉风格，拆分设计工作量，时间安排；并跟进开发落地产品。
- 负责日常运营及功能维护，提供美术支持，并能够形成产品独特的设计风格。
- 负责参与设计体验、流程的制定和规范，推动提高团队的设计能力。
- 负责百度移动产品的线上线下推广、活动、产品创意设计相关工作。
- 参与产品品牌建立与相关视觉体系规范建设。

用户体验师（UX）的工作职责：

- 负责百度移动产品的用户研究，能够根据产品发展方向及需求合理规划该产品线。
- 推动用户研究计划实施，通过用户研究帮助相关团队提升产品用户体验和用户黏性。
- 与 PM、RD、设计师等沟通项目需求，合理选择研究方法。
- 通过严谨、客观的研究设计和高质量的项目实施保证研究质量，并通过逻辑严密的数据分析得出合乎逻辑的研究结论。
- 思路清晰，有较强的沟通表达能力，能够清晰地将研究发现传达给相关部门。
- 具备跨团队的协作能力和推动能力，能有效帮助用户研究成果的转化，在公司内提升用户研究结果的有效性和影响力。
- 指导新入职人员的研究工作，提升团队研究能力。

用户体验师（UX）的职位要求：

- 心理学、社会学、工业设计、可用性等相关专业背景；3 年以上用户研究经验。
- 熟练使用 SPSS、Excel 等工具进行数据库管理和分析；熟练使用 PPT 等常用办公工具。
- 熟练掌握多种用户常用研究方法，能独立负责用户观察、深度访谈、焦点小组、定量问卷调研等工作；能独立进行科学、严谨的实验设计并实施。
- 主动性强、善于学习各种知识，善于总结项目中的经验教训并乐于与团队成员分享。
- 热爱用户研究工作；有敏锐的数据洞察和分析能力；能承受较高程度的工作压力。
- 有互联网行业从业经验或移动互联产品研究经验者优先，视野广阔，乐于尝试各种互联网应用者优先。
- 有用户行为数据分析经验者优先。有团队管理或新人指导经验者优先。

除了上述大公司外，其他公司，如北京字节跳动科技有限公司（图 2-18）的招聘交互设计师条件为：①配合产品经理完成公司各产品线交互原型，保证产品流畅性；②逻辑清晰可以抽象出产品交互框架，善于做微创新；③观察产品数据，持续迭代产品功能点；④分析、监控竞品变化，定期输出高质量竞品分析。此外，去哪儿网的工作职责是：①负责去哪儿网内部系统和小程序的交互设计，推进多端产品的用户体验改进；②善于挖掘用户痛点，权衡取舍用户体验，需求多方面的因素，平衡需求和技术的实现；③跟踪和监督产品用户体验满意度，统计分析用户体验。综上所述，这些公司的招聘岗位和百度、腾讯并无太大的差异。

图 2-18　拥有今日头条、抖音、西瓜视频等媒体的字节跳动公司

交互设计师（UE）、视觉设计师（UI）和用户体验师（UX）以及相关的移动产品经理（IM）通常都属于公司的用户研究及产品开发团队。腾讯、百度、京东、小米等传统互联网公司都对交互设计人才青睐有加。随着近几年移动互联网和在线服务产业的兴起，越来越多的传统公司，如电信、硬件、物流、证券、金融、旅游等也加入了这个潮流，交互设计师的岗位工资有所提升。IDG 集团在 2015 年末发布了《IT 互联网公司薪酬调研报告》。根据该报告，交互设计师的年平均薪酬（基本工资 + 年终奖 + 福利金 + 加班费）在 10 万 ~15 万之间。其中，有 1~2 年经验的用户研究设计师年薪在 12 万 ~19 万区间。有 1~2 年经验的视觉设计师平均年薪在 10 万 ~15 万区间。移动产品经理的平均年薪在 23 万 ~35 万区间。根据职友集网的线上调查统计，2018 年，交互设计师全国平均薪资为 13 500 元 / 月。此外，职友集统计得出，上海交互设计师平均薪酬水平为 16 690 元 / 月，最低月工资为 4500~6000，最高月工资 3 万 ~5 万。北京交互设计师平均薪酬水平为 18 880 元 / 月，最低月工资 4500~6000，最高月工资 3 万 ~5 万（图 2-19）。这些数据表明该职位在互联网行业中仍然处于一个相对稳定的高收入群体。2018 年，交互设计行业最大的趋势之一是高级设计师职位的激增，需求量比初级设计师的职位大出许多。许多公司一直在寻找能够使他们产品直接增值的设计师，他们期望设计师能够迅速独当一面而不需要时间去逐渐提升。通常，高级设计师已将划分成不同的专业领域，如移动、网络、物联网等，这对交互设计师的职业素质提出了更高的要求。

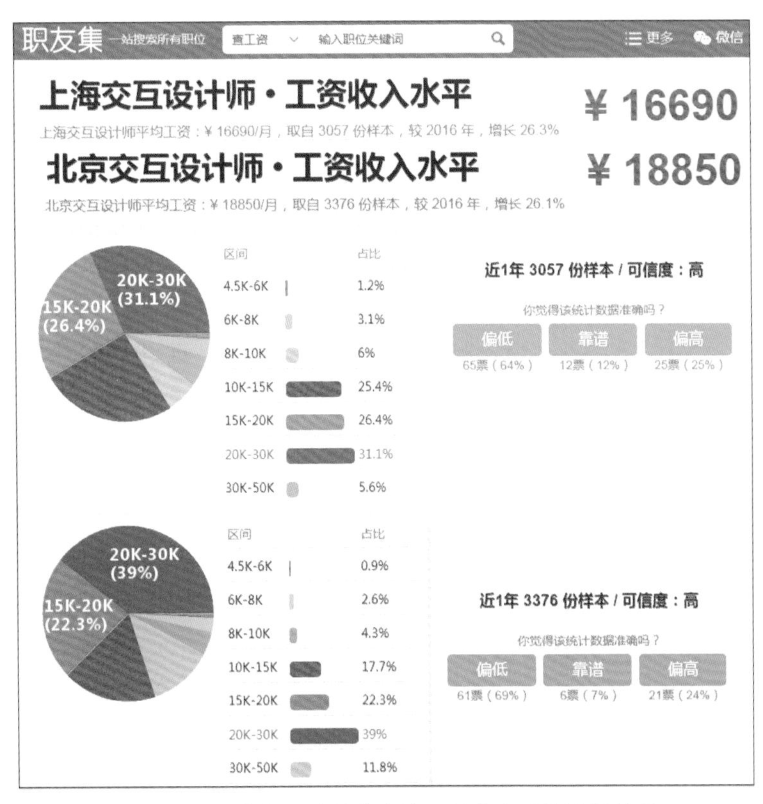

图 2-19 职友集网统计的京沪两地的交互设计师月薪

2.6 交互设计师大数据

总体上看，交互设计是相对年轻的行业。虽然从比尔·莫格里奇时代算起，已有约 30 多年的历史，但是直到 21 世纪初，许多国家的网页设计师的岗位才开始大量出现。早期的界面设计师（UI）从事的多数属于网站美工的业务范畴。但随着移动互联网和电子商务的普及，越来越多的公司将用户体验提升到公司产品的战略高度。交互设计师（UE）也当之无愧地成为和产品经理（PM）和前端开发（FD）等并列的岗位。传统企业转型互联网 +，互联网创业公司大量涌入，UI 设计师岗位出现人才缺口，也成为许多艺术设计学生的就业方向。根据国际体验设计协会（IxDC）提供的统计，目前我国交互设计师超过 60% 是具有艺术设计背景的大学生和研究生（图 2-20）。这群年轻人的从业时间相对较短；平均年龄为 25~30 岁。随着我国“大众创业，万众创新”国家战略的发展，互联网行业将逐渐主导传统行业。餐饮、医疗、汽车服务、物流、房产、婚庆、社区、金融、教育等行业都会有更多的商机出现，这也带给交互设计师更多的发展机遇。

虽然交互设计行业有着很多发展机遇，但也存在一些问题，如加班多、任务重、跳槽多、要求高和受尊重程度较低等问题。根据职友集网的线上调查统计，从 2015 年 12 月到 2018 年 12 月，交互设计师的市场需求经历了 2016 年初的爆发期，以及 2017 年 3 月和 7 月两个短暂的增长期后，整体曲线的走势趋向平缓（图 2-21），也代表着该行业自 2017 年以后市场职位需求趋于饱和，对设计师的需求不再会有“爆发式”的增长空间，这也使企业的相关岗位的竞争更加剧烈。

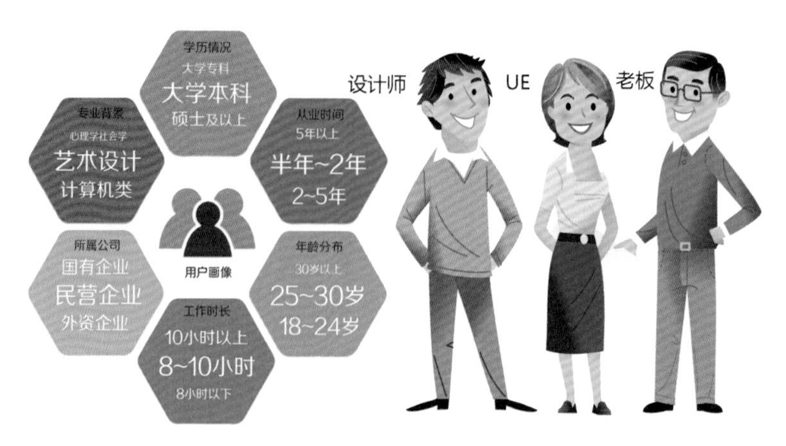

图 2-20　IxDC 提供的交互设计师的行业生态

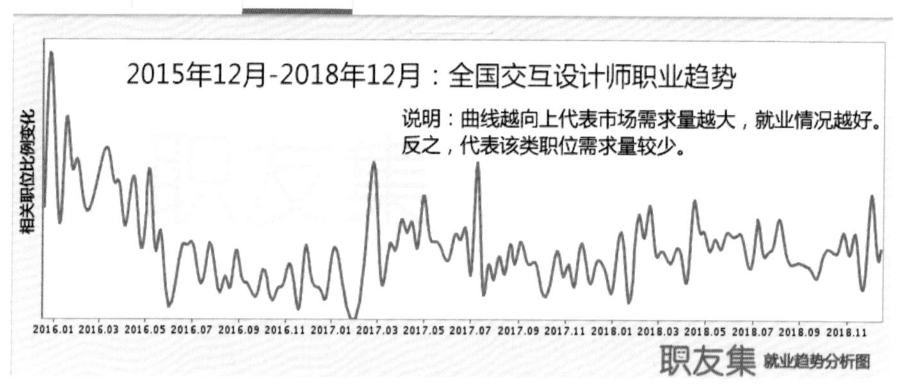

图 2-21　职友集网统计的交互设计师市场需求的变化

因此，快速提升自己的能力，从单一走向综合，从“动手”转向“动脑、动口与动手”（创造性、沟通性与视觉表现力）是交互设计师提升自己的不二之选。期待仅仅坐在计算机前动动鼠标就能轻松挣钱的想法是不切实际的，而只有冥思苦想、刻苦钻研和勇于实践，才能成为合格的交互设计师（图 2-22）。从长远上看，未来交互设计会从重视技法转向重视对产品与行业的理解，对心理学、社会学、管理学、市场营销和交互技术的专业知识有着更多的需求。现在的设计师往往更擅长于艺术设计，而未来还要看他对相关市场的洞察力，如做租车行业的设计师就需要深入了解该产业的赢利模式和用户痛点。在更加成熟的美国硅谷互联网企业，单一的 UI 视觉设计师已经不存在了。产品型设计师（UI+ 交互 + 产品）、代码型设计师（UI+ 程序员）和动效型设计师（UI+ 动效 /3D）初成规模。交互设计正在朝向全面、综合、市场化和专业化的方向发展。这些资源设计师的优势在于他们具有商业 App 设计的可靠经验。规模较大的科技公司可能会聘请多名首席设计师；而中小型公司则可能只会聘请一名首席设计师。由于交互设计仍然是一个相对较新的领域，所以很难找到拥有 10 年以上商业设计经验的人。因此，高级设计师在某些公司中会被赋予首席设计师的岗位。

图 2-22　综合素质的提升是交互设计师晋级的必备条件

2.7　校园招聘流程

高校作为一个巨大的人才储备库，可谓“人才济济，藏龙卧虎”。学生们经过几年的专业学习，具备了系统的专业理论功底，尽管还缺乏丰富的工作经验，但其仍然具有很多就业优势（图 2-23）。比如，富有热情；学习能力强；善于接受新事物；对未来抱有憧憬；而且都

图 2-23　刚毕业的大学生是各大企业所青睐的对象

是年轻人，没有家庭拖累；可以全身心地投入到工作中。更为重要的是，他们是“白纸”一样的“职场新鲜人”，可塑性极强，更容易接受公司的管理理念和文化。正是毕业生身上的这些优秀特质，吸引了众多企业的眼球，校园招聘也成为企业重要的招聘渠道之一。每到大学毕业季，各大 IT 企业的招聘活动就已经开始。除了各大公司宣讲会之外，公司的校园 H5 广告也开始流行起来，如腾讯就推出了专门针对毕业生、实习生的校园招聘广告（图 2-24）。

图 2-24　腾讯公司推出的 H5 校园招聘广告

通常来说，各大 IT 企业的校园招聘的时间和流程都比较相似，时间段也比较集中。一般企业 9 月中旬就开始启动下个年度的招聘计划。招聘时间主要集中在每年的 9~11 月和次年的 3~4 月。因此，每逢进入毕业季，学生们便开始奔波于各大公司宣讲会之间，行色匆匆，有些甚至不远千里跨省参加招聘会。简历更是通过网络从全国四面八方涌入企业的招聘邮箱。而寒假、春节前后是校园招聘的淡季，节后 3~4 月份招聘的对象主要是寒假毕业的研究生。从招聘流程上看，腾讯的产品设计师的面试共有 7 轮，包括简历筛选、电话面试、笔试、群体面试、专业初步面试、HR 面和总监面试等过程，其他各企业的招聘方式也大同小异。校园招聘的基本环节包括以下流程（图 2-25）：

（1）公司宣讲会和网络公示招聘计划。学生在网上填写申请表，投递简历（网申）。

图 2-25　各大 IT 企业校园招聘的基本环节和流程

（2）公司业务部门对简历进行初步筛选。企业通知学生参加笔试。

（3）参加多轮面试，包括电话面试、群体面试（交叉面试，即分组的团队测试）、业务部门面试，人事部门（HR）面试、总监面试（最终面试）等。

（4）企业最终确定录用（入职）。

通常互联网企业考察新人的重点是：①分析与思维能力；②观察和叙述能力；③原型设计能力；④团队合作能力。下面是 2012—2015 年，百度在北京、上海和深圳校招的部分笔试题目（图 2-26）。由此我们可以看到，无论是交互设计师、视觉设计师（UI）、用户体验师（UX）还是产品经理（PM），都不是纯粹的技术岗位，而是熟悉“用户研究、原型设计、绘图能力、概念阐述和流程设计”的专业设计师。

笔试题目	考察重点
在世界杯开赛前、开赛期间和结束后，用户的主要需求是什么？请设计搜索结果的展示页面。	用户研究，原型设计，绘图能力，概念阐述，界面设计
简述一款 O2O 产品的核心功能，分析优缺点。	竞品分析，分析和表达
发现校园里效率很低的事，然后有没有想过提高效率，针对校园痛点分析需求，分析用户群及特征，估计用户数量及使用频率，画流程图，说明为何能提高效率。	用户研究，原型设计，绘图能力，概念阐述，流程设计
将百度地图和百度大数据结合，在不考虑数据成本的情况下设计一款产品。给出产品设计思路、功能框架图以及产品的价值。产品可以是 App 也可以是附属在百度地图中的应用。	原型设计，绘图能力，概念阐述，分析和表达，界面设计
选择一种互联网产品说明其特点，选其他两种产品，比较三者的特性（用户人群、用户体验、产品设计、发展趋势等）。	竞品研究，分析和表达
选择一种产品，百度电影、百度美食、百度地产，为其设计一个页面，说一两个特点。解释为什么选这个产品并画出界面。	用户研究，原型设计，造型能力，概念阐述，界面设计
任选一款自己熟悉的百度产品，谈谈自己认为它在用户体验方面最大的问题是什么，并针对此问题，给出解决思路。	用户研究，分析和表达
针对百度知道的提问界面，分析它的问题，给出你的改进意见并阐明理由。	用户研究，原型设计，界面设计
百度网页搜索，试分析一下任意两个关键词的用户需求是什么以及满足需求的完整路径，并给出搜索结果的效果图。	用户研究，原型设计，触点分析，概念阐述，界面设计
列举一项自己日常生活中见到的，令自己印象深刻的优秀设计（或者恶劣设计）并说明理由。	综合判断，概念阐述，竞品分析

图 2-26　2012—2015 年百度校招的部分笔试题目

图 2-26 中第 1 题就需要分析用户需求。也就是分析用户在百度搜索“欧洲杯”这个关键词的意图是什么？如开始时间、地点、32 强名单和首发阵容等，还有一些商业需求，如预订机票、门票等。其他的内容，如赛事进程、结果、赛事直播、相关新闻、访谈和综述等。原型设计则主要考量信息设计的能力，包括信息结构（导航）线框图、色彩、风格、版式和交互等。该设计题目往往要求考生画出软件交互界面和线框流程图（图 2-27）以及高保真的界面设计效果图等，这些都是艺术类考生应该熟悉和掌握的技术。这道题目考察的就是毕业生平时对软件的研究、分析和表达的能力。这些恰恰也是交互设计师所需要关注的重点内容。

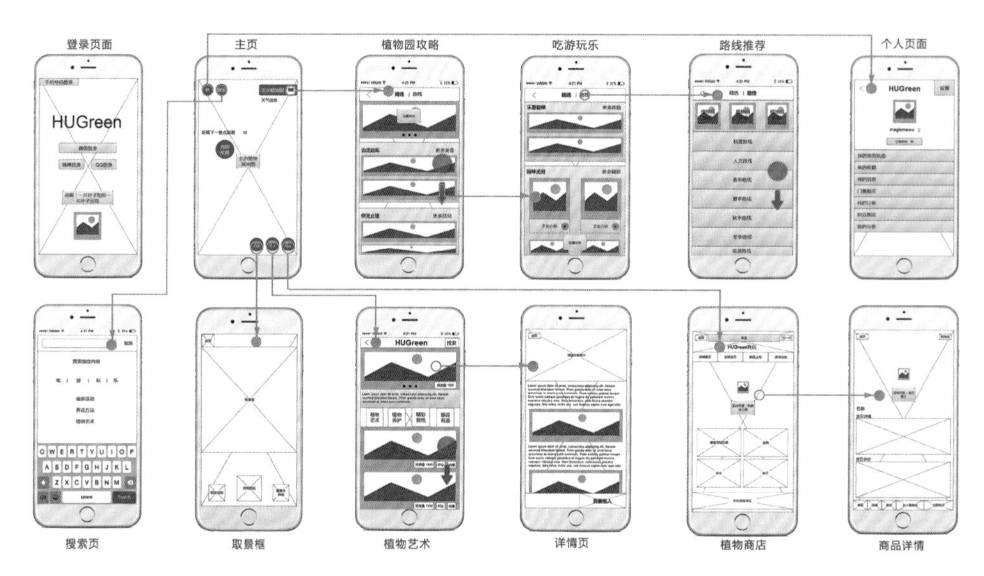

图 2-27　原型设计考试为线框图与流程图的设计能力

笔试完成后的面试同样是考察上述能力，同时也是考察应聘者团队合作能力的环节。例如，群体面试（交叉面试，即分组的团队测试）俗称“群面”，也叫做“无领导小组讨论”(group interview)。面试的方式是若干应聘者组成一个小组，共同面对一个需要解决的问题，如游戏的策划、产品设计或者一个新产品的营销推广方案等，也有比较发散的题目：如何用互联网思维做校园产品，从功能、运营、监管、战略角度讨论打车软件的利弊，请说出生活中不方便的现象并设计一款 App 来解决这个需求等。小组成员以讨论的方式，经过汇集各种观点，共同找出一个最合适的答案。小组面试的步骤一般是：①接受问题；②小组成员轮流发言，阐述自己观点；③成员交叉讨论并得出最佳方案；④解决方案总结并由组长汇报讨论结果。整个群体面试包括自我介绍、讨论和总结陈述。面试官全程参与并通过行为观察决定谁将进入下一个环节。这个环节考察的重点在于：参与度、是否活跃、领导力和感召力、语言能力、逻辑诠释及说服能力、动手实践和原型设计能力（图 2-28）。

图 2-28　群体面试考察考生的参与度、领导力、说服力与实践能力

群体面试后的环节都是以一对一的形式由面试官和应聘者进行单独交谈。其中常见的问题包括：你印象最深刻的项目是哪个；你觉得交互设计师需要具备什么样的素质和能力；你觉得怎样的产品才是一个成功的产品，你觉得产品设计和产品运营有什么区别和联系；在你实习过程中（或者项目经历）最有成就感的一件事是什么，你遭遇的最大挫折是什么；如何看待这次挫折；怎么解决的；你在实习中学到最有价值的东西是什么；如果在产品设计过程中遇到和上级或者同事出现分歧，你会怎么解决；平时都会使用哪些应用或网站；觉得有哪些应用设计的比较好；最近一年最想做的产品是什么，为什么想做，打算怎么做；你每周最常浏览的网站有哪些；最近一个月你关注的 IT 行业动态有哪些；等等。其中专业面试的问题会比较具体而专业，而人事部门的面试多为涉及简历、实习等较为宽泛的话题。总监面试则会是一些行业方向性的问题。这些都需要同学们平时多思考和多积累，才能够胸有成竹，对答如流。

2.8 创客、创新与创业

交互设计最早发源于 20 世纪 80 年代后期桌面计算机开始兴起的时代。该时期的创业者，如比尔·盖茨、史蒂夫·乔布斯和斯蒂夫·沃兹尼克等人，都是深受“嬉皮士”自由运动影响的一代。“嬉皮士运动”与创客的诞生有着密切的联系。“创客”源自美国创客运动中的 maker 一词，其原意就是指一群酷爱科技、热衷实践的人群。20 世纪六七十年代，美国大学生对越战的厌恶和对贵族化生活方式的反叛催生了加州学运的风潮。英国披头士、波普艺术、滚石音乐、招贴艺术、朋克部落、同性恋和大麻嗜好者风靡校园。嬉皮士所代表的藐视一切权威、挑战道德和文化底限以及对宗教、哲学和神秘主义的精神探索也成为那个时代青年所拥有的财富。“嬉皮士”和“车库文化”强调自力更生，动手实践，以分享技术、交流思想为乐。时隔多少年后，我们还能够在苹果公司的“精神领袖”和“布道者”史蒂夫·乔布斯（图 2-29，右三）身上，依稀看到当年那个桀骜不驯、崇尚瑜伽、迷恋滚石音乐的辍学大学生身上所带有的亚文化烙印。苹果公司所信奉的哲学“与众不同”恰恰是创客文化最为推崇的时尚先锋理念。

图 2-29　流行于美国加州的嬉皮士运动是创客精神的来源

乔布斯这个曾经的嬉皮士和反叛青年也是最成功的创客之一。通过投身于旧金山湾区的反主流文化运动，在禅修、迷幻、东方哲学、部落文化与摇滚乐中体验到了激情、分享和指向人类终极目标的觉悟。他最先看到了新的技术、新的文化和新的媒介的出现，并从反主流文化转向赛博（Cyber）文化。1975 年，史蒂夫·乔布斯和年轻的工程师斯蒂夫·沃兹尼克合作，在自家车库中“攒”出了最早的苹果计算机（图 2-30），也成就了一个当年的“创客”成功创业的经典故事。

图 2-30　乔布斯和沃兹尼克

进入 21 世纪以来，随着计算机、互联网、3D 打印、可穿戴技术的发展，创新 2.0 时代的个人设计、个人制造的概念越来越深入人心，激发了全球的创客实践。特别是创客空间的延伸，使创客从麻省理工学院（MIT）的实验室网络脱胎走向了大众。2012 年，《连线》杂志主编克里斯·安德森（Chris Anderson）出版了《创客：新工业革命》一书，标志着创客现象开始吸引社会公众的关注。当下的创客已经不限于技术宅，包括艺术家、科技粉丝、潮流达人、音乐发烧友、科学·艺术·工程·技术·数学（STEAM）粉丝、黑客、手艺人和发明家等纷纷加入了这个“大家庭”（图 2-31）。观察思考、勤于动手、工匠精神、艺工结合、创意分享、创新创业和科技时尚已经成为“创客”的标签，创新、创意、创业也成为这个时代的主旋律。

对大学来说，创意、创新和创业相互之间的联系密不可分。创客体现的精神是首创与开源、协作与分享，注重企业家与团队精神，并强调将梦想变成为现实的愿景和敢于承担风险和挑战的素质。类似于原型制作的流程，创客教育同样提供了一种基于问题的思考方式和项目实践的模式（图 2-32）。创客教育强调商业模式、团队精神、设计思维和创业精神的结合，是一种积极主动的探索型教育模式。它不像传统教育那样，必须根据教育大纲的规定被动学习知识。大学生可以通过创意与项目设计，广泛地搜集资源，和各种各样的人交流，然后学会利用身边的材料、器械，自己尝试着解答问题。在解决问题的过程，学生们逐渐培养出一种创新能力，并在实际项目的磨炼中形成优势互补的团队。

图 2-31 今天的创客活动已经成为创造与发明活动的时代潮流

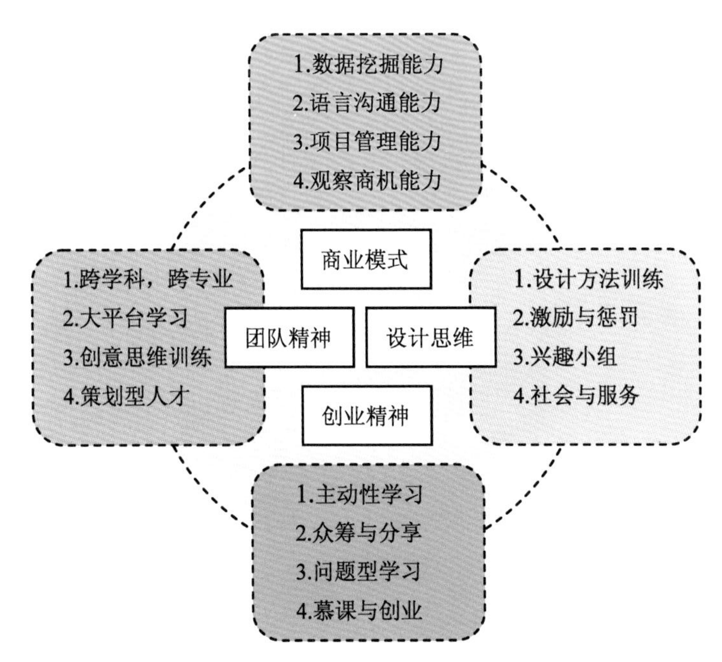

图 2-32 创客模型与基于问题导向的主动型学习机制

创客教育已经走进校园。以“互联网 + 大学生创新创业大赛”为标志的各种大学生创客比赛、挑战赛或者社会实践项目已经成为当下主流教育的一部分。例如，2014 年，清华大学开展了“科技孵化器”的机制，重点扶植以学生为主体的创客活动实践。清华大学创客空间（x-lab）联合了经管学院、美术学院、工业工程系等院系以及校友会等业界精英，开展了一系列具有鲜明实践性、创造性、互动性和学科交叉性的挑战性研发项目，如“百度自行车”等。清华的 x-lab 还将创意与开发原创性产品为目标，从创意、创新、再到创业，逐步递进，协同互动，从而推动人才培养模式的创新。学校还通过整合全球化的资源，提供持续的创新课程、竞赛与活动。早在 2013 年，清华大学 x-lab 就邀请了美国东北大学的两位教授安东尼·瑞斯（Anthony Ritis）和约翰·福瑞尔（John Friar）共同举办设计思维训练营。他们为清华大学的同学讲解了以设计思维为核心的创新方法。同时，借助工作营的训练课程，让大家通过项目实践深刻解创造性设计思维。这种训练营的教学实践已经被众多的高校所借鉴。

为了进一步鼓励学生参与创客实践，积累创新创业经验，将自己的专业知识与社会需求相结合，成长为具有想象力、创新力、执行力的复合型人才。2016 年起，清华大学在校生参加 x-lab 创新创业实践可以获得学分。目前，众筹模式、创业咖啡厅、创客空间等不同形式的创新平台在大学校区周边都有广泛的分布，创客教育进一步推动了大学生的创业热情，也成为创新教育的大胆尝试。

创办一家公司无疑是许多大学生的梦想。很多人可能认为：几个人经过一番头脑风暴，产生一些想法，并从中选出看起来合理的创意，然后据此设计出一款产品，就可以等着大公司收购而“一夜暴富”，从此就会走上人生巅峰（图 2-33）。但这些想法往往都会落空，因为由一心想成为“创业者”的人肯定做不到最好。而真正的创业者通常对某个具体问题或“用户痛点”有独到的见解并充满激情，同时也有实施的方法。正如美国风险投资家、博客和技术作家保罗·格雷厄姆（Paul Graham）指出：“创业的点子是被‘发现’的，而不是被‘发明’的。在天使创业营，我们会把从创始人自身经历当中自然产生的灵感叫做‘内生的’创业灵感。最成功的创业公司几乎都是这样发展起来的。”一个好的创业者需要发现未解决的问题并提出完美的解决方案，而不是模仿已经成功的公司，炒别人的冷饭。发现创业点的最好方法就是看看自己在生活中遇到了什么样的问题，有什么需求。

图 2-33　很多大学生对于创业有着“一夜暴富”的心态（网络广告）

什么是创业成功的途径？小米科技的创始人、风险投资人雷军等人就曾经给出过答案。通常一个典型的创业过程包括：①问题研究，发现创新产品的契机；②找到改进的方法；③制作一个原型；④将这个原型展示给用户并听取意见；⑤通过众筹或其他方式争取到风投；⑥找到创业合伙人；⑦分配股权给你的合伙人；⑧寻找其他投资人（天使轮、A 轮）；⑨制作出产品并成功销售；⑩拿到更多的投资（这次资金来自 B 轮风投）；⑪公司准备上市（可能已经拿到了很多融资并开始盈利）；⑫上市之后就可以卖掉很多股份；⑬上市后，你的投资人与合伙人也可以分享你的成功（图 2-34）。该过程也就是设计思维的商业模式，市场上成功的产品，如 QQ、微信、滴滴打车、淘宝或美团，都是真正解决用户“刚需”和“痛点”的范例。只有了解明确的用户群，你才有可能跟他们交流，听他们的需求和意见来改进你的产品。这也是为什么通常创业者选取创业点时，解决的问题往往是他们自己面临的问题，因为你自己就是这样产品的用户。创业的本质是创新和颠覆，要有革命性和颠覆性的点子和创意产品，只有踏踏实实地做好产品，赢得用户，才有可能真正立足于市场并获得成功。

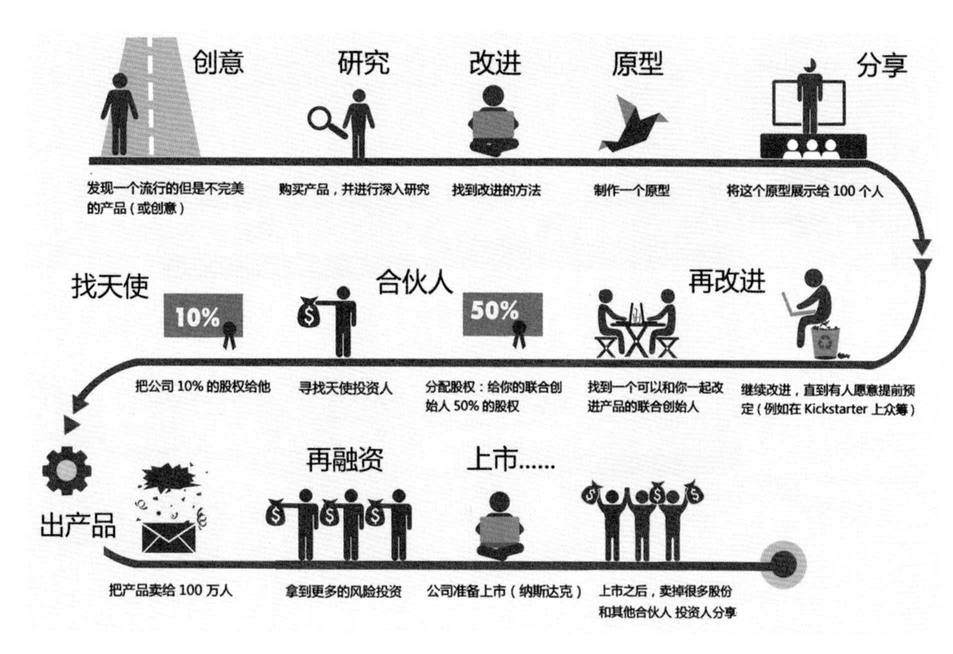

图 2-34　互联网上市公司的创业模式流程图

2.9　创意T型人才

美国是全球创新领域的发源地和大本营，芝加哥大学、斯坦福大学、卡耐基·梅隆大学、麻省理工学院和诸如苹果公司、微软公司、IDEO 公司等都为各类人才提供了思想碰撞和产品实验的舞台。美国的设计教育模式和设计师的培养模式也就成了其他国家学习和借鉴的模式。随着全球文化创意产业的快速崛起，硅谷的 T 型人才结构受到了普遍的关注。所谓 T 型人才，就是既有通过本科教育获得的，对个别领域的纵向知识深度，又具备通过研究生学习和早期工作经验获得的，对于其他学科和专业背景的横向鉴赏和理解的“双通型人才”。该模型由 T 型立方结构展示，分别代表知识的深度、广度和高度（厚度）三个坐标体系，也代表了本科、硕士研究生、博士研究生三种教育所要达到的目标（图 2-35）。T 型人才的特点是：这些人通常具有较为坚实的科学、艺术、工程、技术和数学（STEAM）的背景，特别是对于科学与艺术的结合有着浓厚的兴趣，勤于思考和动手实践，也乐于分享，通常是创业团队中的核心成员。

1986 年，由美国国家科学委员会提出，STEM 教育逐步成为全美教育体系的中流砥柱，从本科教育延伸到硕士、博士教育。2015 年，STEM 教育体系扩展为 STEAM，将艺术学科纳入 STEM 教育系统，这代表了艺术与设计能力在创新中的重要作用，目前将艺术、商业与过程相结合已经成为欧美大学教育的趋势。2014 年，位于芝加哥的一所顶级设计学院就设立了 MBA 学位，直接将艺术设计与商业管理相融合，为创业型设计人才提供更全面的素质教育。

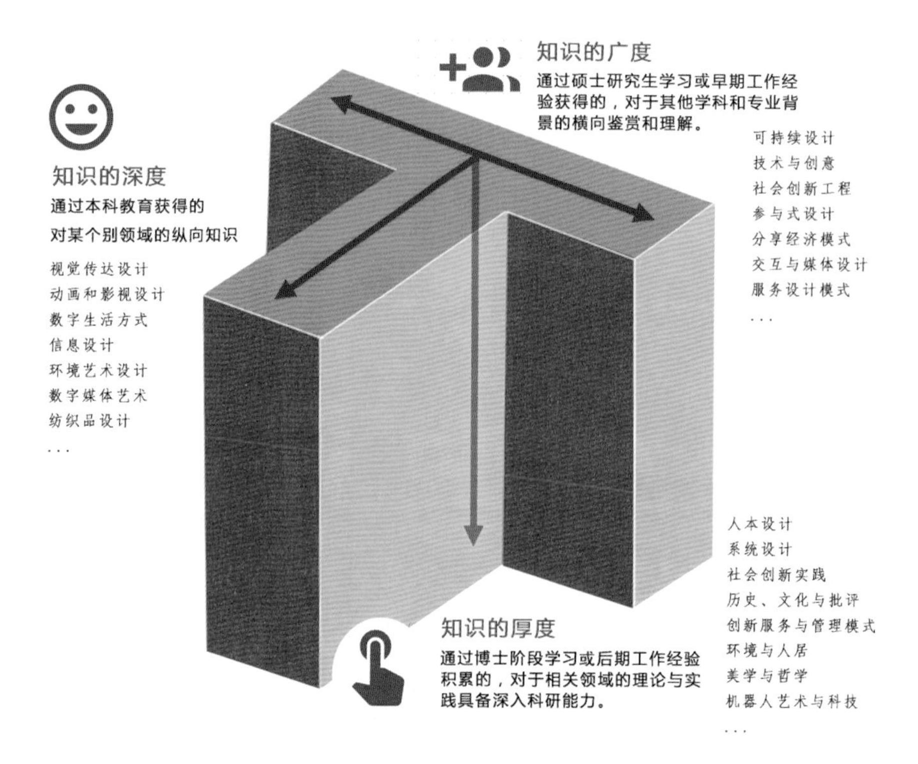

图 2-35 “T 立方”人才结构：知识的深度、广度和高度

美国的很多商学院就已经把用户研究 + 头脑风暴 + 原型设计 + 迭代式反馈等设计产品开发流程引入到课程中，如卡耐基·梅隆大学商学院就用了这种工业设计理念启发商科学生的“创意思维”。

通常理工科学生有着较强的逻辑思维能力和执行力，在软件编程、数据库和应用软件实践领域有着很大的优势，这使得他们往往成为创业的骨干或核心力量。而艺术和文科类学生在发散思维、人际黏合性、沟通、创意和表现力（特别是手绘、产品设计、界面和产品包装等）方面见长，通过多学科项目团队来实现这种“艺工融合”和“跨界思维”无疑是最有效的途径。例如，麻省理工学院媒体实验室（MediaLab）教授、原设计总监前田约翰（John Maeda）就曾经说过：“我们的研究方向是就是没有限制的。”目前该媒体实验室的研究范围已经远远超越了传统概念的“媒体”范围：智能车、智能农业工程、人工腿、改造大脑、拓展记忆、情感机器人……这些五花八门的研究如果有一个共同的主题，那就是“拓展人类的能力”。

T 型人才往往与其个人在青少年时期的养成的观察、学习和思考的习惯有关，因此，近年来，欧美各国都把 STEAM 教育和创客活动结合起来，鼓励学生从小动手实践，利用简易材料制作创意原型（图 2-36，上）。我国的一些针对儿童的创意培训机构也鼓励学生通过自制玩具、绘画、科技小模型和儿童编程等方式发挥想象力和创造力（图 2-36，下）。创客更加看重从周边生活中发现和寻找创意，毕竟，创客精神就来源于动手动脑的“车库文化”，当年史蒂夫·乔布斯、比尔·盖茨等人都从自家车库开始，将创意、编程、科技、动手实践和商业思考相结合，最终实现了事业的梦想，这也说明了 STEAM 教育和 T 型人才的培养密不可分。

图 2-36　小学生利用简易纸板材料制作创意原型

思考与实践2

思考题

1. 交互设计师的职业特征是什么?
2. UE 和 UI 工作的联系与区别在哪里?
3. 说明交互设计师、产品经理和视觉设计师的工作区别。

4. 交互设计师应该掌握的软件工具分为哪几个大类?

5. 什么是体验经济? 体验分成哪 4 类? 什么是“甜蜜地带”?

6. 什么是可用性? 体验设计与可用性有何联系?

7. 从交互设计师的大数据上能够得到哪些结论?

8. 校园招聘的一般步骤和流程有哪些?

9. 什么叫群体面试? 主要考察应聘者的哪些能力?

实践题

1. 访谈是交互设计师了解用户、产品和市场的重要方法（图 2-37）。访谈的内容可以涉及竞品研究、用户体验、个人感受和趋势分析等话题，为了保持用户研究的一致性，访谈员需要有一个基本的“剧本式”的提纲作为指导。请设计一个“采访大纲”来了解一个手机游戏设计公司的产品定位和市场前景。

图 2-37　研究生针对游戏公司老板的调研

2. 调研招聘类、猎头类的网站和手机 App。归纳和分析 IT 人才供需市场的信息，然后设计一款名为“校聘网”的专门针对大专院校毕业生校招的手机 App。需要给出产品定位、人群特征、盈利分析、市场前景、竞品分析和风险评估。

3.1 交互产品5S模型
3.2 交互产品开发流程
3.3 五步产品创意法
3.4 双钻石流程图
3.5 人工智能与设计
3.6 设计研究与实践
3.7 交互设计任务书
3.8 交互设计课程

第3课 交互设计流程

和工业设计流程类似，交互设计同样有着清晰的流程与方法。例如，加瑞特的5S模型就说明了交互产品从战略到视觉、从抽象到具象的设计过程。本课从设计思维的研究入手，通过清晰化的产品设计任务书、时间与进程管理等阐明交互设计的一般流程与方法。本课还结合相关课程实践，通过案例为相关设计研究提供模板。

3.1 交互产品5S模型

交互产品主要以 Web 网站、游戏、手机 App 和各种智能设备的软件形式来呈现的。为了清晰地说明交互产品集编程与艺术于一身的特殊性，美国著名的 Ajax 之父、Web 交互设计专家詹姆斯·加瑞特（James. J. Garrett）在《用户体验的要素：以用户为中心的 Web 的设计》一书中通过 5S 模型图（图 3-1）解析了这种软件的构成要素。他将 Web 网站划分成了 5 个不同的层次（5S）：战略层（strategy）、范围层（scope）、结构层（structure）、框架层（skeleton）和表现层（surface）。这个模型从抽象到具象，从概念到产品的完成过程来说明交互产品的特征。

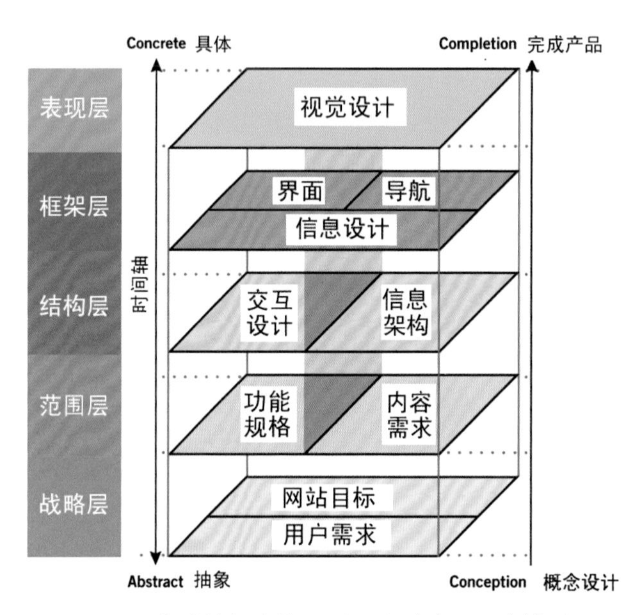

图 3-1　加瑞特提出的 5S 交互设计产品开发模型

在上述模型中，从设计进程时间上看：首先是战略层，主要聚焦产品目标和用户需求，这个层是所有交互产品设计的基础，往往由公司最高层负责。其次是范围层，具体设计与交互产品相关的功能和内容，该层往往由公司的产品部负责监督实施。第 3 层是结构层，交互设计和信息构架是其主要的工作，该层也是交互设计师所关注的重点。通常互联网公司的 UED 部分就是负责这个层的业务。第 4 层为框架层，主要完成交互产品的可视化工作，包括界面设计、导航设计和信息设计等工作。最顶层为表现层，主要涉及视觉设计、动画转场、多媒体、文字和版式等具体呈现的形态。加瑞特的 5S 分析模型在交互产品设计中被广泛采用，无论是 Web 网站、游戏、手机 App 和各种智能设备的软件形式都符合这个设计过程（图 3-2）。

需要注意的是：加瑞特通过该模型中间的分割将功能性产品（关注任务）以及信息型产品（关注信息）进行了区分（图 3-3），左侧的工作注重功能规格、界面设计与交互设计，右侧则与内容需求、信息构架和导航设计有关，用户研究、市场分析、信息设计和视觉设计则跨越了这个界限（图 3-4）。在加瑞特模型中，战略层和范围层属于“不可见”的领域，结构层＋框架层是交互设计师和后台程序工程师共同打造的，而最后呈现的产品画面和触控方式就是交互设计师的精心之作。

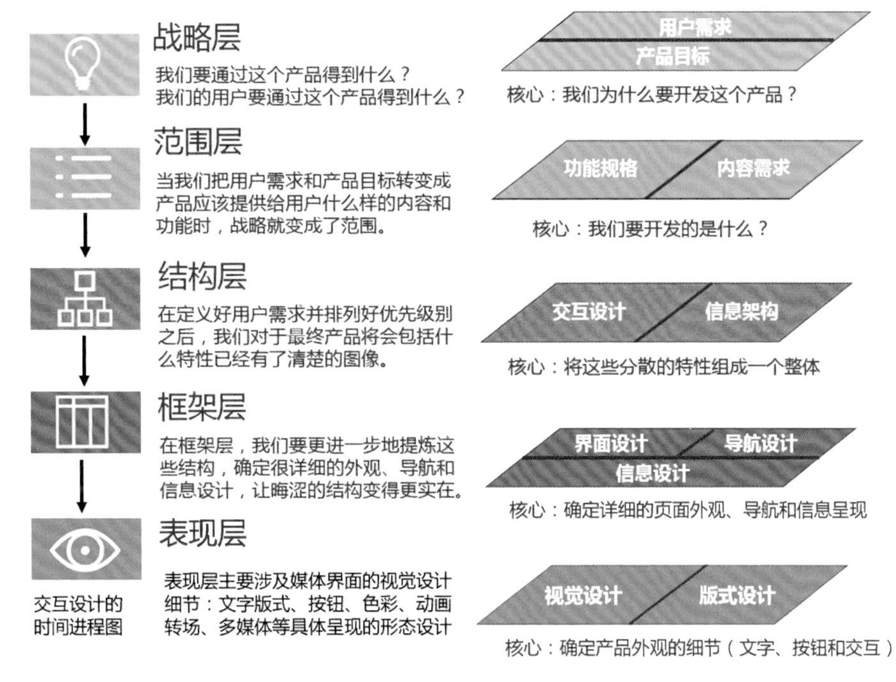

图 3-2　加瑞特模型是交互产品开发的基本流程

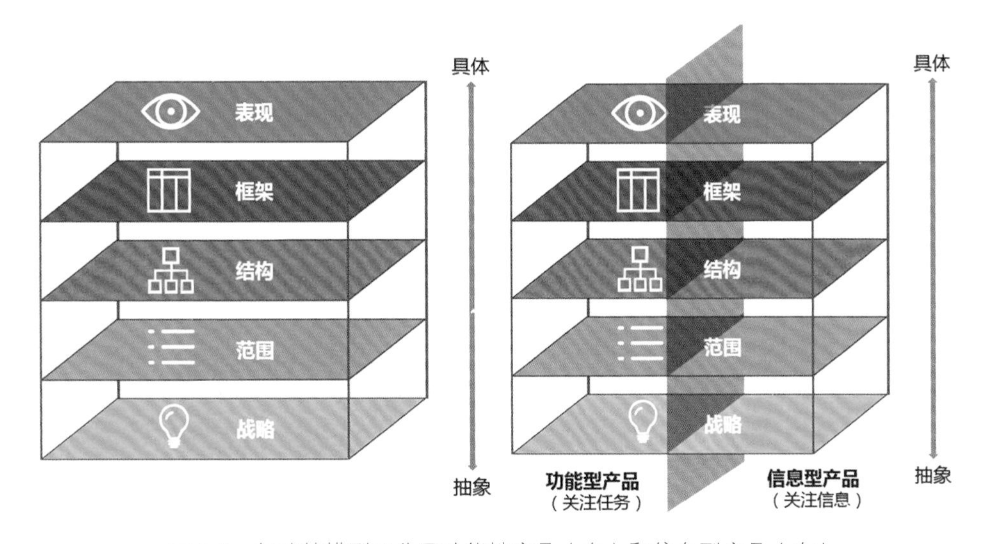

图 3-3　加瑞特模型区分了功能性产品（左）和信息型产品（右）

根据斯坦福大学的一项研究成果表明，交互产品整体的视觉传达设计，包括版面设计、排印方式、字体大小和颜色方案等因素会显著影响人们对该产品可信度的判断。相对结构、信息、内容和品牌知名度而言，网站或手机界面设计对人感官感受的影响更为深远。从结构上，交互产品可以分解为：编程层、交互层、界面层、信息层、动态层、语音层、图形层和文字层 8 个部分。除了底层（后台）的编程层外，其他 7 个层面都必须依靠交互设计师的参与才能实现（图 3-5）。

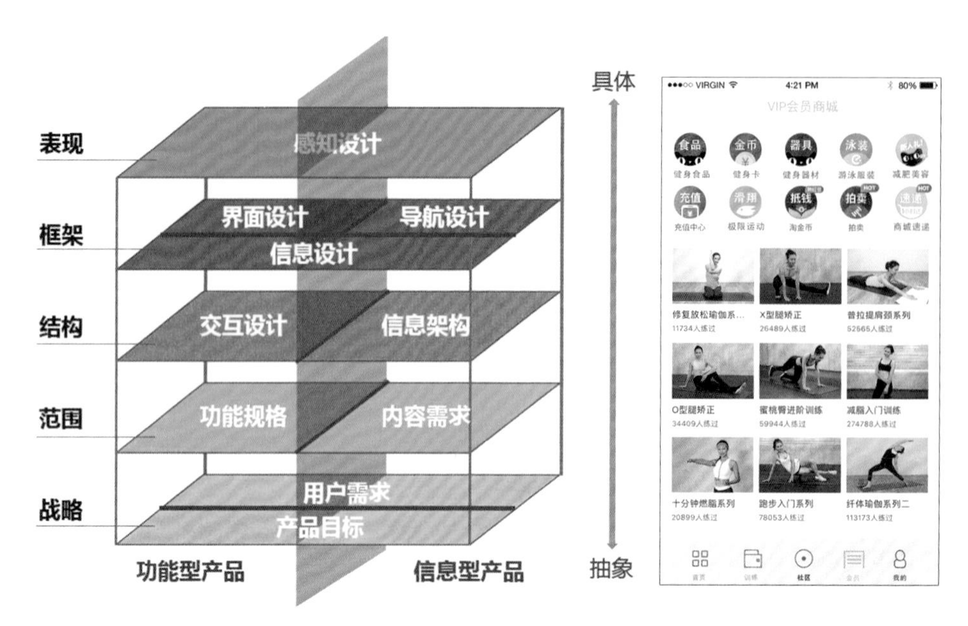

图 3-4　用户需求、产品目标和信息设计为“跨界”的流程

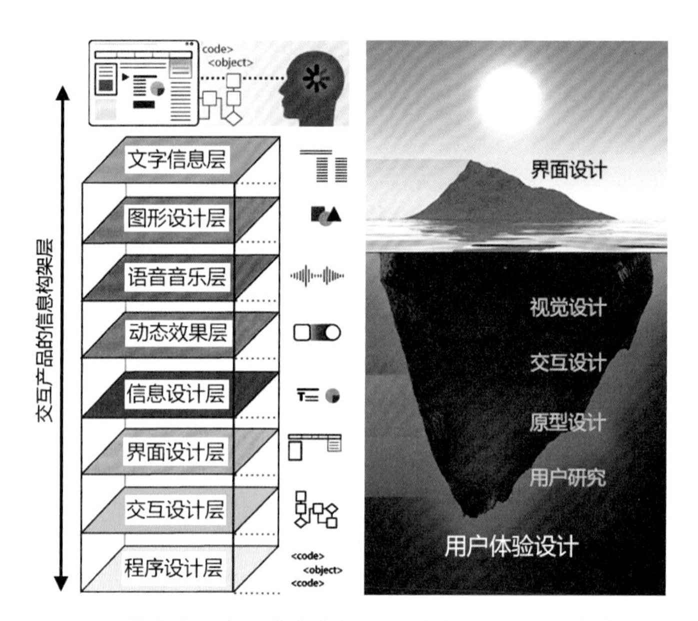

图 3-5　数字交互产品信息构架图（从底层代码到视觉传达）

3.2　交互产品开发流程

加瑞特的 5S 模型清晰地说明了交互设计产品从战略设计到视觉设计，从抽象到具象的整体流程。交互设计的整个开发过程中，设计师需要有明确的意图、清晰的设计流程，以确保设计产品的成功率。从调查研究开始，包括问题聚集、头脑风暴、初步设想、概念设计、细节完善、成果展示和报告书提交等步骤，环环相扣，缺一不可（图 3-6）。著名的 IDEO 设

计公司有个理念：因为有市场，所以需要设计；因为技术发展，才可把设计物化，但是所有的一切都源于用户的需求。如果用户没有需求，再好的设计也只能成为被束之高阁的装饰艺术品并最终被淡忘。以人为中心的设计模型将收集用户数据作为设计创意的依据和设计结果的评估标准，其过程由以下 4 个活动组成。

（1）详细说明产品使用背景——产品使用的人群、用途，以及在何种情况下使用。

（2）详细说明需求信息——用户需求及目标。

（3）创建设计方法——从产品概念到完整设计。

（4）评估设计——从实际用户进行的可用性测试进行设计评估。

从上述过程中可以发现，前两个活动都与用户以及调查研究相关，最后的“评估设计”也是由实际用户进行的，可见用户研究在创意设计过程中的重要性。用户研究的目的是对产品的潜在用户进行调查研究，掌握第一手资料。用户研究一般包括定性研究与定量研究。定性研究主要用于了解目标人群的态度、信念、动机、行为等相关问题，而定量研究则采用大量的样本数据来测试和证明某些事物的趋势和特性等真实情况。如问卷调研就是我们最常用的量化研究的方法，此外还包括用户访谈、焦点小组、口语报告等经典方法。

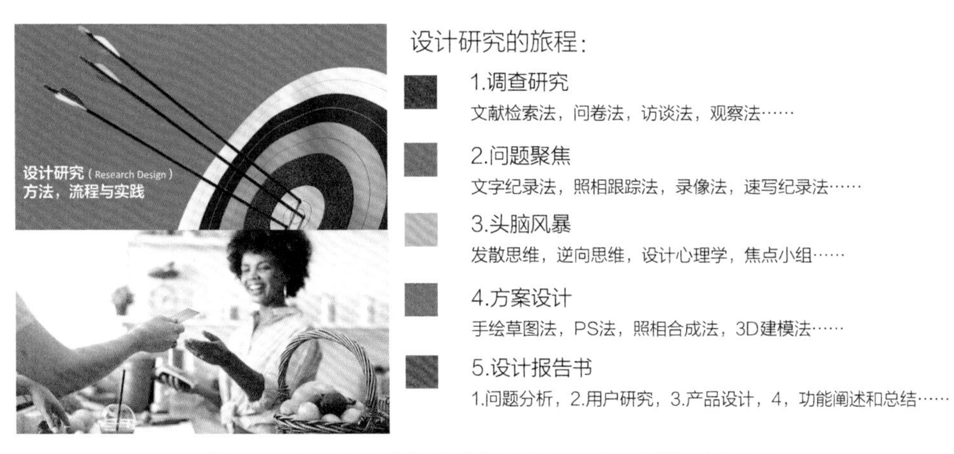

图 3-6　交互产品设计流程图（从底层代码到视觉传达）

在加瑞特的 5S 模型图中，战略认知是整个产品的中心理念和要领，通常围绕产品存在的意义、开发的目的、受众的定位及需求、经营者的利益等核心问题展开。此层面的关键是“创意概念”，明确设计的终极意图和用户的真实需求。战略层就是要解决为什么开发这个产品，这个产品或者设计存在的意义是什么，设计研究往往需要从问题出发。例如，据报道，深圳图书馆自 20 世纪 90 年代建成以来，读者长期受到暴晒阳光的困扰，他们只得撑起一把把阳伞来扶桌阅读（图 3-7，上）。针对这个问题就可以进行多角度的思考，包括：①夏日阳光照射的角度有多大？持续多长时间？②考虑几种切实可行的“遮阳”设计方案。③暴晒的阳光虽然影响了阅读，但是却提供了充足的太阳能，如何能够加以利用？④哪些人类活动是可以在强光照环境中进行的？根据以上的思考，人们就可以提出图书馆的改造方案，如在玻璃幕墙外加装绿植防晒网的设计方案（图 3-7，下）。该设计既遮挡阳光暴晒，又有效地利用了太阳能并美化的环境。

图 3-7　深圳图书馆暴晒的阳光给读者造成了困扰

信息时代设计的重点往往不是现实本身，而是创造新的现实。这些可能性的因素需要设计师对现实本身有深刻的认识。产品开发和战略规划，就是明确这个创新是什么，由最初模糊的想法到具有商业价值的机会，最后形成设计概念。明确用户需求和产品目标，需要一个识别、筛选、测试、反馈的过程。每一件成功的交互产品和服务无一不是反复迭代的产物。从快手、抖音、共享单车到 GPS 导航、刷脸购物，不管是商业模式的创新还是操作方式的创新，这些产品都开启了创新交互方式的大门并使得人们的数字化生活更加精彩。

3.3　五步产品创意法

早在 20 世纪 80 年代，斯坦福大学教授、美国著名设计师、设计教育家拉夫·费斯特（Rolf A. Faste）就创办了斯坦福设计联合项目（Stanford Joint Program in Design）并成为 D.School 的前身。1991 年，IDEO 设计公司创始人戴维·凯利（David Kelley）开始在斯坦福大学任教并逐步推广该公司所探索出的一套交互与服务设计方法，也就是人们通常说的“设计思维”（design thinking)。随后，在斯坦福大学的支持下，戴维·凯利和其他几位斯坦福大学教授一起，于 2005 年共同发起成立了 D.School，也就是著名的哈素·普拉特纳设计学院 (Hasso Plattner Institute of Design)。几乎同时，美国著名的卡耐基·梅隆大学商学院也把 IDEO 的设计思维引入课程。由此，设计思维开始在设计界、学术界引起广泛关注，也成为各大知名企业所普遍采用的创新方法。

设计思维最初是源于传统的设计方法论，即需求与发现 (need-finding)、头脑风暴 (brainstorming)、原型设计 (prototyping) 和产品检验 (testing) 这样一整套产品创意与开发的流程。1991 年，IDEO 公司设计师比尔·莫格里奇等人在担任斯坦福大学设计学院教授时，将这套设计方法整理创新成为交互设计的基础 (图 3-8)。莫格里奇等人将该方法归纳为五大类：同理心 (理解、观察、提问、访谈)，需求定位 (头脑风暴、焦点小组、竞品分析、用户行为地图等)，创意、尝试或者观点 (POV)，可视化 (原型设计、视觉化思维)，检验 (产品推进、迭代、用户反馈、螺旋式创新)。其中，同理心 (empathy) 或者是与用户共鸣是问题研究的开始，也是这个设计思维的关键。观察、访谈、角色模拟、情景化用户和故事板设计是这一步骤所采用的主要方法。与此同时，VB 之父、Cooper 交互设计公司总裁艾伦·库珀 (Alan Cooper) 也将他在 IDEO 工作期间的研究总结为“目标导向设计” (goal-directed design)。该方法给设计师提供了一个研究用户需求、交互设计和用户体验的操作流程。

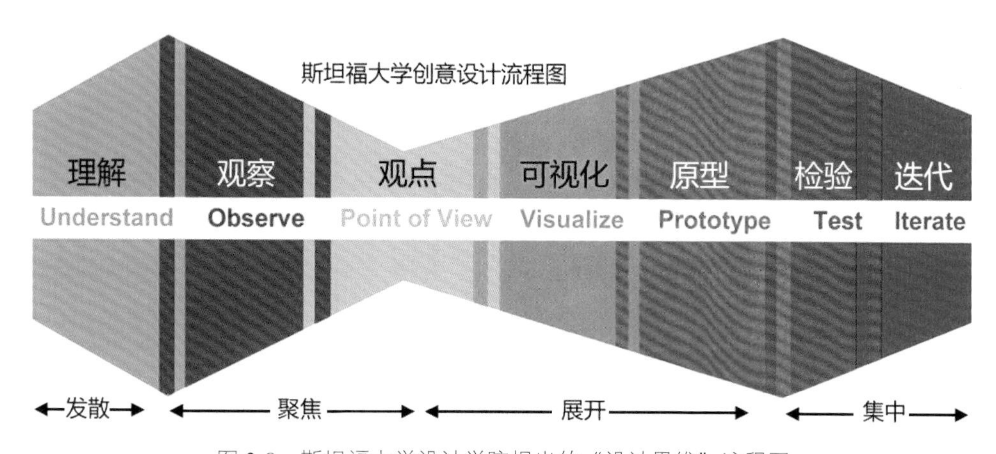

图 3-8　斯坦福大学设计学院提出的“设计思维”流程图

无论是斯坦福大学的“设计思维”还是艾伦·库珀的“目标导向设计”，其核心都是以早期人类学、人种学和社会学所构建的“田野调查”的研究实践为基础，通过观察、访谈、记录和分析推理出有价值的结论 (图 3-9)。田野调查 (fieldwork) 就是研究者亲自进入某一社区，通过直接观察、访谈、居住体验等参与方式获取第一手研究资料的过程。该方法在早期西方探险家或殖民者对非洲、亚洲和太平洋岛屿国家的土著居民的研究中被广泛采用，并成为一整套行之有效的科学研究方法。在此基础上，艾伦·库珀的“目标导向设计”通过“五步产品创意法”建立了清晰简约的交互设计流程 (图 3-10)。但该方法并非是一个线性过程，而是不断重复、迭代的螺旋式开发过程。艾伦·库珀指出：“交互设计不是凭空猜测，成功的交互设计师必须在产品开发周期的紧迫而混乱中保有对用户目标的敏感，而目标导向设计也许是回答大部分重要问题的有效工具。”

图 3-9　20 世纪初人类学家对太平洋岛国土著居民进行的田野调查

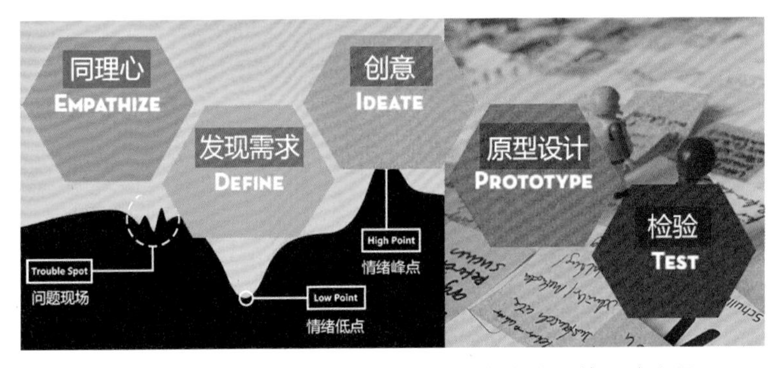

图 3-10　艾伦·库珀提出的“五步产品创意法”的设计流程

交互设计是一项包含了产品设计、服务、活动与环境等多个因素的综合性工作流程。对于交互设计师来说，工作往往是从一份 PPT 简报开始：从需求分析、原型设计、软件开发、技术深入到产品跟踪，交互设计渗入到产品开发的全部环节。这些流程可能是“瀑布式”的或者是“螺旋式”的（图 3-11），但无论简单或者复杂，都构成了一个明确的目标导向的产品开发周期的循环。采用“用户目标导向”的方式开展交互设计活动，可以体现用户的诉求，提升产品的可用性和用户体验。该方法综合了现场调查、竞品分析、利益相关者（如投资商、开发商）访谈、用户模型和基于场景的设计，形成了交互设计原则和模式。该方法是面向行为的设计，旨在处理并满足用户的目标和动机。设计师除了需要注重形式和美学规则，更要关注通过恰当设计的行为来实现用户目标，这样所有的一切才能和谐地融为一体。

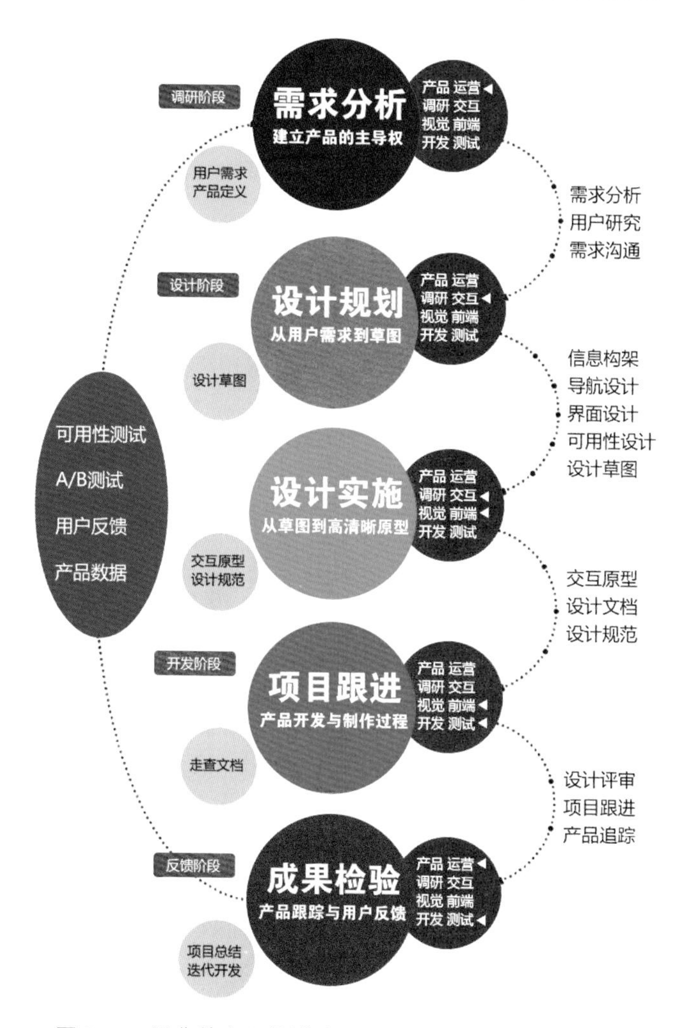

图 3-11　经典的交互设计流程图（从上到下的迭代过程）

设计思维主要针对产品和服务设计，形成了从问题研究到产品测试的流程和关键要素。设计思维的基础是，要了解用户和研究用户就要走出办公室和用户交谈，看看他们是怎么生活的，有机会和他们一起生活，换位思考，感同身受，然后才能知道用户的问题在哪里，也就是同理心。除了在具体步骤上的创新，斯坦福大学的这套设计流程所强调的另一点就是视觉化思维（visual thinking）或者动手制作模型和展示概念设计的能力。因此，斯坦福创意课的实质也就是设计流程，或者说是创造力实现的普遍规律。在工作流程中，产品设计与用户研究往往相互迭代，交替完成，由此推进产品研发的循环。规划新产品、新功能必须回答三个问题：用户是否有需求，用户的需求是否足够普遍，提供的功能是否能够很好地满足这些需求。因此，需求分析、设计规划、设计实施、项目跟进和成果检验不仅是多数互联网公司和 IT 企业的产品开发流程，而且其中的用户研究、原型设计、产品开发、产品测试和用户反馈也是交互设计所遵循的方法和规律。从时间管理的角度上看，交互设计实际上就是指伴随着产品开发的进程，由多层环节嵌套的、迭代式的工作流程和方法。该产品设计流程不仅被 IDEO、苹果、微软等著名 IT 公司所推崇，而且也成为国内众多互联网创新企业，如百度、360、小米、腾讯、阿里巴巴和创新工场等企业所熟悉的项目管理方法和产品创新方法。

3.4 双钻石流程图

在斯坦福大学设计流程图的基础上，2004 年，英国设计委员会（Design Council）归纳出设计的双钻石设计流程（Double Diamond Design Process，简称 4Ds，图 3-12）。它反映了在设计过程中思维发散与收敛的过程。该流程强调前期研究，并在前期研究的基础之上得出最终的解决方案。因为这样获得的最终解决方案往往是经过精挑细选、仔细验证后的结果，也能确保产品投入市场后不会有太高的风险。英国设计协会将该设计过程分为 4 个阶段："探索""定义""发展"和"执行"，可以归纳为 8 个步骤：发散思维、创造情景，聚集问题、甄选方案，创意思考、视觉设计，迭代模型、深入设计。前面是确认问题的发散和收敛阶段，后面则是制定与执行方案的发散和收敛阶段；但该流程并非是以线性思维的方式展开，该流程实质上是一个将混沌发散的思维过程进行不断收敛的过程。

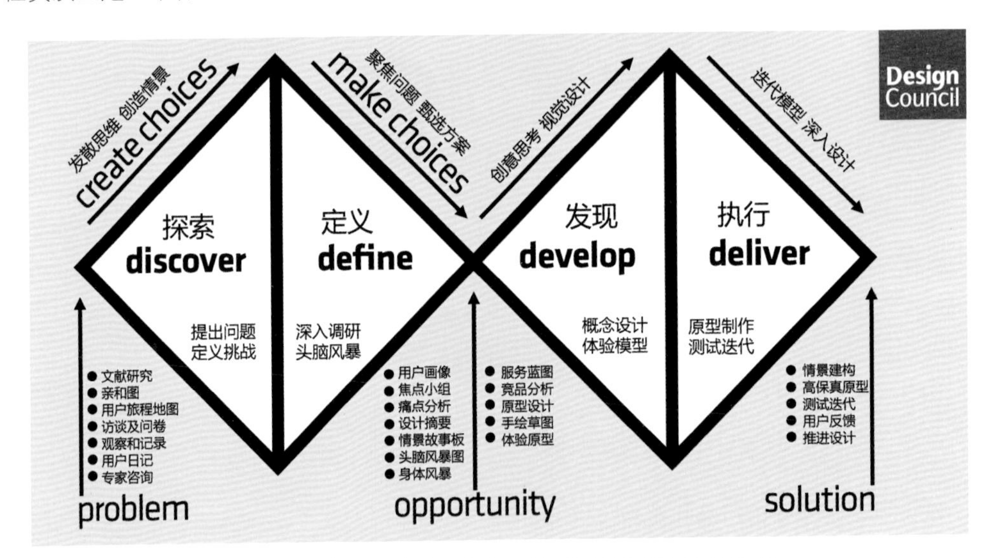

图 3-12　英国设计委员会提出的"双钻石设计流程图"

设计思维模型与双钻石设计流程都强调 4 个基本宗旨：从用户出发，分析性思维与直觉思维相结合，发散 - 收敛的创意方法以及共同认可的团队协作模式（图 3-13）。该过程是思维不断发散和聚拢，左脑（聚拢）与右脑（发散）不断碰撞、迭代和激荡的循环过程，符合大脑创意的规律。由于是发散思维与聚合思维的结合，所以就形成了一个波浪状的"龙型”设计流程。双钻石设计流程图中，前 3 步为发散思维到分析思维的过程，第 4 和第 5 步则是创意的核心。第 6 到 8 步是创意视觉化和设计深入阶段。双钻石设计流程不仅是交互设计的研究方法，而且也成为设计学领域的重要实践指南。通过设计思维指导交互设计还有两个重要的原则:“从用户的需求出发而非商业策略先行”以及“商业策略与用户行为相辅相成”。而这两个原则都需要设计师提供具体的证据或者产出物: 用户观察与采访阶段需要提供相应的文档，如照片、录像、笔记、用户日记、亲和图、文献研究、草图等原始文件。在深入调研和头脑风暴阶段，则需要提供用户画像、用户体验地图、商业画布、设计摘要等产出物。

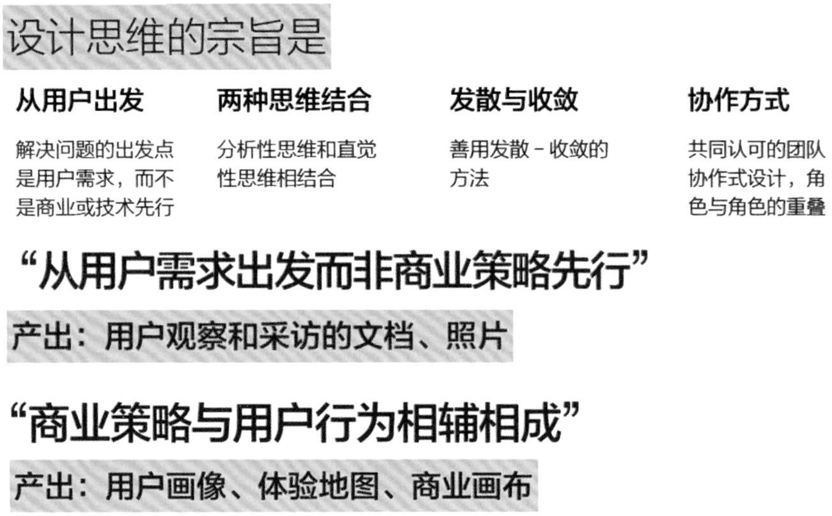

设计思维的宗旨是

从用户出发
解决问题的出发点是用户需求，而不是商业或技术先行

两种思维结合
分析性思维和直觉性思维相结合

发散与收敛
善用发散－收敛的方法

协作方式
共同认可的团队协作式设计，角色与角色的重叠

“从用户需求出发而非商业策略先行”

产出：用户观察和采访的文档、照片

“商业策略与用户行为相辅相成”

产出：用户画像、体验地图、商业画布

图 3-13 设计思维的宗旨与产出物（交付文档）

设计思维不仅是一套创意的行为准则，而且从交互设计角度扩大了人们的视野，将社会、服务与产品的创新纳入设计体系，也成为交互与服务设计教育的最好范本，在交互产品的研发过程中有广泛的应用。项目要求团队先去尝试了解一个问题的产生根源，而不是马上拿出解决方案。例如，文盲和青少年失学表面上看是教育的问题，而底层的原因则是与社会不公、愚昧、贫穷等问题联系在一起。因此，设计思维鼓励团队从社会学的角度来看待问题。来自不同背景的团队成员彼此包容，相互欣赏，借助一系列团队集体智慧的方法来迎接问题的挑战。例如，D.School 在 2015 年暑期组织了“设计思维: 提高文盲的日常生活经验”的国际工作营。一些来自美国、瑞典、尼日利亚、博茨瓦纳、南非、瑞士、希腊和埃及的 40 名学生、教练以及合作机构的成员参加了这个活动。他们在随后的 2 周里聚集在一起并组成了几个研究团队。为了通过新技术来帮助文盲，这些小组分别通过不同的角度思考，大家一起共同寻找创新的解决方案。在工作营中，每个研究小组都有一名教练或者资深设计师来指导，帮助这些学生通过研究来设计出产品原型（图 3-14）。

这个创意工作营得到了满意的结果，各小组都拿出了各种奇思妙想的解决方案。一个研究小组设计了一个可以通过文字读音的软件，这可以用来帮助文盲来阅读互联网的信息，如新闻网站或 Facebook 社交媒体等。另一个小组提出可以通过手机的实景图片来帮助这些人识别地理信息并实现导航，这样可以帮助那些对地图或街道名称有认知障碍的人群。还有的研究小组建议通过手机视频网站，为这些文盲的群体解决一些社会需求，如找工作、医疗或

图 3-14　斯坦福大学 D.School 的暑期设计思维工作营现场

者失业保险等问题。这些研究团队的想法和原型设计也得到了项目的合作机构，如一家德国的公益组织和一家互联网公司的青睐。从这些合作伙伴中，学生们得到了宝贵的意见和建议。这个项目还促成了德国第一个针对文盲的“阅读与写作”的手机应用程序的开发。

设计思维是用途广泛的方法论，也可以说是交互设计思想的延伸。戴维·凯利认为“创意不是魔法，而是技巧”。他认为当一个人有了专业知识和强烈的创业动机以后，只要采取适当的思维训练，就可以发挥出巨大的创意潜能。从表面上看，设计思维的方法论并不复杂，甚至可以用漫画来说明（图 3-15），但该方法是基于实践的方法和策略，如果缺少有实践经验的教授或专家指导，仅凭流程图和工作热情也很难得到收获，而这些正是教学研究团队的优势。到目前为止，D. School 已经帮助了数千名斯坦福大学的学生和几百位硅谷企业家释放出设计思维的能量。斯坦福创意课还特别注重社会影响和社会价值。例如，D. School 的一个研究生上完一系列课程和工作坊之后，设计与生产了一款专门为早产儿保暖的可加热“襁褓”。在发展中国家的贫困地区和欠发达国家，很多早产宝宝因为上不起医院，无法通过产科的“暖箱”来保持体温而夭折。D. School 的这个创意产品可以帮助许多欠发达国家的家庭。该产品获得了多项国际工业设计奖。

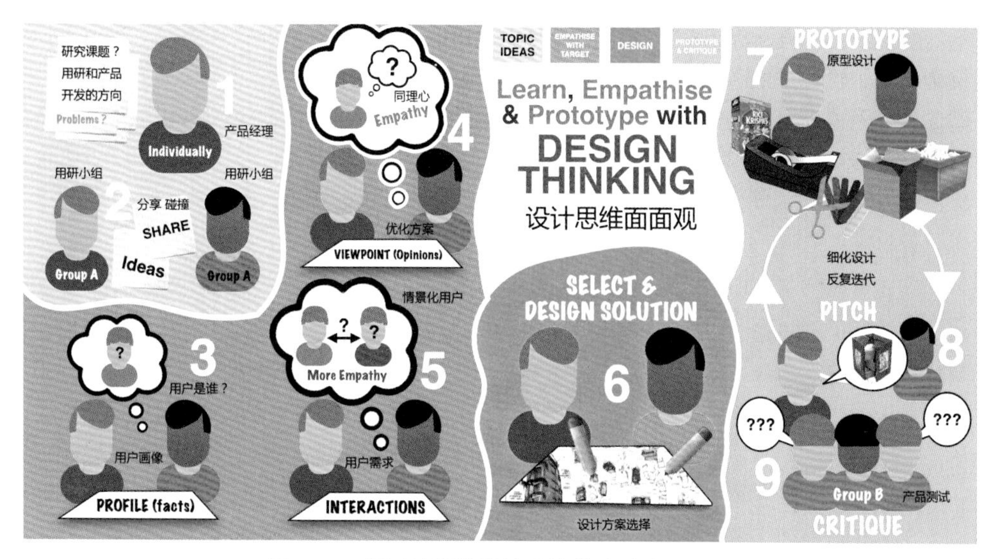

图 3-15　漫画诠释的设计思维的方法和流程图

3.5　人工智能与设计

虽然设计思维已经成为指导交互设计实践的重要方法，但也并非是设计研究与创意所依赖的唯一方法。近些年来，随着大数据、人工智能以及智能硬件的普及，智能设计成为未来设计创新发展的契机。通过技术推动来解决原有创意方法的短板或者瓶颈成为近年来很多企业与高校探索的方向。例如，传统的用户研究往往依赖观察走访、调查问卷以及 A/B 测试、眼动仪等，这些工作不仅耗时费力，而且有时还是难以总结出特定用户的行为模式（如购物习惯）。但网络购物的兴起为用户行为的记录与分析提供了可能性，人们从大数据样本中更容易挖掘出隐藏在行为后面的动机。此外，超市、商场、无人商店或无人货架中的摄像头对用户购物行为的采集与纪录，也成为用户研究的无价之宝，如表情识别就可以判断出不同顾客面对心仪商品的所表现出的欣喜、犹豫、失望、沮丧等情绪，由此可以成为商家或者企业改进产品或者服务的契机。

2018 年 8 月，浙大团队与阿里团队倾力合作，共同推出了基于人工智能的短视频设计机器人——Alibaba wood。该机器人能自动获取并分析已有的淘宝、天猫等商品详情，并根据商品风格、卖点等进行短视频叙事镜头组合，由此自动生成广告短片（图 3-16）。该平台还会基于音乐情感、节奏和旋律等进行音乐风格分析，从而推荐或生成匹配商品风格的背景音乐片段。该项目的负责人之一，浙江大学国际创意设计学院的孙凌云教授指出：随着大数据、体验计算、感知增强与计算机深度学习等创新科技的进步，将会改变现有的设计范式，人工智能将从设计辅助的“仆人”角色进化为设计师的“合伙人”（图 3-17）。但智能设计的出现并非会导致大量设计师“下岗”，而是对设计师的综合素质提出了更高的要求，也就是从重视工作量或者“计件”的方式转化为更重视“质量”或者“效率”。机器不仅减轻了基层设计师的负担，也为设计师的业务能力与审美能力的提升创造了机会。

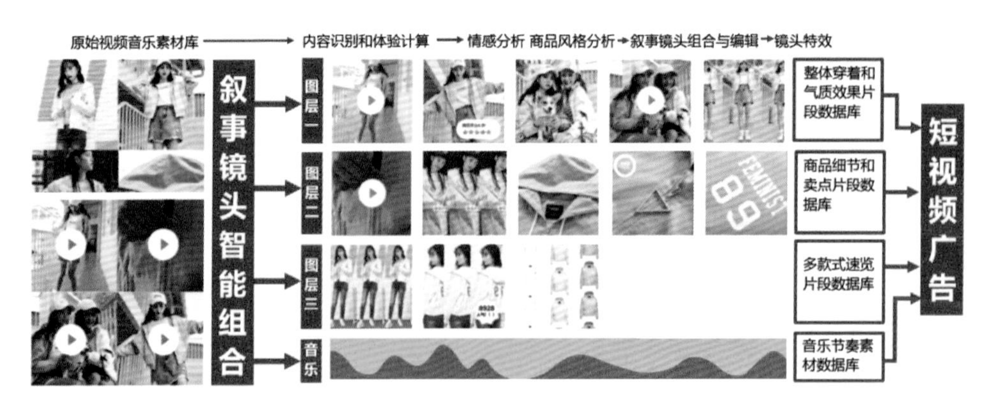

图 3-16　人工智能短视频设计机器人 Alibaba wood 工作原理

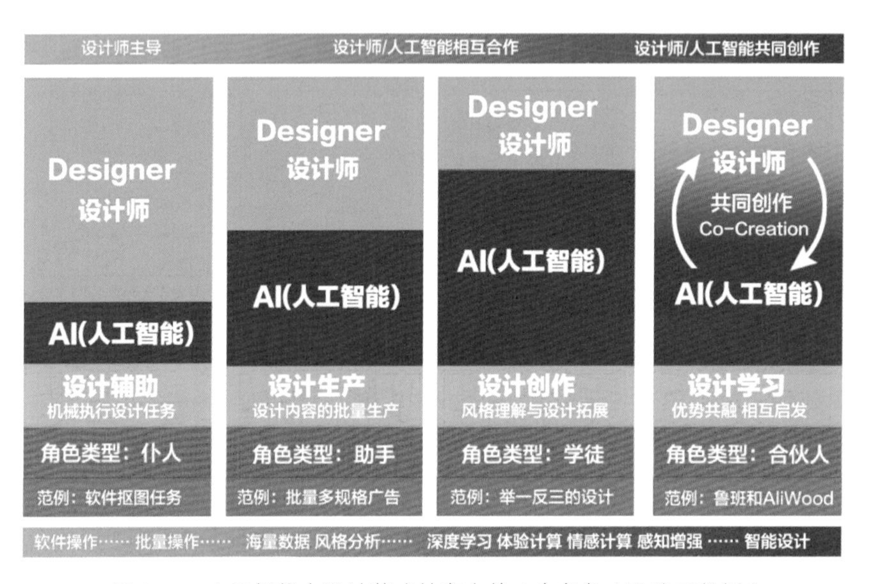

图 3-17　人工智能在设计范式转变中的 4 个角色（孙凌云教授）

除了 Alibaba wood 外，由阿里智能设计实验室在 2016 年推出的 banner 自动创意平台——“鲁班”设计系统也是智能设计的经典范例。该系统在天猫“双十一”购物节期间，能够每天完成数千套设计方案，不仅大大减轻了美工师的工作量，而且依据海量数据教会了机器如何“审美”并进行“设计”。阿里不仅在让机器学习美学，同时也在积累着数百万级别的商业化经验。鲁班系统通过智能化不仅提升了工作效率，颠覆传统的方式，而且因此实现了商业价值的最大化。该设计系统的工作原理为：

第一步，让机器理解设计是怎么构成的：通过人工数据标注的方法，设计团队对网页广告进行分类，包括配色、形状、纹理和风格。也就是通过数据标注的方式告诉计算机网页广告的构成元素，我们把专家的经验和知识通过数据输入转变成智能判断的基础。这部分核心是深度序列学习的算法模型。

第二步，建立图像素材库：当机器学习到设计框架后，需要大量的设计素材，以便于“举一反三”。这包括图像特征提取、分析人工控制图像质量等步骤。

第三步，机器学习训练模型：通过一个类似棋盘的虚拟画布对元素进行布局，通过机器的不断试错的强化学习，从反馈中学习到什么样的设计是好的（图 3-18）。

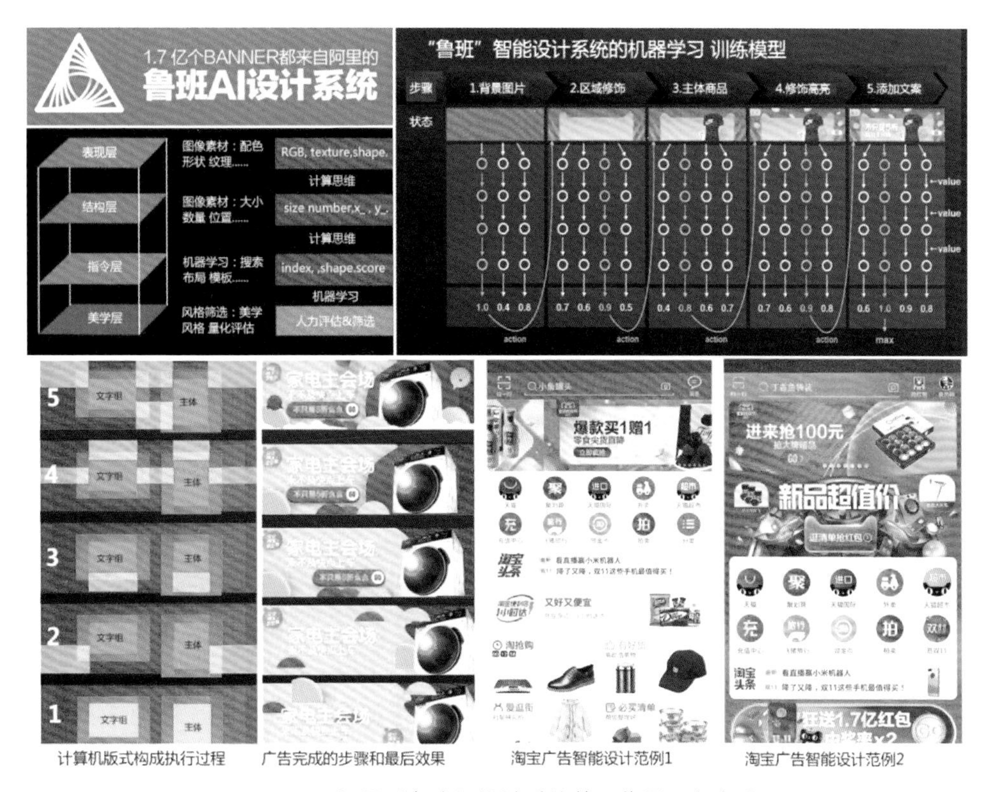

图 3-18　阿里“鲁班”设计系统的工作原理和产品

第四步，评估的系统：阿里设计团队会抓取大量设计的成品，从“美学”和“商业”两个方面进行评估。美学上的评估由资深设计师来进行，而商业上的评估就是看投放出去的点击率和浏览量，并根据用户的反馈进行修改，由此就一个智能化的设计 / 评估平台。

Alibaba wood 和“鲁班”智能设计系统有很多相似的地方：首先就是要通过数据标注，将平面广告或微视频广告的背景、主题、文字和色彩等信息进行拆解，让机器理解图像和视频的构成元素，并让机器实现自动抠图和自动“构图”的任务。在这个过程中，训练机器学习是关键。通过大数据搜索（在淘宝内通过图片搜索找同款，随拍随找），让机器能够通过试错来分辨“美”和“丑”，从而完成设计任务。虽然智能机器代替了美工师并能够完成海量的抠图、构图和“举一反三”类型的设计，但这个新流程并不会导致大量的美工师下岗，而是改变了传统阿里设计部门以往基于计件的工作流程，使得对品质的重视成为考核设计师的新标准。从未来设计发展的方向上看，随着计算机科学的快速发展，智能设计范式替代传统“设计思维”的设计模式不是天方夜谭的事情（图 3-19）。Alibaba wood 和“鲁班”智能设计系统的实践能够带给设计界更多的思考。在《软件为王：新媒体语言的延伸》（2013）一书中，新媒体理论家列夫·曼诺维奇教授提出了“数字媒体 = 算法 + 数据结构”的论断，并认为数字媒体艺术等于“界面（交互）+ 算法 + 数据结构”（图 3-20）。而人工智能平台的出现使得设计师拥有了超越 Photoshop 的更强大的设计手段，也为智能时代的“艺工融合”吹响了进军的号角。

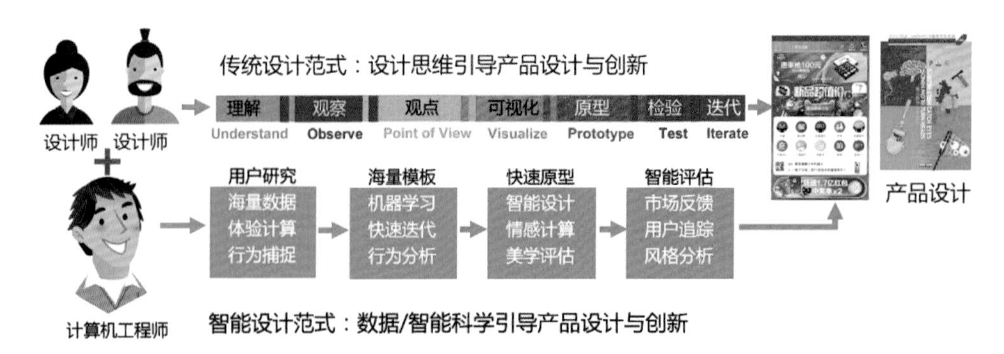

图 3-19　智能设计范式与传统的设计范式的差异

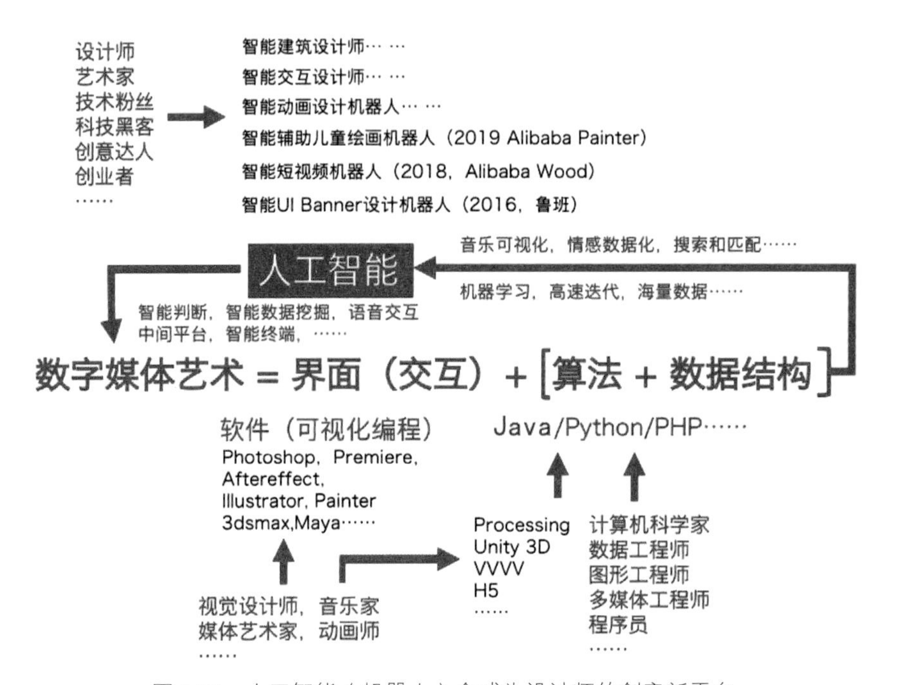

图 3-20　人工智能（机器人）会成为设计师的创意新平台

3.6　设计研究与实践

心理学家唐纳德·诺曼指出：用户对产品的完整体验远超过产品本身。对于设计师来说，工作往往是从一份 PPT 简报开始：从需求分析、用户画像、软件开发、技术深入到产品跟踪，设计渗入到产品与服务开发的全部环节，构成了一个明确的目标导向的产品开发周期的循环，而探索、定义和设计则是其中最为关键的问题。其中，“探索”的核心是发现问题，定义需求。无论是针对产品还是服务，设计师都必须回答的三个问题：用户是否有需求？用户的需求是否足够普遍？产品提供的功能是否能够很好地满足这些需求？这些问题往往需要同理心、耐心观察、访谈与思考才能得到答案。例如，IDEO 曾受学校的委托来改善旧金山地区小学生的膳食结构。该团队深入到学校食堂和餐厅，深入观察了学生们的午餐情况。通过近一个月的观察和实验，IDEO 发现了小学生餐厅普遍存在的营养不均衡、食物浪费、环境脏乱、学生不主动等一系列问题。由此提出了一系列改进学校“装配线式”餐饮设计的思路，如提供更多的学生自助式服务。以避免食物浪费，家庭小餐桌式布局，由小学生“桌长”来负责分配午餐的流程（图 3-21），学校餐厅灯光和环境设计，改进肉类和蔬菜比例等。这些措施得到了斯坦福大学专家们的好评。

图 3-21　通过鼓励学生自助式服务来改善小学生午餐

图 3-22　团队实践与探索的目标与形式

一旦完成了初步的需求分析，交互设计师随后就进入了“定义和设计”阶段。该阶段需要对产品设计目标、用户群、相关的资源进行规范，也就是从加瑞特模型的“战略层”转向“范围层”。用户画像、用户目标与体验地图是该阶段设计师须要思考和提交的文件。随着用户画像的确认，原型设计或产品方案设计将提到日程。设计方案的提出需要集思广益，寻找团队公认的协作方式（图 3-22），如卡片墙，卡片桌，小组研讨，产品 SWOT（优势、劣势、机会和威胁）分析或思维导图等工具都可以强化集体创意的优势。群体智慧中最典型就是“头脑风暴”(brain storming，BS)。这种无限制的自由联想和讨论可以产生新观念或激发创意。头脑风暴法又称智力激励法、BS 法、自由思考法，是由美国创造学家 A. F. 奥斯本于 1939 年首次提出，1953 年正式发表的一种激发性思维的方法。这种创意形式由 IDEO 设计公司、苹果公司等最早引入工业设计和 IT 产品设计领域。进行“头脑风暴”集体讨论时，参加人数可为 3~10 人，时间以 60 分钟为宜。在头脑风暴中，全程可视化、团队协作、换位思考和设计思维等原则成为原型设计流程的重要因素环节之一（图 3-23）。

“创意阶段是发散与收敛的过程，是分析性思维和直觉性思维的碰撞”

产出：产品概念、设计原型

图 3-23　头脑风暴与集体讨论是产品设计构想的最初阶段

头脑风暴需要大家遵守基本的规则：①明确而精炼的主题。讨论者需要提前准备参与讨论主题的相关资料。②在规定的时间里追求尽可能多的点子。也鼓励把想法建立在他人之上，发展别人的想法。③跳跃性思维。当大家思路逐渐停滞时，主持人可以提出“跳跃性”的陈述进行思路转变。④空间记忆。在讨论过程中，随时用白板、即时贴等工具把创意点子即时记录下来，并展示在大家面前，让大家随时看到讨论的进展，把讨论集中到更关键的问题点上（图 3-24）。⑤形象具体化。用身边材料制成二维或三维模型，或用身体语言演示使用行为或习惯模式，以便大家更好理解创意。

图 3-24　即时贴墙报是头脑风暴记录、思考和碰撞的工具

头脑风暴的关键在于不预作判断的前提下鼓励大胆创意。要让大家把自己的想法说出来，然后快速排除那些不可能成功的概念。头脑风暴会议往往不拘一格，可以配合演示草案、设计模型、角色、场景和模拟用户使用等环节同步进行。服务蓝图、顾客旅程地图、用户画像等前期的研究模型也会在头脑风暴会议中发挥最大的作用。在会上，大家可以集思广益，围绕着核心问题展开讨论，如用户痛点是什么，用户轨迹中的服务触点在哪里，如何通过竞品分析找出现有产品的缺陷等。除了鼓励提问和思考外，还可以让大家评选出最优设计方案和最可能流行的趋势并分析其原因，最后集中大家智慧为进一步的原型开发打下基础。然后由团队对这些创意投票表决。无论是设计产品还是设计服务，都会用各种简易材料做出样品或服务的使用环境，让无形的概念具体化，去更好地理解用户需求（图 3-25）。例如，IDEO 公司的工作室都有手工作坊或 3D 打印机。它们的创新理念是用双手来思考，快速制作样品，并不断改进。此外，让用户实际参与使用各种样品，身体风暴（bodystorming）也是头脑风暴的一部分。设计师可以通过观察用户使用样品的实际情况，并根据用户反馈对设计进行改良并完善产品或服务。

图 3-25　纸板等简易材料可以模拟出产品的使用环境

经过多年的实践，IDEO 设计公司总结归纳了头脑风暴的 7 项原则：暂缓评论、鼓励奇想、举一反三、集中主题、逐一发言、图文并茂、以量取胜。这个规则时刻提醒大家“这不是茶馆聊天，而是针对问题的发散思维”。这种事先的约定有效地防止了人云亦云、信马由缰的清谈，同时也照顾了民主和平等的氛围。需要说明的是：“头脑风暴”并非创意的万能灵药，也不能期待它解决所有的创新问题，但它是一种结合了个人创意和集体智慧的重要机制。麻省理工学院媒体实验室 eMarkets 机构副主任迈克尔·施拉格（Michael Schrage）教授认为，IDEO 的成功并不在于头脑风暴方法论，而是在于它的企业文化。正是 IDEO 员工对于创新的热情推动了他们的头脑风暴方法论。他认为，只是创造新概念不叫创新，只有创造出可实行且能改变行为的方法才能称为真正的创新。头脑风暴只有建立在团队融洽气氛中，才能集思广益和深入思考，成为创新产品的撒手锏。

3.7 交互设计任务书

交互设计以流程化方式呈现。对于企业来说，流程管理代表了交互设计能够顺利完成的时间节点和任务分配。以手机 App 应用程序设计来说，产品开发过程包括战略规划、需求分析、交互设计、原型设计、视觉设计和前端制作（图 3-26）。产品开发流程中每个阶段都有明确的交付文档。战略规划期的核心是产品战略、定位和用户画像。产品战略和定位确定之后，目标用户群的确定和用户研究就是“重中之重”，包括用户需求的痛点分析、用户特征分析、用户使用产品的动机分析等。通过定性、定量的一系列方法和步骤，交互设计师协同产品经理就可以确定目标用户群并建立用户画像（阶段交付文档）。

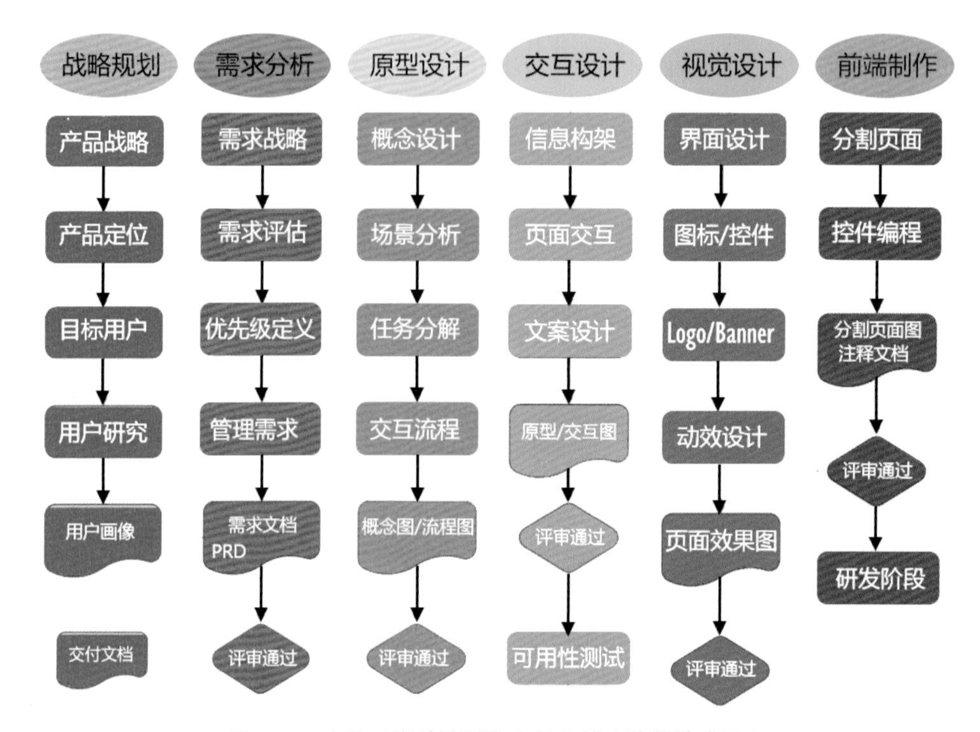

图 3-26 产品开发的流程和支付文档（阶段性成果）

需求分析的核心是需求评估、需求优先级定义和管理需求的环节。要求还原从用户场景得到的真实需求，过滤非目标用户、非普遍和非产品定位上的需求。通常需求筛选包括记录反馈、合并和分类、价值评估、ROI 分析、优先级确定等几个步骤。价值评估包括用户价值和商业价值，前者包括用户痛点、影响多少人和多高的频率，后者就是给公司收入带来的影响。ROI 分析是指投入产出比，也就是人力成本、运营推广、产品维护等综合因素的考量。优先级的确定次序是：用户价值 > 商业价值 > 投入产出比（ROI）。需求分析主要由产品人员负责和驱动，最终的交付物是产品需求文档（PRD)。在产品团队内部，会对产品需求文档进行严格评审，如果需求文档质量不合格，需要修改和完善需求文档直到评审通过。用户体验设计团队的所有人员要尽可能熟悉产品需求文档，理解产品需求需到位。PRD 应该包括产品开发背景、价值、总体功能、业务场景、用户界面、功能描述、后台功能、非功能描述和数据监控等内容。

产品或服务方案的需求文档通过评审之后，接下来的步骤是原型设计。这个步骤主要完成产品的概念设计、功能结构图、用户使用产品的场景分析、任务分解和整个产品的交互流程，主要的交付物是产品概念图和业务流程图。关于原型设计在本书的第5课会有详细的介绍。随后的步骤就是交互设计，包括流程策划（线上＋线下）、配套产品设计、信息架构、页面交互、文案设计等环节，主要的交付文档是线框图和方案等。视觉设计过程主要由视觉设计师完成各个页面的详细设计，包括界面设计、导航设计、UI/控件设计、Logo和Banner设计以及宣传企划的海报、包装等工作。还可能会包括动态转场、动画效果和视觉特效等。例如，智能牙刷从行为诱导出发，引导儿童养成良好的生活习惯。荷兰飞利浦公司通过将儿童智能牙刷通过蓝牙与移动设备链接，儿童可以一边刷牙，一边观摩游戏，根据刷牙的动作与移动设备端的刷牙游戏产生互动（图3-27）。这种情景互动可以帮助解决儿童不喜欢刷牙或不认真等问题。同时该产品还有定时提醒、科普宣传和亲子互动等功能，这种教育方式属于诱导式教育，也是产品＋服务的范例。这个流程不仅包括产品（智能牙刷），也包括相关的软件设计、UI界面设计、交互设计等内容。

图3-27　由飞利浦公司开发的儿童智能交互牙刷

对于互联网公司来说，软件的规划与开发是公司的核心业务。作为公司产品开发的完整流程，交互设计往往时间长，交付的文档多，同时涉及的部门和人员也比较多。在高校的交互设计课程中，由于时间与环境的限制，仅仅通过4~5周的学习无法完全模拟公司的实战。因此，只能通过优化的方式将交互设计的诸多环节进行合并与简化，来模拟公司的产品开发流程。如果参照公司项目管理和流程控制的形式，交互设计流程就可以分解为“设计任务和量化评估进程表”。该可视化流程以项目小组的形式，对产品和服务进行设计（图3-28）。

该流程包括项目立项、调查研究、情境建模、定义需求、概念设计、细化和优化设计6个阶段，最后以设计任务书、小组简报（PPT）汇报和课程作业展的形式呈现。设计小组既可以选择校内服务，如宿舍环境、校内交通、食堂餐饮、社交及文化、外卖快递、洗浴设施和健身运动等，也是面向社会，如共享单车、旅游文化、购物商场、儿童阅读、健身服务、宠物服务、医疗环境，老人及特殊人群关爱等方向。对于4~5个人的项目小组，成员可以分别模拟扮演项目经理（负责人）、调研员、设计师、厂商和顾客等不同的角色，最后根据项目分工的工作量和质量分别给予成绩。该“交互设计量化评估进程表”通过任务分解细化的方式，将交互设计流程清晰化和表格化，为交互设计的实践提供了基本的流程与方法。需要说明的是：这个图并不是企业迭代式的循环开发过程，而是简化版的线性流程。其目标在于通过模拟实践的方法，让学生熟悉交互设计的基本流程和产品研发的环节。

交互设计实践课程 进程量化评估检查表

各研究小组根据该交互设计进程表来检查项目完成情况并在各选项中划勾确认　小组组长（项目经理）：　　研究课题小组成员：

课程选题（15%）	用户研究（20%）	原型设计（30%）	深入设计（20%）	报告与展示（15%）
□ 研究的意义 □ 目标产品或服务对象 □ 文献法（网络-论文-检索） □ 焦点小组研讨 □ 项目计划（时间-任务-分工） □ 设计研究可行性分析 □ 前期 PPT 项目说明	□ 访谈法（对象+问题+回答） □ 问卷调查+五维雷达图分析 □ 观察法（POEMS 法） □ 现场调研（照片，视频等） □ 服务触点（TP）分析图 □ 顾客体验地图，痛点分析图 □ 用户画像和故事卡	□ 设计原型草图 □ 交互设计流程图 □ 信息结构图（线上模型） □ 交互产品 UI（线上模型） □ 产品模型及说明（2D+3D） □ 头脑风暴图（蜘蛛图）	□ 简单实物模型（塑料、硬纸板） □ 高清模型图纸 □ 该服务的创新性分析 □ 服务商业模式分析 □ 服务可持续竞争力分析 □ SWOT 竞品分析 □ 产品/服务情景故事板	□ 规范设计报告书 □ 简报 PPT 设计与制作 □ 小组项目成果汇报会 □ 展板设计与制作 □ 课程作业展览 □ 创新团队策划书 □ 服务前景和风险分析
核心问题：同理心与观察	**核心问题：用户研究与故事卡**	**核心问题：头脑风暴与设计**	**核心问题：设计与创新性**	**核心问题：规范化设计**
● 该产品或服务对象是谁？ ● 用户的基本信息和需求是什么？ ● 服务调研的可行性如何？ ● 相关用户调研的可行性如何？ ● 这个选题有何意义？ ● 该选题预期取得什么成果？ ● 小组如何分工？	● 你看到了什么？（观察） ● 你了解到了什么？（资料收集） ● 你问到了什么？（访谈） ● 你总结出了什么？（图表分析） ● 你对该服务亲自尝试过吗？ ● 能列表归纳分析同类产品吗？ ● 能发现痛点并设想解决方案吗？	● 该原型设计的优势在哪里？ ● 该原型设计费钱费事吗？ ● 该原型设计环保吗？ ● 同宿舍同学喜欢你的设计吗？ ● 该设计有何不确定的风险？ ● 产品可持续竞争力在哪里？如技术-服务-价格-品牌等	● 什么是该产品的可用性？ ● 该产品的突出优势在哪里？ ● 功能、易用性、价格、周期怎样？ ● 该服务的潜在问题有哪些？ ● 竞争性产品或服务有哪些？ ● 该服务的 UI 设计有何缺陷？ ● 新媒体环境对其有何影响？	● 报告书是否规范、美观？ ● 简报设计是否简洁清晰？ ● 如何进行演讲和阐述？ ● 如何设计汇报展板？ ● 团队分工与合作总结？ ● 创新与创业的可行性？ ● 团队对项目进一步的策划？
观察与思考（立项阶段）	整理与分析（调研阶段）	研讨与设计（创意阶段）	完善与规范（深入阶段）	演示与推广（展示阶段）
备注栏： 第 1 周 8 课时，小组立项，分组 5 人。文献法，初步汇报（前期调研的 PPT 项目说明）。提供设计的大致方向与范围。人员分工与责任。	备注栏： 第 2 周 8 课时，项目调研+课堂研讨。设计研究分析会（中期 PPT 项目说明），目前同类服务的普遍问题，市场空白点，用户群分析，新技术与商机。	备注栏： 第 3 周 16 课时，创意说明汇报会。原创模型；原型设计头脑风暴（问题、前景、优势、风险、创新点、与现有产品的矛盾　）。	备注栏： 第 3 周 8 课时，深入设计展示会。手绘，模型，实物；三维建模，操作说明图，详细设计效果图。规范报告书的整理与撰写。	备注栏： 第 4 周 8 课时，课程设计成果汇报会。PPT 报告提交和现场演示会。设计原型分析。教师讲评，展板设计与课程作业展。

图 3-28　交互设计课程进程量化评估表（任务书）

3.8 交互设计课程

交互设计课程往往会受到时间、环境与工具的限制。为了便于控制课程的进度，量化任务管理是必不可少的环节。该课程进程可以分为 6 个阶段：研究选题、用户调研、创意思考、原型设计、设计汇报和课程存档（图 3-29）。其中每个阶段都有明确的研究任务和需要提交的文件，按部就班，层层推进。最后的课程考核包括设计任务书、小组简报（PPT）汇报、课程作业展和需要提交的作业文档。例如，下面就是一个学生小组针对高校图书馆的交互设计报告书，该项目探索了将线上资源和图书馆实体改造相结合的设计方案。其作业展示如图 3-30 和图 3-31 所示。

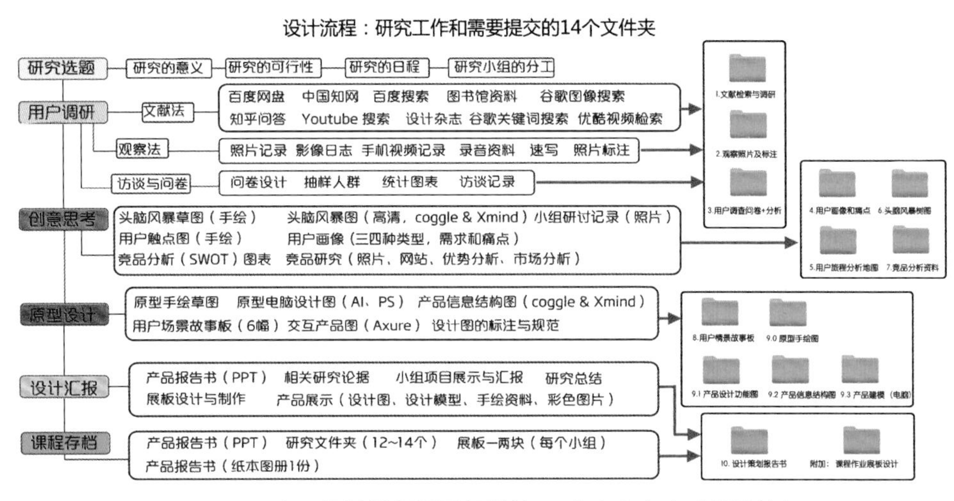

图 3-29　交互设计课程需要提供的 14 个文件夹（过程总结）

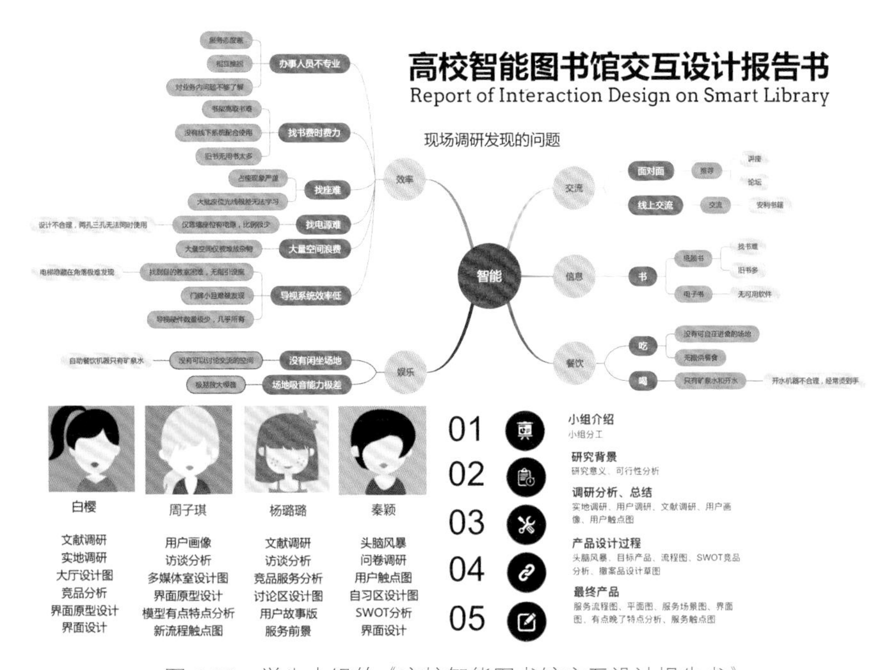

图 3-30　学生小组的《高校智能图书馆交互设计报告书》

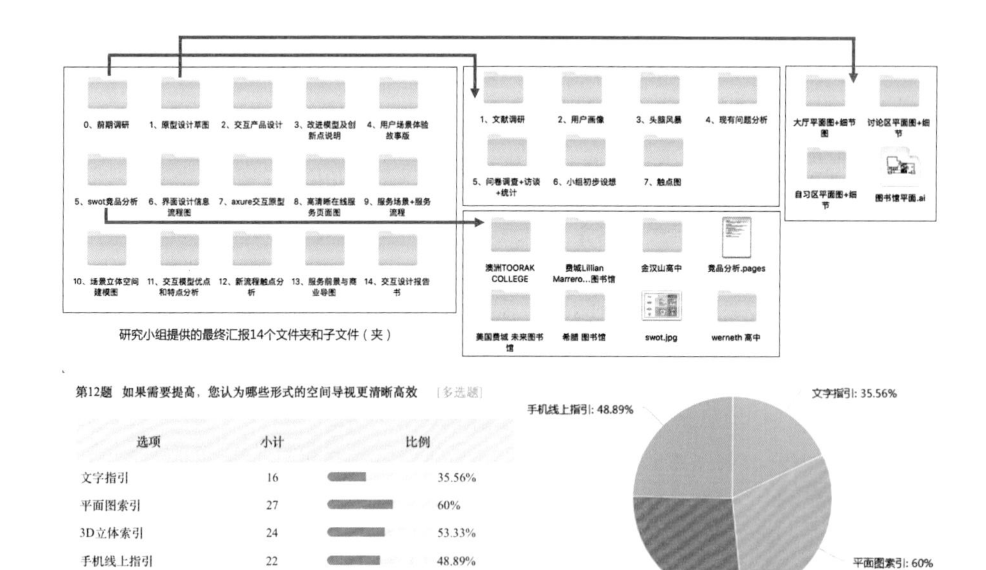

选项	小计	比例
文字指引	16	35.56%
平面图索引	27	60%
3D立体索引	24	53.33%
手机线上指引	22	48.89%
本题有效填写人次	45	

•图书馆内部空间导视需要通过多种途径进行完善
·窗帘紧闭，不开窗，空气不流通
·空间拥挤
·有占位现象
·电线缠绕复杂，容易造成绊倒
·杂物多
•软隔空间最为学生所需要
•储物柜/休闲空间/小组讨论空间亟待扩展
•自习空间不足亟待解决
•图书馆用户以大四学生居多
•学生去图书馆学习的积极性不高

图 3-31 学生小组的作业（上）和用户研究阶段的工作（中和下）

该交互设计研究小组在完成了上面一系列定性定量的用户研究之后，针对原来图书馆暴露的问题，制订了下列的设计方案：①合理分配图书馆空间，增加不同种类的功能区，提供更加舒适的学习环境。②增加便捷有趣的线上服务并结合线下资源吸引学生。③增加了适用于小型投影、影视放映、小组讨论的多媒体讨论空间。④多媒体阶梯教室设计，合理布局观影区域，充分利用空间。⑤将大厅改为休闲区，为学生和教职工提供休闲的场所。区域内提供水吧服务，提供多种音频选择。⑥提供自助借书机，为学生们提供便捷方式选择图书。下面的 2 幅图片（图 3-32 和图 3-33）就是学生针对图书馆进行的功能分区设计方案（顶视图、功能分区示意图和虚拟场景图等）。其中的创新设计包括学习阅览区、公共讨论区、休闲区和小组讨论会议室等。这些线下设计为图书馆未来的智能升级打下了良好的基础。

智能图书馆功能区设计方案（顶视图，功能区示意图，虚拟场景图）

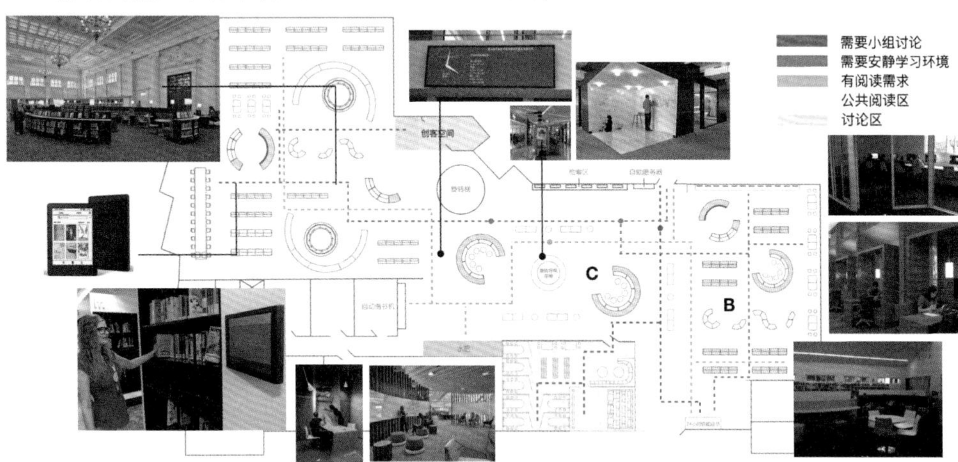

将大厅改为休闲区，为学生和教职工提供休闲的场所。区域内提供水吧服务，提供多种音频选择。还有自助借书机，为学生们提供便捷的方式选择图书，借完后可以到休闲区进行阅读。大厅中心位置，是图书馆的自动旋转导视牌，为新来的用户提供引导服务。大厅显示屏将实时更新自习室和讨论区中的座位、房间使用情况，还有开放时间。

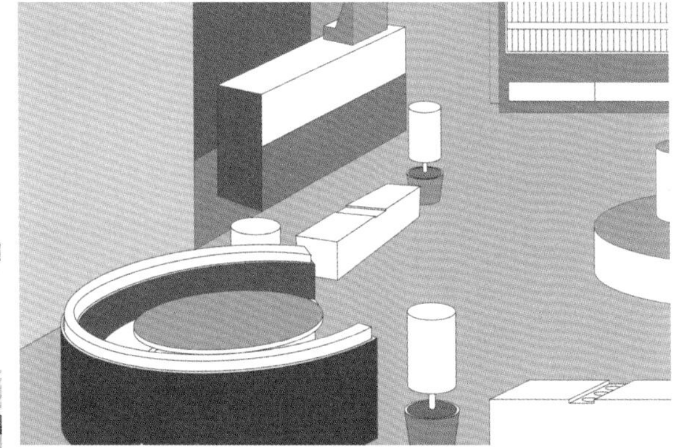

图 3-32　图书馆设计方案（顶视图和模拟分区场景图）

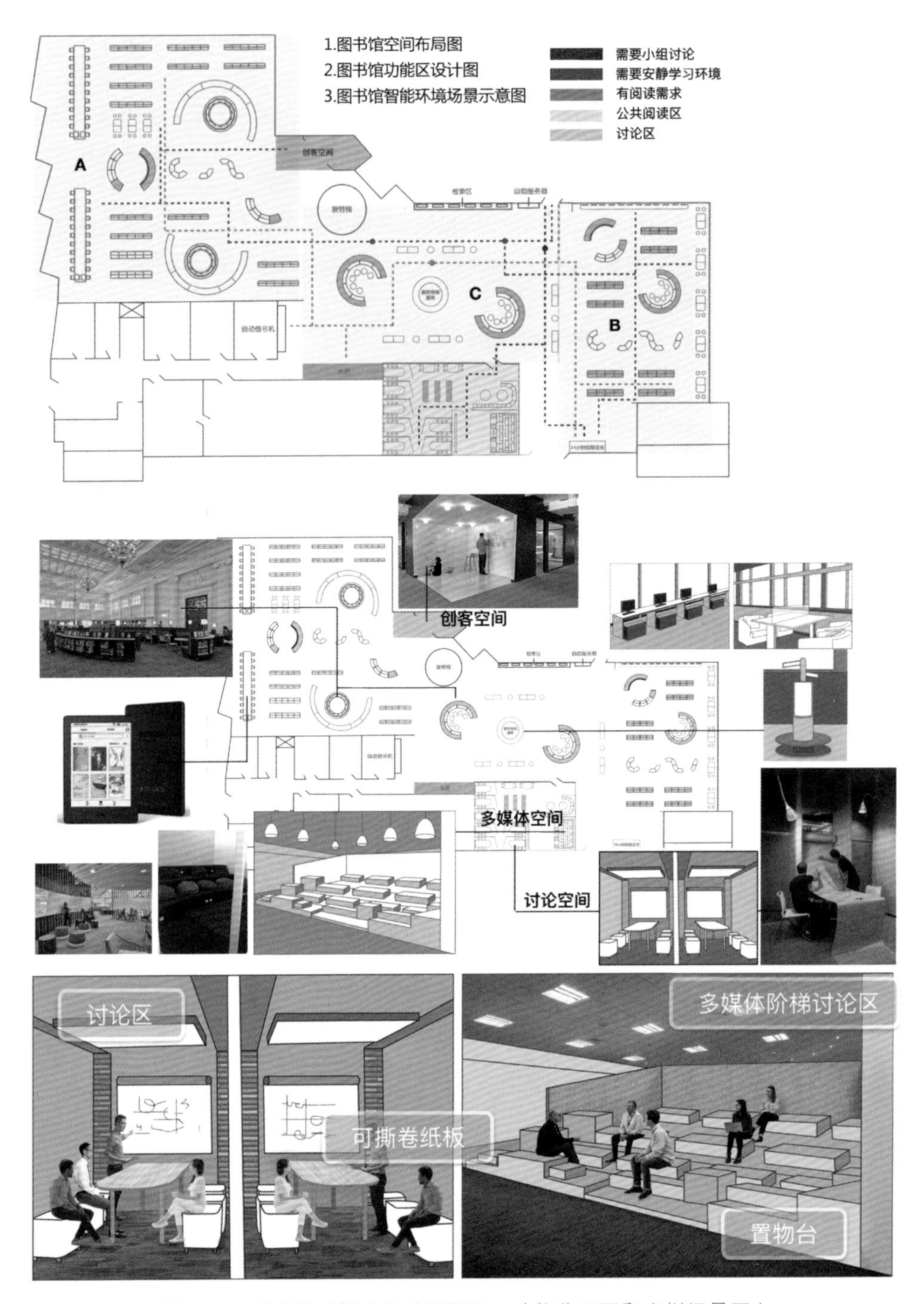

图 3-33　图书馆功能分区（顶视图、功能分区图和虚拟场景图）

在数字媒体高速发展的今天，离开了线上资源的支持与分享，图书馆也就失去了与年轻人交流沟通的媒介。因此，这个智能图书馆的设计必须要结合线上线下的服务。该小组针对图书馆的不同用户的行为进行了深入研究，最终对图书的检索、浏览、借阅、返还的流程进行了优化，设计了基于手机客户端的智能图书馆 App（图 3-34）。其主要内容包括手机页面的信息架构（树形思维导图）设计、原型草图绘制和高清晰 PS 仿真页面设计等。后期则可以通过专业交互原型工具直接进行 App 的交互测试。这些交互原型工具包括 Axure RP8、Adobe XD 以及苹果计算机的 Sketch+Principle 等。

·小程序原型图

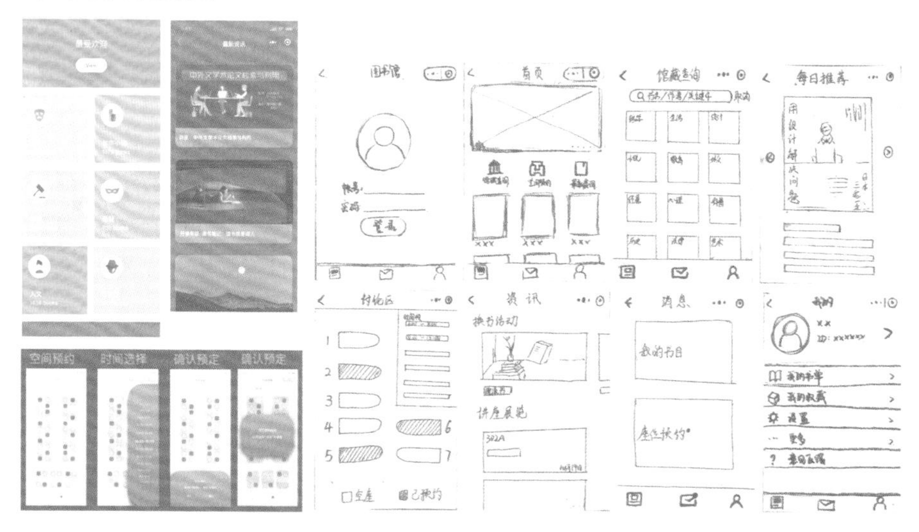

·小程序流程图

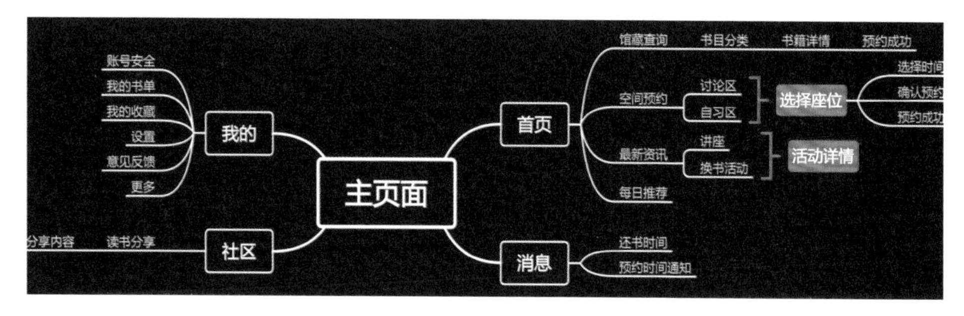

·小程序界面图

图 3-34　智能图书馆线上资源的设计（App 原型设计）

思考与实践3

思考题

1. 交互设计的工作流程可以分解为几个部分?

2. 设计思维所借鉴的人类学方法有哪些?

3. 产品经理和交互设计师的区别在哪里?

4. 什么是双钻石设计流程? 和设计思维有何联系?

5. 交互设计的 5S 模型是什么? 对设计师有哪些启示?

6. 如何对交互设计进程进行可视化并制作成任务书图表?

7. 人工智能与设计的关系是什么? 阿里集团对此做了哪些探索?

8. 什么是目标导向设计（GDD）? 可以分为哪几个阶段?

9. 什么是同理心? 为什么“感同身受”是交互设计的核心之一?

实践题

1. “自助式”服务不仅可以降低商业成本，而且也提升了顾客的服务体验。如何借助智能手机、自助服务、O2O 平台和客服系统实现汽车自助型无人加油站（图 3-35）可能是今后高速公路服务模式改革的方向。请调研该领域的智能产品并从用户需求、用户体验和功能定位三个角度设计“自助加油”的 App。

图 3-35　结合远程客服和手机 App 的自助式加油

2. 迪士尼主题公园是以规范化、人性化的交互设计著称于世，请参观上海迪士尼乐园并以普通家庭为例（3 口之家，月均收入 1.5 万元）的角度，体验该乐园在服务、管理、价格、娱乐性、可用性方面存在的问题。请思考: ①如何通过智能化的园内服务 App 来提升用户体验，②如何解决商业回报、技术成本和用户需求这三者的矛盾。

4.1 用户研究意义
4.2 如何进行用户研究
4.3 目标用户招募
4.4 观察与访谈法
4.5 现场走查法
4.6 问卷与统计
4.7 故事板和移情图
4.8 用户画像
4.9 研究及创意卡片

第4课 用户研究方法

用户研究是交互设计的起始点和产品循环的终点。从以人为本的观点来看，用户研究就是市场研究和需求研究。本课聚焦于多种用户研究的定量和定性方法，包括观察、访谈、现场走查、问卷统计以及目标用户画像的归纳。本课还介绍了IDEO公司发明的“卡片法”以及故事板和移情图法，为读者的深入学习提供参考。

4.1 用户研究意义

从以人为本的观点，用户研究的核心就是需求研究。美国行为心理学家马斯洛（Maslow，1908—1970）认为人类需求的层次有高低的不同，低层次的需要是生理需要，向上依次是安全、爱与归属、尊重和自我实现的需要（图 4-1）。马斯洛认为，人类的需求呈现阶梯形结构，当较低需求得到满足时，就会开始追求更高一个层次的需求，这个“需求金字塔”就成为研究人类需求和行为的重要依据之一。马斯洛的“需求金字塔模型”说明了人类需求可以分为物质与精神层面两类。物质层面上的需要代表最基本、最核心的需要，相当于马斯洛提出的生理和安全的需要。如人们在寒冷的时候，需要穿上厚厚的冬衣，这就是保暖的需要。而精神层面上的需求相当于马斯洛提出的感情、尊重和自我实现的需要。

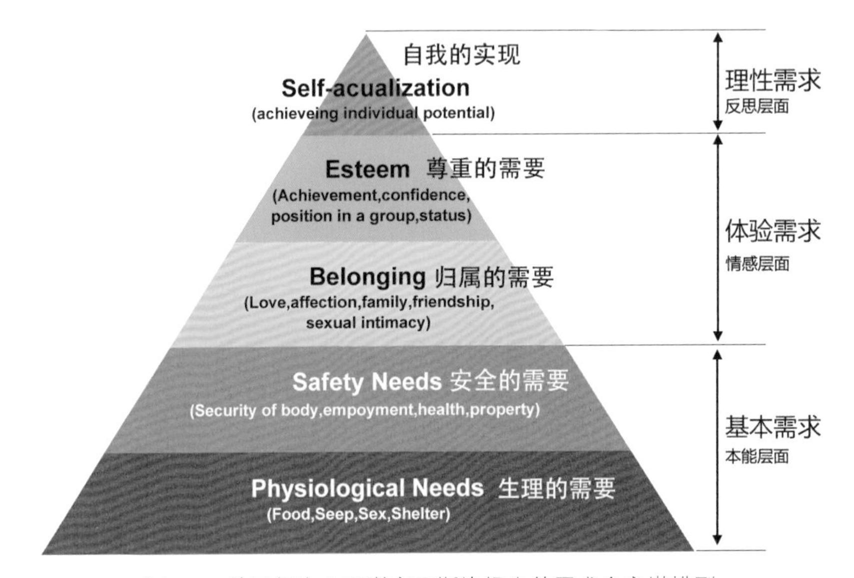

图 4-1 美国行为心理学家马斯洛提出的需求金字塔模型

斯坦福大学教授丹·塞弗（Dan Saffer）指出：“用户知道什么最好。使用产品或服务的人知道自己的需求、目标和偏好，设计师需要发现这些并为其设计。”因此，找到目标用户是交互产品设计的前提。由于用户本身在年龄、地域、教育或者消费能力上的巨大差异，不同用户对设计产品的理解或操控是不同的。因此，有效的研究方法是对用户进行细分，确定目标用户。为了得到真实的用户诉求，设计师必须深入到客户环境中，甚至扮演“客户”来找到同理心（情感共鸣）。如 IDEO 公司的调研员以客人身份入住酒店并体验各种服务。他们还深入手术室并观察外科医生的一举一动。这一切都是为了培养同理心，并为有创意的解决方案找到灵感和机会。因此，在交互系统中的“以人为本”就体现在可用性与用户体验两个方面，理解需求金字塔有助于我们进行需求分类与细化，并从产品的定位上打造出真正满足需求的产品（图 4-2）。例如，女生往往有保持苗条的身段以及追求美的需求，这就需要设计师拿出有针对性的解决方案（如健美、塑形、健身训练、低脂食品等）或者相关产品（减肥药品、减肥器械等），并从高效、舒适、健康和安全四个方面来满足用户的需求。一款基于健身社交的手机 App 就是该理念的具体化（图 4-3）。

设计师在进行交互设计时的首要任务就是理解用户，认识人的感知与认知的本质，分析用户的思维模型以及正确建立用户需求。

“以人为本”以满足“人”的需求为目的，在交互系统中主要体现在可用性和用户体验两个层面。

从某种意义上，交互系统所满足的只是全部需求中的“子需求”。

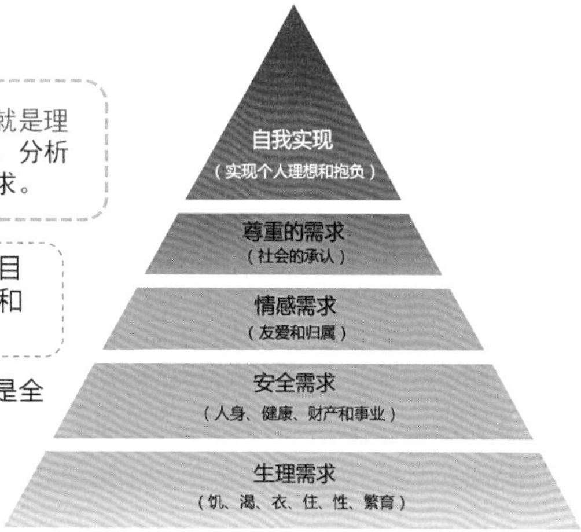

自我实现
（实现个人理想和抱负）

尊重的需求
（社会的承认）

情感需求
（友爱和归属）

安全需求
（人身、健康、财产和事业）

生理需求
（饥、渴、衣、住、性、繁育）

图 4-2　用户需求的重点在于理解需求的分类与不同的目标

图 4-3　一款基于健身社交的手机 App 的概念设计方案

4.2 如何进行用户研究

如何进行用户研究，寻找哪些用户进行研究，目标用户有哪些特征与需求，定量分析与定性分析工具如何使用，这是众多 IT 企业用户研究团队所关注的问题。用户是交互系统的主导者和参与者，在交互设计中可将用户分为直接用户和相关用户两大类：直接用户是交互设计中主要考虑的目标用户，相关用户或称当事人是更广义的用户或利益相关人。在多用户交互系统，如共享单车系统中，除了共享单车的服务机构（例摩拜单车）和骑行者（客户）外，还可以有服务投资方（风险投资者）、政府机构（服务管理者）、地方社区组织和城管（服务的监管维护）、银行（服务担保和押金管理）、广告商（服务宣传者）、自行车生产企业和维修商（服务产品提供者）等。因此，在做交互设计时，首先需考虑围绕该产品有多少类型的利益相关者，其各自的需求各是什么，哪种类型的利益相关者是首要利益相关者，哪种类型的利益相关者与交互设计之间的关系是较强的。

进行用户研究有许多方法，包括观察、实验、建模、统计等，也可以采用市场研究和深度访谈而获得第一手资料（图 4-4）。

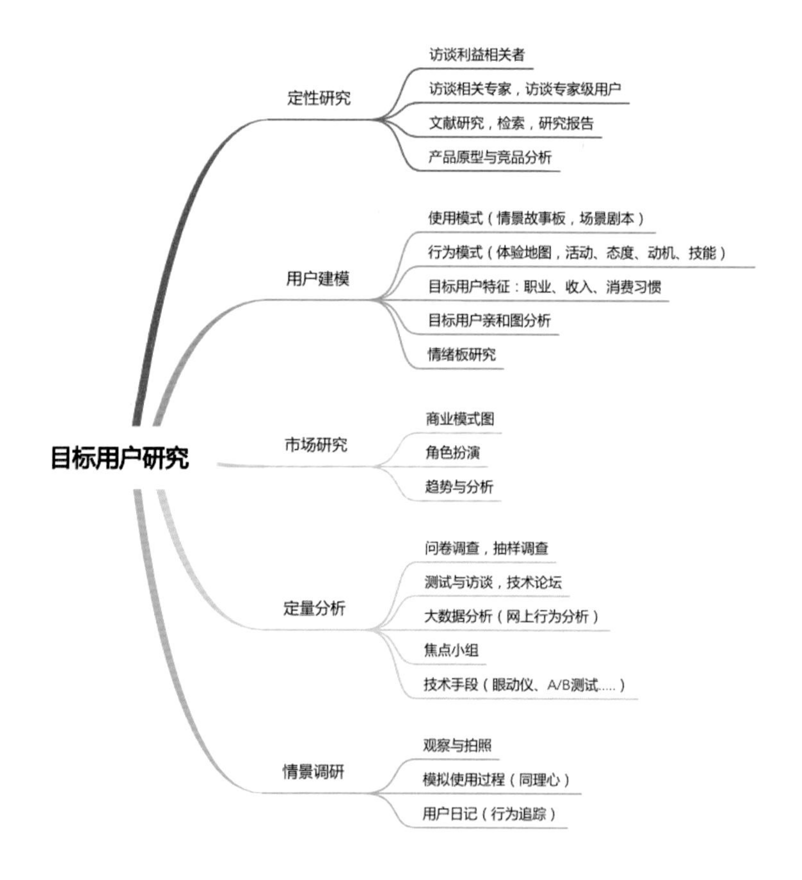

图 4-4　目标用户研究包括 5 部分基本内容

用户研究主要包括定量分析与定性分析两类，通过对用户的个人背景、产品目标、交互方式、交互场景、用户态度、用户习惯 6 个方面进行归纳，就可以作为理解用户行为的第一步（图 4-5）。此外，识别用户的显性需求较为容易，多涉及直接用户；而识别隐性需求则比较困难，涉及更多的相关用户。因此，采用定性研究或定量研究（图 4-6）都有必要。

背景：年龄、职业、喜好、学历和经历等

目标：用户使用产品的目的是什么，用户最终想要得到什么结果。

行为：用户与产品之间采取什么样的交互行为来达到目标。

场景：用户在什么情况使用系统。

喜好：用户喜欢什么？不喜欢什么？讨厌什么？

习惯：用户的操作或使用习惯，如输入中文信息时，用拼音还是手写，用左手或右手，单手还是双手操作等；阅读习惯、休闲习惯以及工作习惯等。

图 4-5　用户画像需要对用户与产品的 6 个方面进行研究

定性研究（Qualitative research）

是指通过发掘问题、理解事件现象、分析人类的行为与观点以及回答提问来获取敏锐的洞察力。具体目的是深入研究消费者的看法，进一步探讨消费者之所以这样或那样的原因。

定量研究（Study on measurement，Quantitative research）

是指确定事物某方面量的规定性的科学研究，就是将问题与现象用数量来表示进而去分析、考验、解释从而获得意义的研究方法和过程。

图 4-6　用户研究的两类方法：定性研究及定量研究

作为国内首屈一指的互联网公司，百度用户研究团队（MUX）对于如何进行用户研究，特别是如何从产品战略和未来发展的角度进行用户研究，有着独特的见解和实践。百度对交互产品的开发路线也遵循以用户为中心的原则（图 4-7）。他们认为如何有效地提升产品的创意转化率是用户研究的重点。在实践中，他们总结出了“四步研究法”，该方法包括以下四个方面：①注重先导型用户（资深用户）的研究，让用户帮助团队进行设计。②注重趋势研究，特别是关注人机交互技术创新的发展趋势，把握技术发展的大方向。③追踪相似用户（竞品用户）的反馈渠道，建立体验问题池。④采用定量分析的方法，进行二维竞品的追踪。综合以上方面，就是“用户 - 趋势 - 竞品 - 反馈”的用户研究机制（图 4-8）。

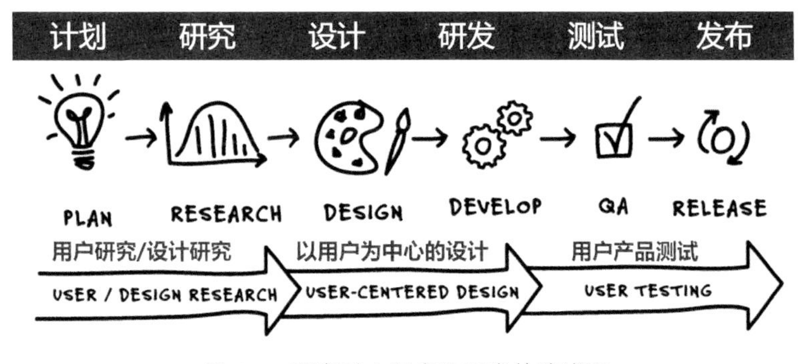

图 4-7　百度对交互产品开发的路线图

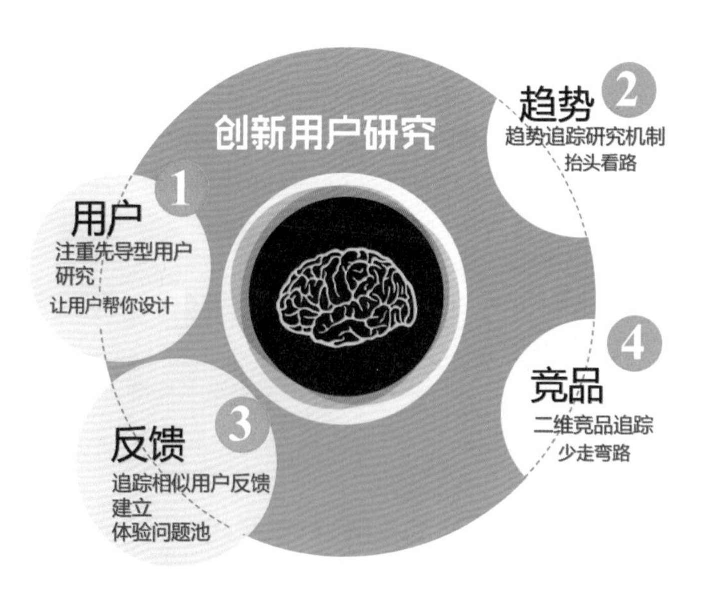

图 4-8　百度用户研究团队的“四步研究法”

在用户研究中，百度特别注重先导型用户（资深用户）的意见或建议。交互设计专家库珀（Cooper）曾经将用户类型分为新手、专家和中间用户。他指出新手或“菜鸟”更关注一些入门级的问题，而“骨灰级”玩家、产品经理和资深产品设计师则会深入思考一些深层次问题。因此，先导型、专家型的用户作为“意见领袖”往往能够影响众多的用户，这些人代表未来的大众需求，具有口碑传播力和影响力。百度将这些人作为用户研究的重点，不仅会在访谈中特邀这些用户进行调查，甚至让这些用户帮助一起设计产品原型。先导性用户往往会对公司产品的发展起到重要影响，其中一个范例就是：当年专卖“脑白金”的史玉柱（图 4-9）看到了游戏行业发展的契机，为了深入了解网络游戏的赢利机制、玩家心理和营销方法，他不惜虚心向游戏大佬陈天桥讨教“升级打怪”的方法，而且“潜伏”在魔兽的社区“打怪”一年并成为资深玩家。史玉柱意识到了游戏道具作为“虚拟资产”的价值所在。由此，

图 4-9　史玉柱当年曾“潜伏”成为资深游戏玩家

他迅速开发了免费的网游并成功变身为游戏企业家。这个例子说明只有思考型的资深用户才能发现问题或机遇。根据国外的研究，先导型用户和技术“粉丝”往往在产品开发的测试阶段或原型阶段（如软件或游戏的内部测试版）就能够发现很多问题并给出建议，从而帮助产品设计师更好地改进产品，而普通消费者往往是在商用产品已经成熟后才介入，这样其对产品改进的作用就小得多了（图 4-10）。

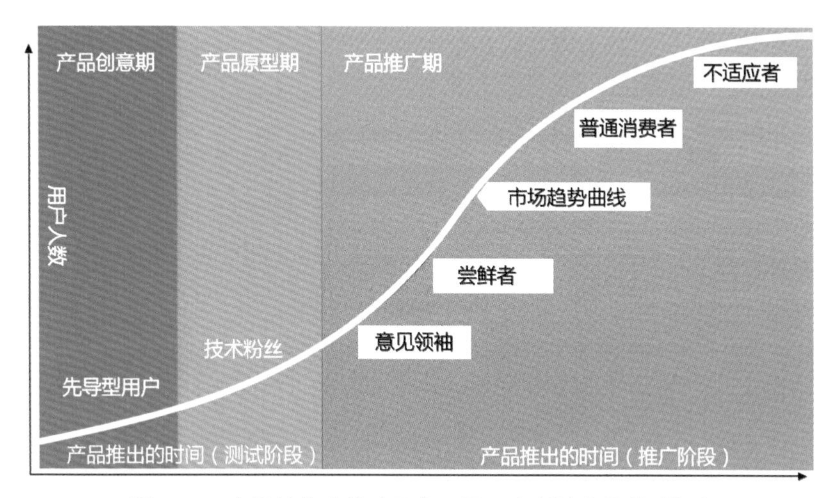

图 4-10　市场趋势曲线（示意不同用户尝试产品的时间）

科技趋势研究是百度用户研究的第二个法宝。科幻小说家威廉·吉布森曾经说过：“未来已来临，只是尚未广为人知而已。”未来也是一步步实现的，而未来的技术和应用也许就蕴藏在今天的探索之中。近年来可落地的科技如近场交互、传感器交互、跨终端交互、三维手势和多通道交互等都是创新产品的开发方向（图 4-11）。百度也关注未来的用户生态交互（Eco User Interface）技术，如人脸识别、表情识别和脑波分析等。百度 MUX 还通过参加高端学术论坛、技术论坛搜索、同业交流和文献整理等手段，跟踪科技发展的热点，并每两周举行一次头脑风暴会和内部交流会来汇报近期的科技创新趋势，提高团队成员的创新意识。百度对科技创新的研究包括无人汽车、智能健身自行车、医疗设备、保健方式、游戏娱乐、残障服务、可穿戴军事装备、智能玩具、概念平衡车等，所有这些技术发展方向都蕴含着无限商机。

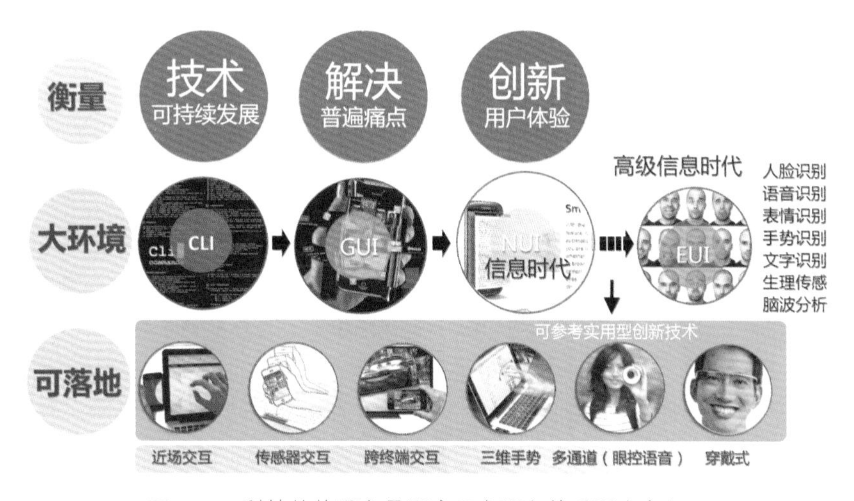

图 4-11　科技趋势研究是百度用户研究的重要内容之一

4.3 目标用户招募

一个设计研究最终选定哪个研究方法并不是绝对的，研究方法都需要根据研究目的并权衡预算和精度要求进行选择。定性研究最关键的基础就是找到最佳的被访者并进行有效提问，即招募和访谈。用户找得不对，研究结论基本毫无用处；用户找对了，但访谈浮光掠影，没有深入挖掘，无法真实反映用户需求，研究工作也会事倍功半。招募主要指为研究而去寻找、邀请合适的用户并给他们安排日程的过程，包括 3 个基本步骤：确定目标用户，找到典型用户，说服他们参加研究。不同项目招募用户的条件不尽相同，但招募过程至少需要一周时间。

2018 年初，阿里巴巴要招聘 2 名淘宝资深用户研究专员，年龄要求在 60 岁以上，年薪为 35 万 ~40 万。主要是从中老年群体视角出发，深度体验亲情版手机淘宝产品，发现问题并反馈问题；定期组织座谈或小课堂，发动身边的中老年人反馈亲情版手机淘宝使用体验；通过问卷调查、访谈等形式反馈中老年群体对产品的体验情况和用户需求。具体应聘条件是：①60 岁以上，与子女关系融洽。②要有稳定的中老年群体圈子，在群体中有较大影响力（如广场舞领队、社区居委会成员等）。③需有 1 年以上网购经验，3 年网购经验者优先；爱好阅读心理学、社会学等书籍内容者优先。④热衷于公益事业、社区事业者优先。⑤有良好沟通能力、善于换位思考、能够准确把握用户感受并快速定位问题。

这条招聘信息登出后，淘宝收到了 3000 多份应聘简历。阿里巴巴经过第一轮筛选后，选择了符合条件的 10 位中老年朋友参加面试沟通会，并在园区和淘宝产品经理做深度沟通（图 4-12）。被选出来的这 10 位应聘者可以说是老人中的先导型用户。这 10 位应聘者中，年纪最小的 59 岁，年纪最大的 83 岁。他们和 90 后淘宝产品经理进行了一场线下深度沟通会。其中 83 岁的李阿姨备受关注，她不仅年龄最大，而且毕业于清华大学。李阿姨特别健谈，喜欢和年轻人交流，很受年轻人的欢迎。

图 4-12　淘宝亲情版体验沟通会现场

为什么阿里巴巴要设立老年用户研究员的岗位？这和近年来我国快速老龄化的社会背景有关。统计数字显示，到 2017 年底，全国 60 岁以上的老年人口达 2.41 亿人。阿里巴巴发布的《爸妈的移动互联网生活报告》显示，2017 年，全国近 3000 万中老年人热衷网购，其中 50~59 岁占比高达 75%。其中 80 后、90 后的爸妈“战斗力”最强，不少是受子女影响，没事就爱在网上逛逛。2017 年 1—9 月，50 岁以上的中老年人网购人均消费近 5000 元，人均购买的商品数达到 44 件。正是看中巨大的市场潜力，淘宝全面围绕中老年消费群体的场景和需求定制新的亲情版手机淘宝产品，并打通老人与家人之间的互动渠道。老年用户研究专员岗位的设立可以使淘宝能够从老年人意见领袖那里获得第一手资料。

任何用户体验研究之前，都需要充分了解谁会使用产品。如果用户的轮廓不清晰，产品又缺乏明确目标，将无法开展研究，项目也会变得没有价值。招募开始之前，要确定用户的基本条件，并在招募过程中确认并更新这些资料。可以从用户的人口统计特征、互联网使用经验、网购经验、技术背景、生活状态等基本信息入手，逐步缩小范围，这些因素对确定目标用户的基本条件起到积极作用。再结合产品能帮助使用者解决的问题，最终确定目标用户的招募条件。确定目标用户的过程中，需要考虑以下问题，研究对象与产品使用者之间有什么区别？什么人能对产品要解决的问题给出最佳反馈？哪些细分用户群最受研究影响？只有一个用户群还是有多个用户群？哪些因素对研究的影响最大？哪些是期望的用户特征？哪些不是期望的用户特征？通过探讨这些问题的答案并做记录，去掉不相关的信息，就可以最终勾勒出用户画像的基本轮廓和产品特征（图 4-13）。

图 4-13　老年手机开发应该关注的主要功能模块（用户画像）

4.4 观察与访谈法

密切观察用户行为，特别是了解他们的软件使用习惯是腾讯用户研究的核心。例如，为了更客观公正地了解用户需求，腾讯公司的研发团队通过旁观记录和用户日志的方法，让用户和访谈员在一个屋子里，而腾讯员工则在另一件屋子里，透过单面透射玻璃和录像设备观察用户使用产品的过程（图 4-14）。这是一个非常客观和实用的实验方法，可以获得宝贵的用户第一手资料。IDEO 公司的前总裁汤姆·凯利（Tom Kelly）曾经说过：“创新始于观察。”而近距离对用户行为的观察是产品纠错和创意的依据。观察、记录（视频）、A/B 测试和用户日志的方法也广泛应用在心理学、行为学等研究领域，这些用户研究经验对于设计师来说，无疑是最重要的财富。

图 4-14　腾讯采用室内观察评测法研究用户行为

在腾讯的用户研究中，访谈占有非常重要的角色。与网络问卷不同，在访谈中访问者可以与用户有更长时间、更深入的面对面交流。通过电话、QQ 等方式也可以与用户直接进行远程交流。访谈法操作方便，可以深入地探索被访者的内心与看法，容易达到理想的效果。腾讯将访谈分成会议型访谈（焦点小组，图 4-15）和单独一对一面谈（深度访谈）。焦点小组是可以同时邀请 6~8 个客户，在一名访问者的引导下，对某一主题或观念进行深入讨论，从而获取相关问题的一些创造性见解。

图 4-15　会议型访谈（焦点小组）更适于探索性话题的研讨

焦点小组特别适用于探索性研究，通过了解用户的态度、行为、习惯、需求等，为产品收集创意、启发思路。在进行活动时，可以按事先定好的步骤讨论，也可以撇开步骤进行自由讨论，但前提是要有一个讨论主题。使用这种方法对主持人的经验及专业技能要求很高，需要把握好小组讨论的节奏，激发思维，处理一些突发情况等。会议型访谈更为经济、高效，但对问题的深入了解则不如深度访谈。二者的区别在于探索和验证。深度访谈更适合于定性，而会议型访谈则更像聊天，对于大众需求的把握往往更为直接。

相比会议型的访谈，百度和腾讯等公司更重视专家、资深用户和敏感人群等“贵人”的意见（图 4-16）。为了挖掘表象背后的深层原因，深度访谈就成为了解用户需求与行业趋势必不可少的环节。数据只是结果和表象，而我们需要透过表象看本质。对于用户来说，认知、态度、需求、经验、使用场景、体验、感受、期望、生活方式、教育背景、家庭环境、成长经验、价值观、消费观念、收入水平、人际圈子和社会环境等因素都会影响他对问题的看法。什么样的话题需要谈得“很深”？隐私、财务、行业机密、对复杂行为与过程的解读等都属于这类话题。因此，深度访谈对访谈员的专业素质要求很高，通常访谈者会根据研究目的，事先准备设计访谈提纲或者交流的方向，高质量的访谈应该是受访者回答问题的时间超过访谈者的提问时间，这样研究团队才能更有收获。

图 4-16　深度面谈（一对一）更适于定性和专业性的话题

无论是深度访谈还是座谈会式访谈，组织者都应该准备好大纲。由于访谈涉及竞品研究、用户体验、个人感受和趋势分析等话题，为了保持研究的一致性，访谈员需要有一个基本的“剧本式”的提纲作为指导。大纲应该遵循“由浅入深、从易到难、明确重点、把握节奏、逻辑推进、避免跳跃”的原则。访谈前需要提前准备好需要讨论的产品、App 及竞品资料。存储卡、电池、礼品签收表、记录表、日志、照相机、摄像机、录音笔、纸、笔、保密协议和礼品 / 礼金等，这些可以辅助你更好地记录访谈的内容并便于总结。

座谈会节奏把控与时间分布也是需要特别注意环节。按照受访对象的投入程度上看，应该是一个相互熟悉、预热、渐入佳境（主题）、畅所欲言、尽兴而谈和意犹未尽的过程（图 4-17）。因此，开场白和暖身题、爬坡题（引入主题的相关的内容题、背景题、个人话题等）、第一核心题（本次讨论的主导问题之一）、过渡题（轻松讨论、休息）、再度上坡题（与主题相关性较高的问题）、第二核心题（本次深度访谈的主导问题之一）、下坡题（补充型问题）和结束题。全部访谈时间控制在 1.5~2 小时）。访谈员的提问技巧包括：避免提有诱导性或暗示性的问题；适当追问和质疑；关注更深层次的原因；营造良好的访谈氛围；注意访谈时的语气、语调、表情和肢体语言。最为重要的是，尊重用户，拉近和受访者的距离，保持好奇心，做一个积极的倾听者和有心人。完成访谈并不意味着工作的结束。用户研究员还必须整理访谈笔记，回看访谈影像资料并最终完成用户分析报告。其中，分析亲和图并画出用户画像需要花费更长的时间，焦点小组成员还必须经过讨论和头脑风暴的流程。在观察与访谈活动中，视频记录是非常重要的环节。随着手机录音录像 App 等便捷工具的普及，户外或现场视频采访也成为直观了解用户需求的方式之一。图 4-18 就是学生利用实拍道具 + 配音的方式模拟了对大学宿舍环境的用户调查。情景调查、采访或者用户访谈一般可以得到大量的图片或者视频素材，为了避免出现思路混乱的情况，对最终的数据进行整合尤为重要。在这个阶段设计者需要找到合适的线索进行流程整理，以便发现规律，为创意提供线索。

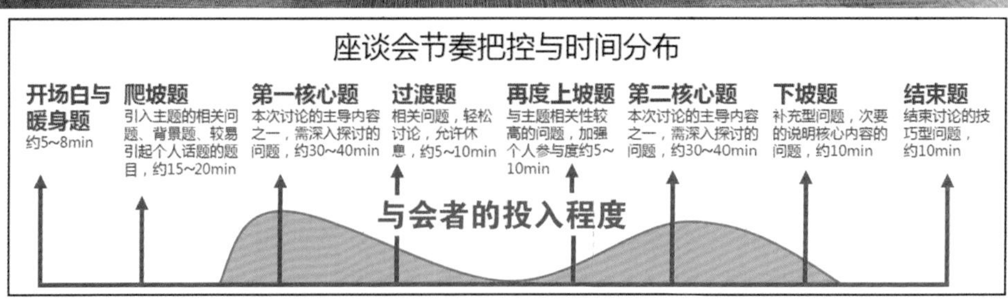

图 4-17　用户访谈座谈会（上）的节奏的把控与时间分布（下）

图 4-18　学生小组利用实拍道具＋配音的方式来模拟用户访谈

4.5　现场走查法

心理学家研究表明：尽管人们有可能无意识地做出决策，但他们仍然需要合理的理由，以向其他人解释为什么他们要做出这样的决策。在这个过程中，情景化用户体验以及故事板设计就能够起到很重要的作用。模拟产品的使用过程是发现问题的最好方法，也就是设计师深入到用户的环境中，亲自体验使用者的感受。该过程是斯坦福大学所推崇的同理心指导设计的原则。设计师只有用心感受用户体验的过程，才能真正发现问题和解决问题。现场走查法就是设计师随手拍照或通过视频记录用户体验过程。例如，百度就非常重视情景化用户体验的调研与记录。他们在针对手机用户应用环境的调研中采集了大量的资料，揭示了不同环境下的移动设备用户体验（图 4-19）。

图 4-19　百度对不同情景下移动设备的使用方式进行研究

上面这个场景就包括用户使用手机和 iPad 的主要环境以及和桌面设备的比较，由此挖掘出在该情景下的移动媒体带给用户的体验。此外，他们还进入北京的大街小巷，对百度地图的应用进行实地勘察，由此判断使用者在不同环境使用该服务的深层体验。百度认为“要设计的不是交互，而是情感”。因此，百度将情景化用户体验、故事板和角色模型结合在一起，从具体的环境分析入手，对交互产品（如手机）或服务进行深入的分析。他们用故事串起整个设计循环，从而形成了迭代式用户研究流程（图 4-20）。这个过程可以分割为热阶段和冷阶段，前一个阶段重点为发散思维，以调研为核心，户画像 - 情景化研究 - 故事板组成了这个循环。后一个阶段为分析、创意与原型开发阶段，重点是借助用户研究的成果进行创意和开发，属于收敛阶段。在这里，环境、角色、任务和情节是构成故事的关键：可信的环境（故事中的时间和地点）、可信的用户角色（谁和为什么）、明确的任务（做什么）和流畅的情节（如何做和为什么）是研究的关键。通过这一流程，百度移动用户体验部还特别针对 95 后的年轻时尚群体（图 4-21）的手机用户习惯进行了一系列的定量定性分析。这些结果成为百度后期产品开发的重要依据。

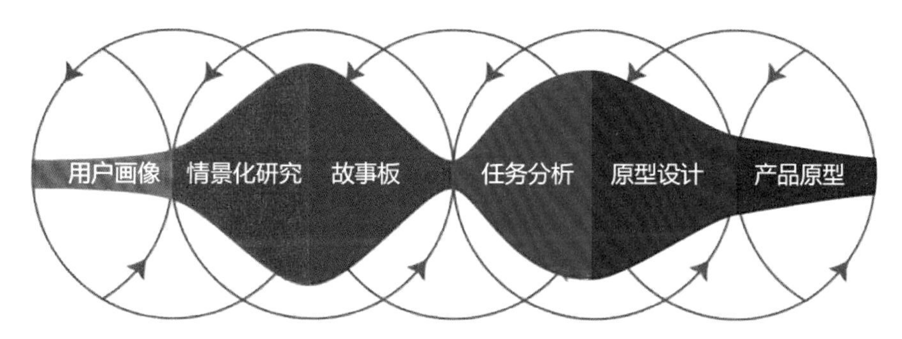

图 4-20　百度的迭代式用户研究流程（热阶段 + 冷阶段）

图 4-21　95 后时尚群体的手机功能需求是百度研究的重点

现场走查法也适用于构思用户体验故事。如果你想知道喜欢旅游的“美拍一族”对自拍软件的需求（图 4-22），就要看他们是什么人（特别是普通用户）以及他们身处什么环境（自驾游、全家游、集体组团游），他们使用哪些工具（手机、自拍杆、美颜软件）或设备，他们这样做的目的（分享、炫耀、自我满足），等等。对情景 - 角色关系的探索不仅可以发现问题，而且可以通过产品设计或改善服务来解决问题。例如一款专为旅游者使用的美图软件，虽然简单易用和社交分享是基础，但考虑到不同的人群，所有可能的特效，如美白、祛斑、亮肤、笑脸、卡通、魔幻、搞怪、对话气泡、音效、小视频、Gif 动图等都可能是这款手机软件的亮点，如何决定取舍？关键在于用户需求与产品定位。情景化用户的方法可以更好地帮助你划定产品的功能范围和限制，让你的产品在同类产品中脱颖而出，更具竞争力。

图 4-22 “美拍旅游族”对自拍软件和自拍杆的需求

4.6 问卷与统计

问卷调查是定量研究方法，可以用于描述性、解释性和探索性的研究，也可用于测量用户的态度与倾向性。问卷调查首先要明确目标客户，其结果对调查的结论影响最大。此外，调查的时间也很重要，不同调查需要在不同时机进行。调查有多种规模和结构，而时机最终取决于研究人员想开展哪种调查，希望得到什么结果。因此，用户研究员首先要明确产品定位、产品规划及架构等问题，需要对产品有全面的了解，然后再明确调查目的。调查目的是问卷调查的核心，决定了调研的方向、研究结果如何应用等。接着，要根据研究目的确定调研的内容和目标人群，调研内容越细化越好，目标人群越清晰越好。

问卷设计的逻辑性和针对性接决定了研究结果的走向。通常网络问卷调研都要用户自己填，因此需要把公司的业务专业术语转化为日常用语，不论是问题还是选项都要简洁明了，不能引起歧义。需要注意的问题包括：

- 问题要避免多重含义，每个问题都应该多只包含一个要调查的概念。
- 尽量具体，免含糊其辞。保持一致性，提问题的方式尽量一致。
- 问题应该与被调查者有关。如果与用户的体验或生活无关，就不大可能完成调查。
- 问卷的逻辑要清晰，线上问卷不适合过于复杂的逻辑。
- 一些题目会包含“以上都不是”“不知道”等选项，确保用户能够选出答案。
- 问卷的最后一道题通常会询同用户对调查的产品还有哪些建议等。

调查问卷的设计逻辑是：由浅入深、由调研一般感兴趣的问题到专业问题；由核心问题到敏感问题；由封闭问题到开放问题；相同主题放一起，不断增加被调研者回答问题的兴趣。只有处理好这些原则，才能设计出一份逻辑连贯、衔接自然的问卷。收到问卷之后，调研员还必须完成分析数据、可视化图表呈现和推导得出结论等后续工作。总之，对于数据的解读并非易事。只有充分理解数据是通过怎样的问题得来的，如何收集的，如何计算而来的，再结合对业务的理解，才能真正解读出数据背后的含义。

除了现场调研外，目前国内还有问卷星、爱调查、调查派等在线问卷设计和问卷调研平台。这些在线平台能够在网络上发布问卷并提供统计结果，如问卷星就提供了创建问卷调查、在线考试、360 度评估等应用；问卷星还提供 30 多种题型，具有强大的统计分析功能，能够生成饼状、环形、柱型、条形等多种统计结果图形（图 4-23）。该应用支持手机填写和微信群发。线上调查有着快捷高效的特征，虽然由于网络的匿名性，统计的结果在准确性和代表性上有一定的欠缺，但对于在校大学生来说，利用线上调查与不失为一种节约时间和提高效率的方法。

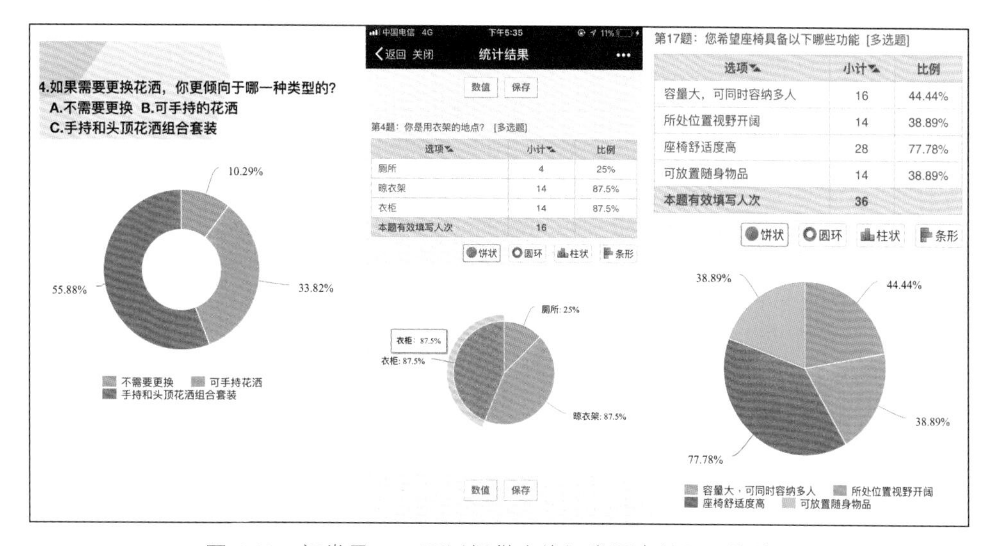

图 4-23　问卷星 App 可以提供在线问卷调查并显示统计图

4.7　故事板和移情图

讲故事可以说是从古至今深深植根于人类的一种社会行为。讲故事的目的可以是社会教化，也可以是讨论伦理和价值，或者是满足人们的好奇心。故事可以戏剧化地表现社会关系和生活问题，传播思想或者演绎幻想世界。讲故事是需要技巧的。在远古时代，部落中讲故事的人所扮演的是演艺者、老师和历史学者的角色。人们可以通过代代相传的故事来传承知识。有了文字以后，《圣经》《荷马史诗》《诗经》《春秋》等都可以说是人类最早的故事和传说的记载。2300 年前，古希腊哲学大师亚里士多德撰写了《诗学》，首次揭示了戏剧的奥秘。他认为故事是生活的比喻，是人类智慧本性所追求的目标。故事这个功能一直延续到了现代社会。

从心理学上看，人类大脑都有追求逻辑的本能，这种因果关系就是故事的核心。人是情感动物，因此，故事和比喻是最能够打动人的沟通技巧。无论是广告、演讲还是 PPT，如果没有讲故事的技巧（如悬念设置、起承转合、层层推进），就很难吸引大家的关注。好的设计离不开好故事，例如，为了描述一个寻宝式博物馆的创新体验，学生小组就通过漫画的手法虚构了一个参观者的感受（图 4-24）。交互设计师理解用户需求的最好方式就是构建环境、人物和故事情节，并通过事件来理解人性，而故事板原型无疑是最好的助手之一。

小雨和朋友们来到了民族服饰博物馆，博物馆已经焕然一新。

导览员借助投影把小雨带入了一个奇妙的故事中，小朋友都被吸引了。

导览员给小雨分发了精美的寻宝地图，随着地图的指引，探险故事开始了。

地图上印有需要大家收集的图案，为了集齐图案找到故事中的宝藏，小雨干劲十足。

金工首饰厅的乐高首饰复制品让小雨爱不释手，小朋友们纷纷动手制作起来。

小雨率先完成了制作，他将作品展示给导览员，如愿得到了奖励。

进入刺绣蜡染厅，小朋友们寻找地图上的特定纹样，小雨和帮助他寻找的小美迅速熟悉起来。

小雨在小美的帮助下，很快找到了纹样，两人开心的一起进入汉族服饰厅。

汉族服饰厅里，小雨和小美近距离接触了不同的布料，并通过之前收集的纹样得到了最好的丝帛。

进入少数民族展厅，他们看到一面神奇的换装镜。小美非常喜欢少数民族服饰，开心的试穿。

换装镜为小朋友量身打造，智能的设计，便捷的操作使他们在趣味中切身体会了民族服饰的美。

试装完毕，还可以把自己喜欢的照片打印出来。

小雨和小美来到最后的织锦宫殿，扮演反派角色的导览员告诉他们，要寻找伙伴，解除最后的封印。

小朋友们在前面的游戏中获得的纹样在这时可以和伙伴任意排列组合，形成新的神奇图案。

神奇图案将解除封印，打败坏人，小朋友们也将获得最后的宝藏——属于自己独特纹样的织锦小挂饰。

小雨在小美在寻宝故事中找到了乐趣，也获得了许多民族服饰文化的知识，他们满心期待着下次再来游览。

图 4-24　博物馆参观的游客行为故事板

故事板原型（Storyboard Prototypes，SP）就是将用户（角色）需求还原到情境中，通过角色 - 产品 - 环境的互动，说明产品或服务的概念和应用。设计师通过这个舞台上的元素（人和物件）进行交流互动来说明设计所关注的问题。角色就是产品的消费者与使用者，虽然不是一个真实的人物，但是在设计过程中代表着真实用户的假想原型。在交互设计中，选择合适的原型构建出设计的情境与角色有助于我们找到设计的落脚点，而不致于随着设计流程推进迷失方向。例如，基于车载 GPS 定位的导航 App，就离不开场景（汽车）、人物（司机）和特定行为（查询）。图 4-25 就是一款针对旅游导航的手机定位、购物、景点推荐、导游等一系列服务的 App 设计的故事板，这个四格漫画能够清晰地传达设计者的意图。

图 4-25　一款针对旅游导航 App 设计的场景故事板

通过构建场景原型和故事板，可以为设计师提供一个快速有效的方法来设想设计概念的发生环境。一个典型的场景构建需要描述出人们可能会如何使用产品或者服务。并且在场景中，设计师还会将前面设定的人物角色放置进来，通过在相同的场景中设计设置不同的人物角色，设计团队可以更容易发现真正的潜在需求。构建场景原型可以通过图片或者是视频记录（图 4-26），也可以直接通过文字记录下关键点。故事板原型对于细节的展示比较直观，所以还可以充当一个复杂过程或功能的图解。故事板通常可以采用手绘场景或者剪贴照片的方法。

除了故事板以外，移情地图（empathy Map）也是用户研究较为常用的工具之一。移情也称为共情、同理心、同感。人本主义创始人罗杰斯认为移情指的是一种能深入他人主观世界，了解其感受的能力，代表着一种换位思考能力。移情地图由 XPLANE 公司开发，该设计从六个角度帮助你更加清晰地分析出用户最关注的问题，从而找到更好的解决问题的方案（图 4-27）。

图 4-26　通过图片或者视频记录的故事板

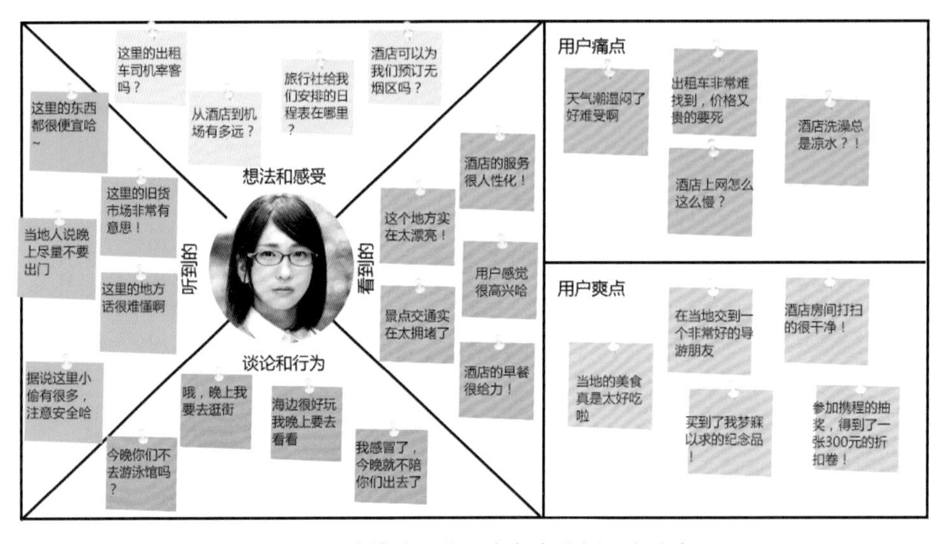

图 4-27　移情地图从六个角度分析用户痛点

类似于用户体验地图，移情地图突出了目标用户的环境、行为、关注点和愿望等关键要素。设计师能够据此了解对用户来说什么是最重要的服务或产品。移情地图六个维度主要的关注点是：①用户看到了什么，即描述客户在他的环境里看到了什么，环境看起来像什么，谁在他周围，谁是他的朋友，他每天接触什么类型的产品或服务，他遭遇的问题是什么；②用户听到了是什么，描述客户环境是如何影响客户，他的朋友在说什么，他的配偶呢，谁能真正影响他，如何影响；③用户的真正感觉和想法是什么，设法描述你的客户所想的是什么，对他来说什么是最重要的（他可能不会公开说），想象一下他的情感，什么能感动他，什么能让他失眠，尝试描述他的梦想和愿望是什么；④他说些什么又做些什么，想象这位客户可能会说些什么或者公开场所的行为他的态度是什么，他会给别人讲什么；⑤这个客户的痛苦是什么（痛点），他最大的挫折是什么，他需要达到目标之间有什么障碍，他会害怕承当那些风险；⑥用户的爽点是什么，他真正希望的和达到的目标是什么。图 4-28 为对城市白领睡眠不足人群的移情地图调研，可以让设计师发现相关的痛点和商机。

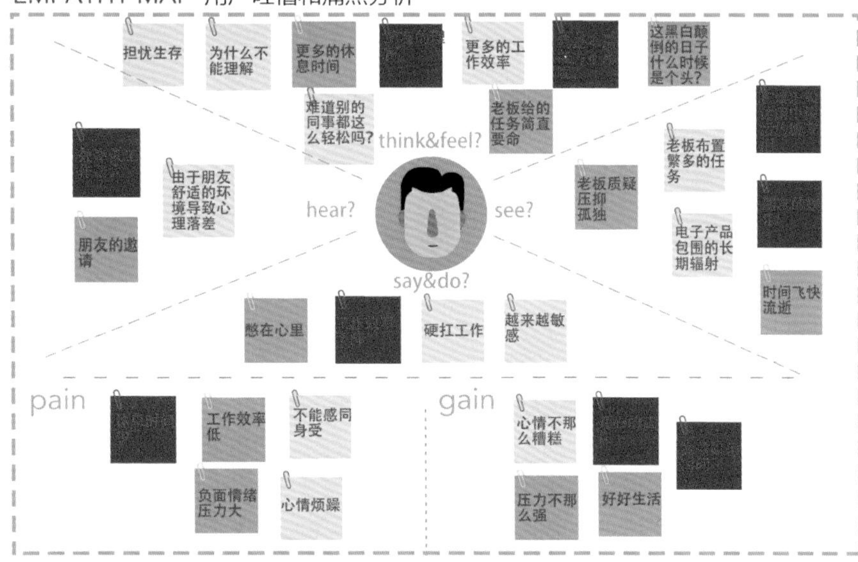

图 4-28　对城市白领睡眠不足人群的移情地图调研

4.8　用户画像

用户画像（persona）又称为用户角色扮演（user scenario），最早源自 IDEO 设计公司和斯坦福大学设计团队进行 IT 产品用户研究所采用的方法之一。交互设计之父，库珀设计公司总裁艾伦·库珀在 IDEO 设计公司工作期间，最早提出了用户画像的概念。为了让团队成员在研发过程中能够抛开个人喜好，将焦点关注在目标用户的动机和行为上，库珀认为需要建立一个真实用户的虚拟代表，即在深刻理解真实数据（性别、年龄、家庭状况、收入、工作、用户场景 / 活动、目标 / 动机等）的基础上“画出”一个的虚拟用户。用户画像是根据用户社会属性、生活习惯和消费行为等信息而抽象出的一个标签化的用户模型（图 4-29）。构建用户画像的核心工作即是给用户贴“标签”，即通过对用户信息分析而来的高度精练的特征标识。利用用户画像不仅可以做到产品与服务的“对位销售”，而且可以针对目标用户（图 4-30）进行产品开发或者服务设计，做到按需量产，私人定制。

人物角色：安妮 Anney
城市白领
职业：办公室文员
居住地：上海
婚姻：未婚
收入：6500/月
教育程度：本科
爱好：交友、音乐、网购
使用电子产品：iPod
笔记本电脑：MacBook Pro
手机：iPhone 6s
电子邮件：200/月
短信数目：1000/月

生活目标：希望有个自己的服饰商店
事业：初创期
消费习惯：逛街、注重品牌和价格
业余生活：喜欢阅读、注重心灵体验
喜欢颜色：淡紫色
出行方式：出租车、公交
居住环境：合租 1500/月
餐饮花费：600/月
购物支出：1000/月
购物方式：朋友推荐、看时尚杂志、网上购物、专卖店....
生活态度：乐观、积极
格言：不浪费每一天

陈志豪 **大龄单身宅男**

- 32岁，软件工程师，单身

兴趣爱好

- 川菜，看书，写代码

性格

- 温和、内敛、喜欢一个人

目标

- 本能目标：和女性在一起
- 行为目标：展示我的男子气概
- 反思目标：成为一个成功男子

“平常没有事就喜欢呆在办公室，感觉写代码非常开心”

图 4-29　用户画像是一个标签化的虚拟用户模型

图 4-30　用户画像的目的是寻找并确定目标用户

建立用户画像的方法主要是调研，包括定量和定性分析。在产品策划阶段，由于没有数据参考，所以可以先从定性角度入手收集数据。如可以通过用户访谈的样本来创建最初的用户画像（定性），后期再通过定量研究对所得到的用户画像进行验证。用户画像可以通过贴纸墙归类的亲和图法（affinity diagram，图 4-31）来逐渐清晰化。亲和图又叫 KJ 法，由日本川喜一郎首创，这是一种使机会点明确起来，帮助参与者们进行理性思考并可达成共识的工具。其操作方法是：首先可以将收集到的各种关键信息做成卡片；然后在墙上或在桌面上将类似或相关的卡片贴在一起，对每组卡片进行描述并利用不同颜色的便利贴进行标记和归纳（图 4-32）；最后根据目标用户的特征、行为和观点的差异，将它们区分为不同的类型，从每种类型中抽取出典型特征，赋予一个名字和照片、一些人口统计学要素和场景等描述，最终就可以形成用户画像。如针对旅游行业不同人群的特点，其用户画像就应该包括游客（团队或散客）、领队（导游）和其他利益相关方（旅游纪念品店、景区餐馆、旅店老板等）。

图 4-31　用户画像可以通过贴纸墙归类的亲和图法完成

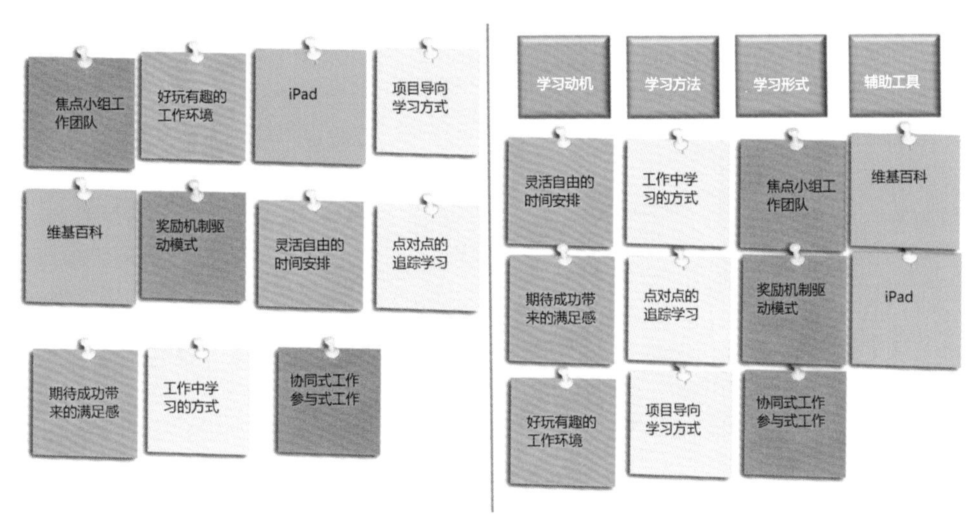

图 4-32　关于在线学习的卡片归类

亲和法的优点是可以有效地发现问题和机会点。通过记录实际问题并加以归纳，有助于提升工作效率；在整理分类卡片的同时，设计团队可以进行自由讨论来促进意见交流。如果期望快速地解决各种意见，也可以按照讨论结果投票决定最终意见，少数人服从多数。用系统的角度去考察一个设计或者服务，最好的办法就是将其放入到一个具体情境中进行分析。情境是一个舞台，所有的故事都将会在这个情境中展开。这个舞台上，无论是甲方（服务方）还是乙方（消费方），都可以转化为典型的人物角色（演员）来完成互动行为。腾讯CDC公益团队在进行服务设计的用户研究中，就将游客、当地农民和城镇青年的不同诉求归纳成3个用户画像。他们还结合了真实的调研数据，将用户群的典型特征加入到用户画像中。与此同时，调研团队还在用户画像中加入描述性的元素和场景描述，如愿景、期望、痛点的情景描述。由此让用户画像更加丰满和真实，也更容易记忆并形成团队的工作目标（图4-33）。

图4-33　腾讯CDC公益团队为铜关村旅游所做的用户画像

4.9 研究及创意卡片

IDEO 设计公司在 30 多年的服务与交互设计实践中，总结了一系列的创意方法。随着公司规模的扩大和公司业务不断向多领域拓展，无论是新职员的培训还是与跨地域、跨文化领域的客户沟通，都需要有一套携带方便、简洁易行、图文并茂的设计规范。因此，20 世纪 90 年代，在比尔·莫格里奇的倡议下，IDEO 设计公司就设计了这样一套如扑克牌样式的创意卡片（图 4-34）。

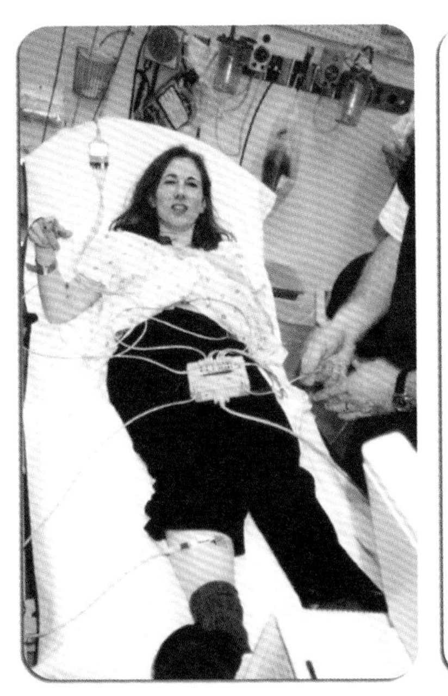

图 4-34 用于分析、创意与产品开发的 50 张卡片（方法）

该套创意卡共计 50 张，是 IDEO 设计公司的人因工程团队针对消费者心理与经验而开发出的调查方法。IDEO 开发这套卡片的目的在于让大家更熟悉这些方法并在用户研究中灵活采用。有了这套创意设计卡，大家就可以很轻松地分类、浏览、比较及总结各种资料，对用户研究者来说，它是必不可少的参考工具和“锦囊妙计”。这套卡片的每一张都有关于调查方式与时机的文字解说，并简单叙述它可以应用于哪个项目中。除了卡片正面图像，有时背面还会有些令人感兴趣的图像。IDEO 公司将这些卡片分为分析（学习）、观察、咨询（访谈）和尝试 4 个类别。分析类的重点在于收集信息并获得洞察；观察类则侧重行为（动作）研究，即人们是怎么做的；咨询（访谈）类则是争取人们的参与，并引导他们表达与项目相关的信息；尝试类引导设计师亲身参与制作一个产品或服务的原型，以便更好地与用户沟通和评估设计方案。这 50 张卡片，从定性到定量，从主观到客观，几乎涵盖了当前所有的交互与服务设计方法，可以说是 IDEO 设计公司多年实战经验的积累和总结（图 4-35 和图 4-36）。IDEO 设计公司的 50 张卡片，可以说是包罗万象，涵盖了用户研究、头脑风暴、原型设计以及数据分析等各个方面。限于篇幅，本书就不再一一介绍，感兴趣的读者可以直接从 IDEO 公司的相关网站得到这些方法。就本书来说，第 4~8 课都是对设计研究与创意方法的诠释，也都是结合国内设计实践以及高校的教学与研究归纳出来的主要方法和工具。

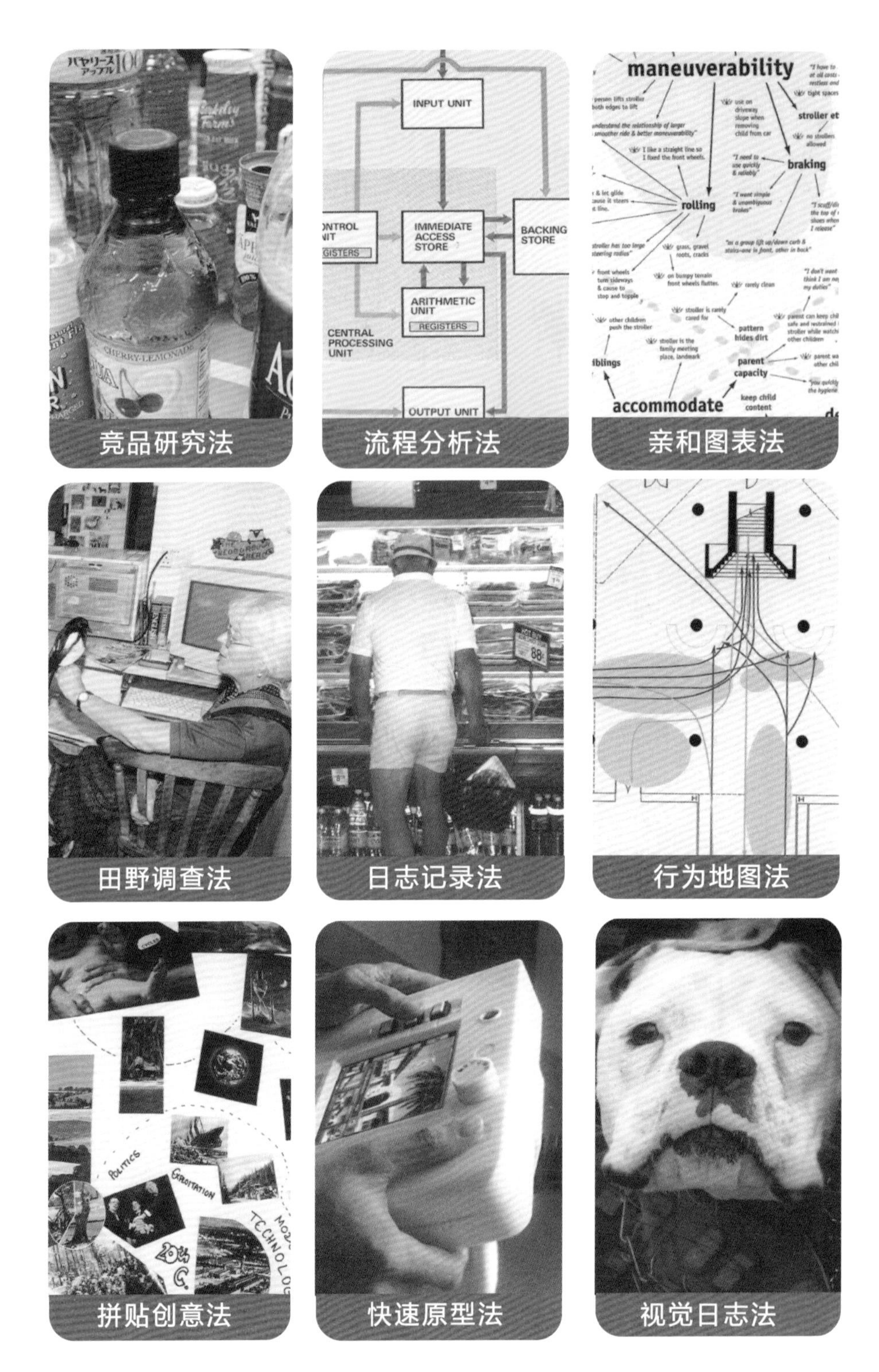

图 4-35　创意卡片举例（一）

图 4-36　创意卡片举例（二）

思考与实践 4

思考题

1. 用户研究包括哪些实用的方法?

2. 观察法与访谈法的具体步骤有哪些? 有几种相关的场景?

3. 为什么需要重视先导型、专家型的用户的意见?

4. 具有前瞻性的移动应用技术包括哪些?

5. 什么是用户画像? 如何绘制目标用户画像?

6. 用户研究的定性与定量方法如何进行?

7. 观察法和现场走查法有何不同?

8. 什么是故事板和移情图? 如何从中获得用户需求?

9. 百度的竞价排名饱受诟病，如何平衡商业利益和公共服务?

实践题

1. 电商广告往往以诱人的颜色、卡通图案和对商品的表现来吸引用户的眼球。例如韩国某酸奶电商的主题页（图 4-37）。请比较国内同类的电商产品广告，并针对国内的青少年群体进行用户调研，了解该用户群对相关产品品牌的认知状况。调研方法可以采用定性和定量的方法，特别是结合网络大数据来发现问题。

图 4-37　韩国某酸奶电商的主题页设计

2. 今天的产品越来越重视用户体验和人际间的交流与分享。下象棋可能是许多老年人的业余爱好。请考察传统象棋并思考如何进行创新：①户外光线弱的地方；②肢体不便的老人。解决的可能性包括声控象棋、荧光象棋等。

5.1 右脑与设计

5.2 心流创造与灵感

5.3 创意思维与产品设计

5.4 创意的核心：跨界思维

5.5 交互设计原型

5.6 低保真原型

5.7 高保真原型

5.8 故事板原型

第5课 产品原型设计

设计原型就是把交互产品的概念设计以可视化的形式展现给用户。原型就是帮助我们尝试未知，不断推进以达到目标的事物。原型设计不仅建立在充分调研的基础上，而且与右脑思维、专注与感悟和跨界思维有着密切的联系。本课探索了一系列快速原型设计方法，包括纸上原型、手绘草图、故事板原型与数字高模原型设计等。

5.1 右脑与设计

现代物理学奠基人，相对论发明者阿尔伯特·爱因斯坦（1879—1955）多次强调“想象力远比知识要重要”。在一次访谈中，他指出：“教育的目的并不是传授知识，而是要让学生学会如何思考。”创意的产生不仅与设计师的经历、性格、态度、认知和世界观等要素相关，而且与右脑思维有着密切的关系。脑科学家研究发现：超强记忆能力、想象力、创新力以及灵感和直觉力都与右脑相关，所以右脑又称为智慧脑、艺术脑。而左脑则是“科学家”和“数学家”，善于归纳总结，数学运算，分析推理（因果关系），属于线性思维，特别优于语言文字（细节描述）。右脑则是艺术家，属于发散思维和直觉顿悟，擅长创意，自由奔放，多愁善感，爱唱歌，好运动，爱五彩世界，有着无边的想象力（图 5-1）。

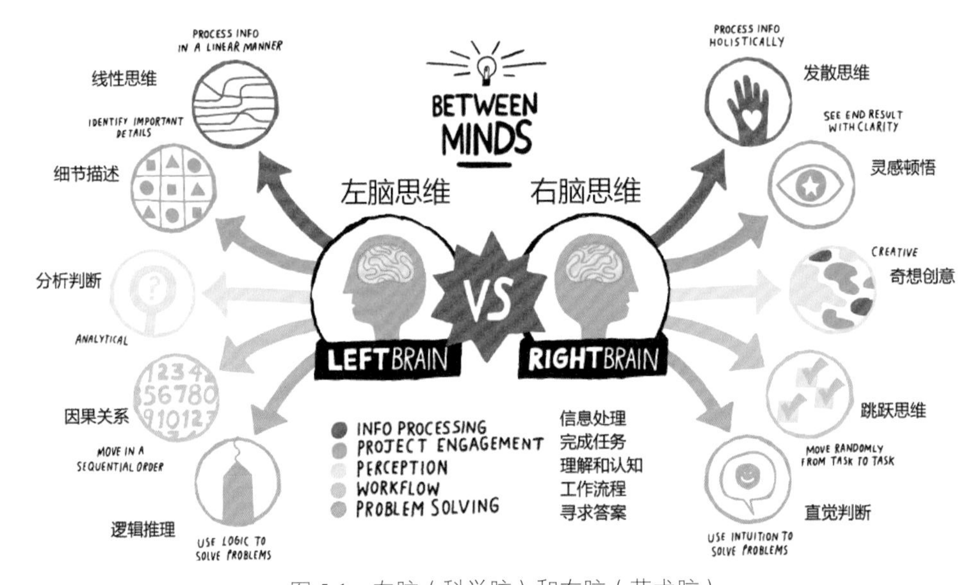

图 5-1 左脑（科学脑）和右脑（艺术脑）

科学研究证实：人类的左脑支配右半身的神经和感觉，是理解语言的中枢，主要完成语言、逻辑、分析、代数的思考认识和行为，它进行有条不紊的条理化思维，即逻辑思维的“科学家脑”。而右脑支配左半身的神经和感觉，是没有语言中枢的哑脑，但有接受音乐的中枢，主要负责可视的、综合的、几何的、绘画的思考认识和行为，也就是负责鉴赏绘画、观赏自然风光、欣赏音乐，凭直觉观察事物。归结起来，就是右脑具有类别认识能力、图形和空间认识、绘画和形象认识能力，是形象思维的“艺术家脑”。1979 年，美国加州大学美术教师贝蒂·爱德华兹（Betty Edwards）出版了一本名为《用右脑绘画》的书。在书中，爱德华兹否认了有些人没有艺术天分的观点。她说：“绘画其实并不难，关键在于你观察到了什么。”她认为观察的秘密在于发挥右脑的想象力。爱因斯坦曾经说过：“我思考问题时，不是用语言进行思考，而是用活动的、跳跃的形象进行思考，当这种思考完成以后，我要花很大力气把它们转换成语言。”因此，右脑的形象思维产生了新思想，左脑用语言的形式把它表述出来。左右脑的分工与合作决定了人的创新能力，例如，灵感、顿悟和想象的产生就与右脑密切相关（图 5-2），但是将“创新”的想法逻辑化、规范化、流程化并使之形成可以实现的具体步骤或蓝图，则需要语言和逻辑的配合，或者说需要左脑的协调才能够实现。交互设计中的前期工作，如调研、访谈、竞品分析、数据分析、用户体验地图（行为分析）、用户建模（用户角色）、故事板和故事叙述 (storytelling)、角色扮演等都与分析、综合、逻辑、推理和归纳等属于左脑思维的范畴，而中后期工作，如思维导图、焦点小组、头脑风暴、原型创意、概念模型则与右脑思维息息相关。创意或灵感是建立在大量的研究基础上的最优化解决方案。

图 5-2　灵感、顿悟和想象与右脑密切相关

5.2　心流创造与灵感

20 世纪 60 年代初，美国智威汤逊广告公司资深顾问及创意总监，美国当代影响力最深远的广告创意大师詹姆斯·韦伯·扬（James Webb Young）应朋友之邀，撰写了一本名为《创意的生成》（*A Techniquefor Producing Ideas*，祝士伟译，中国人民大学出版社）的小册子，回答了“如何才能产生创意”这个让无数人头疼的问题。随后 50 年间，该书再版达数十次，被译成 30 多种语言，不仅畅销全世界，而且也成为欧美广告学专业的必修课教材。詹姆斯·韦伯·扬堪称是当代最伟大的创意思考者之一。他提出的观点和一些科学界巨人，如罗素和爱因斯坦等人的见解不谋而合：特定的知识是没有意义的，正如芝加哥大学校长、教育哲学家罗伯特·哈钦斯博士（Robert Hutchins,1899—1977）所说，它们是快速老化的事实。知识仅仅是激发创意思考的基础，它们必须被消化吸收，才能形成新的组合和新的关系，并以新鲜的方式问世，从而才能产生出真正令人惊叹的的创意。因此，“创意是旧元素的新组合”是洞悉创意奥秘的钥匙，这也使得韦伯·扬所提出的“五步创意法”成为广为人知的创意原则和方法。

在谈到创意来源时，韦伯·扬指出：我认为创意这个玩意具有某种神秘色彩，与传奇故事中提到的南太平洋上突然出现的岛屿非常类似。在古老的传说中，老水手们称其为“魔岛”（图 5-3）。据传这片深蓝海洋会突然浮现出一座座可爱的环形礁石岛，并有一种神秘的气氛笼罩其上。创意也是如此，它们会突然浮出意识表面并带着同样神秘的，不期而至的气质。

其实科学家知道，南太平洋中那些岛屿并非凭空出现，而是海面下数以万计的珊瑚礁经年累月所形成的，只是在最后一刻才突然出现在海面上。创意也是经由一系列的看不见的过程，在意识的表层之下长期酝酿而成。因此，创意的生成有着明晰的规律，同样需要遵循一套可以被学习和掌控的规则。

图 5-3　在海面突然浮现出的神秘之岛——魔岛

韦伯·扬认为，创意生成的有两个普遍性原则最为重要。第一个原则，创意其实没有什么深奥的，不过是旧元素的新组合。第二个原则，要将旧元素构建成新组合，主要依赖以下这项能力：能洞悉不同事物之间的相关性。这一点正是每个人在进行创意时最为与众不同之处。例如，百度手机地图的一则广告（图 5-4）就巧妙将《西游记》和《三国演义》中的典故重新包装，寓意“导航”的重要性。因此，一旦看到了事物之间的关联性，你或许就能从中找到一个普遍性的原则。或许就能想到如何将旧的素材予以重新应用、重新组合，进而产生新的创意。创意是旧元素的新组合；洞悉事物间的相关性是生成新组合的基础。

创意的过程也是深思熟虑的过程。美国心理学家米哈里·希斯赞特米哈伊（Mihaly Csikszentmihalyi）曾经用“心流理论”来解释这个现象。“心流”（flow）指的是那种彻底进入“忘我”状态，专注并沉浸在所进行事物之中的感觉。如一位沉浸于创作的艺术家往往会忘了时间的流逝。按照希斯赞特米哈伊的说法，在这种“心流”状态中，人们会“全神贯注”投入到当下的活动当中，以至于忘掉自我。让设计师感到最为愉悦的时刻就是“设计或发现了新事物”或者“找到了问题的答案”，而最令他们享受的体验是类似于发现的过程。无论是画家、科学家、工程师还是设计师或园艺师，对发现与创造的喜爱程度超过其他一切。当任务的要求（挑战）与当事人的能力正好匹配时就会引导出心流的状态（图 5-5）。挑战和能力是成正比例的增长，当能力超过了挑战，我们就产生了可控感；而随着挑战水平的降低，事情会变得乏味。例如，面对同一款游戏，初出茅庐的“菜鸟”和资深的“骨灰级玩家”的体验是完全不同的。心流实际上就是满足感、幸福感和沉浸感。

图 5-4　百度手机地图的广告《西游篇》和《客栈篇》

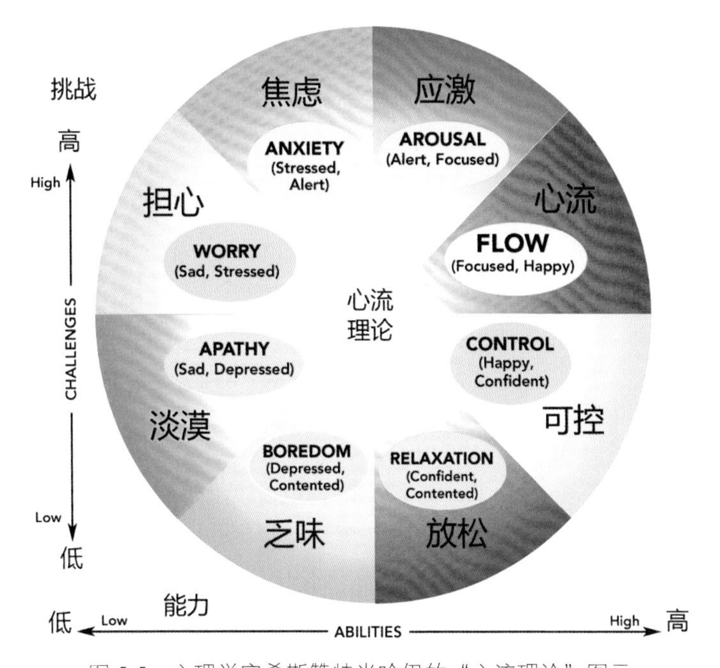

图 5-5　心理学家希斯赞特米哈伊的“心流理论”图示

创造力是每个人都有的能力，但成功者更在意的是“设计或发现新事物”所带来的强烈的快感。希斯赞特米哈伊指出：“每个人生来都会受到两套相互对立的指令的影响：一种是保守的倾向（熵的障碍），由自我保护、自我夸耀和节省能量的本能构成；而另一种则是扩张的倾向，由探索、喜欢新奇与冒险的本能构成。”例如，好奇心较重的孩子可能比古板冷漠的孩子更大胆，更爱冒险（图 5-6）。由于这群人喜欢探索与发明，因此在面临不可预见的情况时，他们会更加敏锐和主动的应付挑战。这就是这些成功者的共同品质。

图 5-6　好奇心重的孩子往往更大胆和更爱冒险（如蹦极挑战）

实现创造力的关键在于好奇、思考、开窍、深入和创造。同韦伯·扬提出的创意“五步法”相似，心流理论认为创意过程可分为 5 个阶段。第一阶段是准备期，人们开始有意识或无意识地沉浸在一系列有趣的、能唤起好奇心的问题中。第二个阶段是酝酿期。在这个阶段，想法在潜意识中翻腾和相互碰撞。不同寻常的联系有可能被建立起来。从发现问题到头脑碰撞是个思维发散的过程，当各种想法相互碰撞时，它们之间就会出现灵感的火花（图 5-7）。第三个阶段是洞悉期，就是洞悉灵感和创意的那一刻。第四个阶段是深入期，也就是针对问题的聚焦时期。人们必须决定自己的创意是否有价值，是否值得继续研究下去。这个时期需要有原型设计和各种评价，也包括自我反思、批评或推翻重来的时刻。第五个是制作期。其任务包括：深层设计，举一反三，推进原型，修改错误并在实践中检验设计原型。从有了创意“点子”到实现成功的设计产品，其设计思维经历了多次发散和收敛的过程。因此，创意就是思维不断发散和聚拢，左脑（聚拢）与右脑（发散）不断碰撞和激荡的循环过程。

实际上，我国古人对成功者的学问之路也颇有研究。例如，清末民初的国学大师王国维（1877—1927）在《人间词话》中就曾总结到：“今之成大事业、大学问者，必经过三种之境界：‘昨夜西风凋碧树。独上高楼，望尽天涯路。’此第一境也。‘衣带渐宽终不悔，为伊消得人憔悴。’此第二境也。‘众里寻他千百度，蓦然回首，那人却在，灯火阑珊处。’此第三境也。”这三句诗揭示了明确目标，挑战自我，头脑激荡，发现真理的过程。其中，专注力或者心流体验就成为最关键的因素。创造力的产生不仅包括集中精力，锲而不舍，全神贯注，心无旁骛和敢于冒险，接受挑战的能力，同时也需要不断地学习、研究、思想碰撞和修正错误，这是唯一的成功之路。

图 5-7　左右脑碰撞的酝酿期是创意迸发的关键时期

5.3　创意思维与产品设计

创意思维的规律就是韦伯·扬提出的“五步法”：资料收集、头脑消化、酝酿创意、突发奇想、检验设想。这五个步骤环环相扣，缺一不可。首先，要让大脑尽量吸收原始素材。韦伯·扬指出：“收集原始素材并非听上去那么简单。它如此琐碎、枯燥，以至于我们总想敬而远之，把原本应该花在素材收集上的时间，用在了天马行空的想象和白日梦上了。我们守株待兔，期望灵感不期而至，而不是踏踏实实地花时间去系统地收集原始素材。我们一直试图直接进入创意生成的第四阶段，并想忽略或者逃避之前的几个步骤。”收集的资料必须分门别类，悉心整理。因此，他建议通过卡片分类箱来建立索引。这种方法不仅可以让素材搜集工作变得井然有序，而且能让你发现自己知识系统的缺失之处。更为重要的是，这样做可以对抗你的惰性，让你无法逃避素材收集和整理工作，为酝酿创意做足准备。

历史上，对各种素材的收集和整理是博物学家或者人类学家的职业特征。1859 年，英国博物学家查尔斯·达尔文（Charles R. Darwin）就在大量动植物标本和地质观察的基础上，出版了震动世界的《物种起源》。通过建立剪贴本或文件箱来整理收集的素材是一个非常棒的想法，这些搜集的素材足以建立一个用之不竭的创意簿（图 5-8）。同样，强烈的好奇心和广泛的知识涉猎无疑是创意的法宝。收集素材之所以很重要，原因就在于：创意就是旧元素的新组合。IDEO 设计公司的一批点子无限的设计师都有自己的“百宝箱”和“魔术盒”，成为激发创意的锦囊。同样，斯坦福大学的创意导师们也一再强调资料收集、调研和广泛涉猎的重要性。

头脑消化和酝酿创意是这个过程的重要步骤。收集的资料必须充分吸收，为创意的生成做好进一步的准备。你可以将两个不同的素材组织在一起，并试图弄清它们之间的相关性到底在哪里。所有事物都能以一种灵巧的方式组合成新的综合体。有时候，当我们用比较间接和迂回的角度去看事情时，其意义反而更容易彰显出来。就像一个寻常的女孩，当走入一个绘有翅膀的墙面时，就会幻化为“天使”（图5-9），两个完全不同的事物的组合往往产生出人意料的创意。

图5-8　标本箱就是一个“灵感”和“想象”的源泉

图5-9　两个事物的组合往往会产生出人意料的创意

在创意生成的第三个步骤就是消化酝酿。你可以去听音乐、看电影或演出，读诗和侦探小说。总之，要想办法充分刺激自己的想象力和感知力。小组讨论和头脑风暴也是创意来源之一。IDEO 设计公司的创始人凯利就认为“创意引擎”就是集体讨论方式，也就是“动手思考”，即大家讨论时，发言者可以借助插图、模型、玩具、硬纸板、卡片或者任何能够启发集体创意的物体来进行示范（图 5-10）。现代社会越来越重视“团队合作”，这是因为个人在经历、学识、专长等方面的差异，很难独立解决问题。而多人协作就有可能成功。大文豪萧伯纳先生曾经说过一句名言：“如果你有一种思想，我也有一种思想，通过交流我们就拥有了两种思想。”集思广益的集体智慧会碰撞出大量的火花，很多新颖的创意会不期而至。

图 5-10　借助小组讨论与动手实践的创意工作营

创意的第四个阶段就是灵感来临的那一刻。创意往往会不期而至，如阿基米德在浴缸中顿悟出浮力定律一样，在任何时间都会产生。创意生成的最后阶段是检验设想，深入设计。这个阶段是在创意生成过程中所必须经历的，堪称“黎明前的黑暗”。韦伯·扬指出：“你必须把刚诞生的创意放到现实世界中接受考验，发现问题并进行调整和修改，只有这样，才能让创意适应现实情况或达到理想状态。”许多很好的创意却都是在这个阶段化为泡影的。因此，必须有足够的耐心来调整和修正创意。因此，与客户充分研讨方案，寻找专家咨询，网络和论坛的“潜水”都可以得到建设性的意见和建议。一个好的创意本身就具备“自我扩充”的品质。它会激励那些能看得懂它的人产生更多的想法，帮助它变得更加完善和可行，原本被你忽视的某些可能性或许会因此被开发出来。

5.4　创意的核心：跨界思维

作为以“创意”为核心的产品与服务设计公司，IDEO 对人才的重视远远超过其他公司。该公司有着一群能够触类旁通的怪才（图 5-11）。除了有传统的工业设计、艺术家外，还有心理学家、语言学家、计算机专家、建筑师和商务管理学家等。他们爱好广泛，登山攀岩、去亚马孙捕鸟、骑车环绕阿尔卑斯山等大量古怪的经历与爱好成为创意和分享的财富，IDEO 的各个工作室都有其“魔术盒”，收集了各种各样有趣的东西，如新式材料、奇异装置等，这些物品都是员工们收集后共享在工作室以给大家提供灵感或带来快乐（图 5-12）。公司典型的项目团队是由设计调研人员、产品设计师、用户体验设计师、商业设计师、工程师和建模师等构成。团队成员的背景和专业截然不同。在设计的验证过程中，真正有相关行业背景的设计师只有一两名，更多的专家则是来自其他行业。这样的安排就是为了团队不要太多为所谓的“经验”所束缚，而是集思广益，从多方获取设计的灵感，从而达到创新的突破。IDEO 特别鼓励跨学科和多面性。传统设计学院各个专业泾渭分明，而 IDEO 首开跨学科合作的先河，让大家可以各取所长。跨学科交流不仅可以避免固执和钻牛角尖，而且让每一个队员面对共同的问题，跨出自己的舒适区，挑战自己的创意和思维，这对团队的打造和长期运作也是非常必要的。

图 5-11　IDEO 公司有着一群能够触类旁通的怪才

跨学科交流为什么能激发创新思维？其理由有以下 4 个方面。一是联想反应。联想是产生新观念的基本条件之一。跨学科交流的新想法，往往能引发他人的联想，并产生连锁反应。二是热情感染。从不同的角度思考问题最能激发人的热情。自由发言、相互影响、相互感染、触类旁通，能形成热潮并突破固有观念的束缚，最大限度地释放创造力。三是竞争意识。人都有争强好胜的心理。在竞争环境中，人的心理活动效率可增加 50% 或更多。组员的竞相发言，可以不断地开动思维机器。四是个人欲望。在宽松的讨论或辩论过程中，个人可以充分表达

图 5-12　工作室的“魔术盒”收集有各种新奇有趣的东西

自己的观点。创意需要环境，如果没有一定的自由和乐趣，员工是不可能有创造性的。因此，在 IDEO 公司，工作就是娱乐，集体讨论就是科学，而最重要的规则就是打破规则。该公司处处是琳琅满目的新产品设计图。在计算机屏幕上展示着各种设计图，涂鸦墙上也有各种即时贴和创意小工具（图 5-13）。桌上堆满了设计底稿，厚纸板、泡沫、木块和塑料制作的设计原型更是随处可见。这看似混乱的场景，却闪现着创造性的一切。IDEO 允许它的每一间工作室空间都拥有自己独有的特色，都有其团队的象征物，都能讲述关于这个工作室的员工和这个工作室的故事（图 5-14）。

图 5-13　IDEO 个性工作室的环境有助于各种创新实践

图 5-14 IDEO 的每一间工作室都有不同的文化和故事

5.5 交互设计原型

设计原型（Prototypes of Design，PD）就是把概念产品快速制作为“模型”并以可视化的形式展现给用户。设计原型也应用于开发团队内部，作为讨论的对象和分析、设计的接口。在交互产品设计中，设计师更加关注影响用户行为与习惯的各种因素，使用户在交互过程中获得良好的体验。为此，设计团队往往需要根据创意概念构建出一系列的模型来不断验证想法，评估其价值，并为进一步设计深入提供基础与灵感。无论是软件、智能硬件还是服务模式，都可以建立这种初级的产品雏形并与之交互，从而获得第一手体验。这个模型的构建与完善的过程称为原型构建。原型的范围相当广泛，任何东西都可以被认为是原型。从纸面上的绘图到复杂的电子装置，从简陋的纸板模型到高精度的 3D 打印模型（图 5-15）。总之，原型是

图 5-15 用硬纸板设计的儿童活动空间的原型

任何一种可以帮助设计师尝试未知，不断推进以达到目标的事物。

交互设计的原型与工业设计模型的区别在于：交互设计的原型是一个多方面研究创意概念的工具，而工业设计模型则是为了测试与评估的第一个产品版本。原型是创意概念的具体化，但并不是产品，而模型则与最终产品非常接近。原型聚焦于创意概念的各方面评估，是各种想法与研究结果的整合；模型则涉及整个产品，特别是有关与实际生产、制造及装配衔接的方案。构建原型往往是为了“推销”设计团队的想法与创意，而制作模型则更侧重于实际生产与制造。交互设计原型是快速并且相对廉价的装置，如纸板、塑料甚至手绘图稿等，其目的在于解决关键问题而不用拘泥于细节的推敲(图 5-16)。使用原型的根本目的不是交付，而是沟通、测试、修改，以解决不确定性。在 IDEO 公司的设计流程中，原型构建就是将头脑风暴会议产出的结果或是创意点子更进一步形成可视化的具体概念。原型构建可以加速产品的开发速度,使其能够快速迭代进化。从设计流程上看,原型构建的过程本质就是承上启下,有目的地快速进化产品。在交互产品、交互系统设计的过程中，以原型设计为核心的跨学科设计团队往往能起到事半功倍的成效。

图 5-16　快速原型包括卡片或贴纸等多种形式

快速原型（rapid prototyping）设计，又常被称为快速建模（mockup）、线框图、原型图设计、简报、功能演示图等。其主要用途是在正式进行设计和开发之前；通过一个仿真的效果图来模拟最终的视觉效果和交互效果。早在 1977 年，硅谷的著名工业设计师比尔·莫格里奇就和苹果公司的设计师们一起，通过纸上原型（paper prototyping）的方式，探索最早的便携式计算机的创意和设计（图 5-17）。随后，莫格里奇和大卫·凯利（IDEO 设计公司总裁）等人也通过设计纸上原型或者“板报即时贴”来组织各种创意和产品原型的设计。快速原型是工业设计的经典方法。决策者在将产品推向市场之前，都希望最大程度地去了解最终的产品到底是什么样子的，但是又不能投入时间真正地做出一个真实的产品。对于快速原型的重要性，大卫·凯利指出：“我们尽量不拘泥于起初的几种模型，因为我们知道它们是会改变的。不经改进就达到完美的观念是不存在的，我们通常会设计一系列的改进措施。我们从内部队伍、客户队伍、与计划无直接关系的学者以及目标客户那里获取信息。我们关注起作用的和不起作用的因素、使人们困惑的以及他们似乎喜欢的东西，然后在下一轮工作中逐渐改进产品”。在各种原型中，手绘草图和纸上原型有着最广泛的用途。纸上原型是一种常用的快速原型设计方法。它构建快速、成本较低，主要应用于交互产品设计的初始阶段。纸上原型材料主要由背板、纸张和卡片构成。它通常在多张纸和卡片上手绘或标记，用以显示不同的目录、对话框和窗口元素（图 5-18）。

图 5-17　莫格里奇（左三）和苹果公司设计师们一起研究原型

纸上原型尽量用单色，这样更简洁，而且不会在重要的流程中分散注意力。当然必要时可使用鲜艳颜色的便签纸记录重要的修改方案。纸上原型不会受诸如具体尺寸、字体、颜色、对齐、空白等细节的干扰，也有利于对文档即时的讨论与修改。它更适合在产品创意阶段使用，可以快速记录闪电般的思路和灵感。照片、手绘和打印的图片都可以设计出快速原型，如很

图 5-18　纸上原型（线框图）能够清晰展示设计思路

多界面设计的原型就是通过手绘草稿完成的（图 5-19）。纸上原型也可以制作成简单的“交互模型”供适大家讨论研究，其好处是“内容”和“框架”可以替换或重新组合（图 5-20）。原型也可以应用软件完成，如手机原型图软件 Balsamiq Mockup，流程效果图软件 Visio，高保真设计原型设计软件 Axure RP。其他可以设计原型的工具还包括微软的 PowerPoint 和 Adobe PS 等。这些工具都各有利弊，如纸上原型精度不高，PPT 太麻烦，也不能演示交互效果，而原型设计软件如 Axure RP 等则可以较好地解决这个问题。

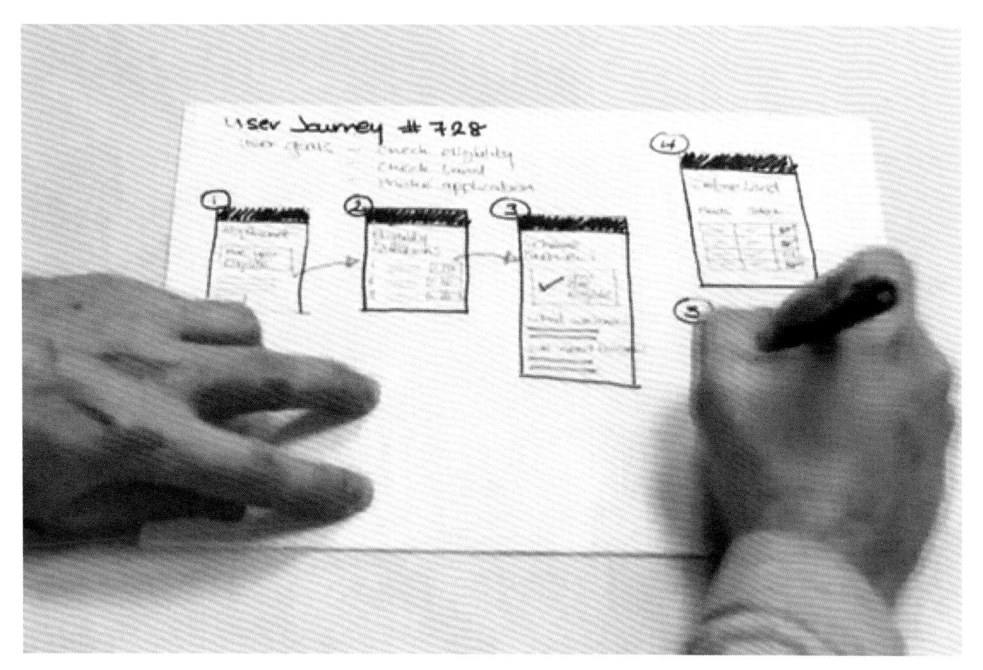

图 5-19　手绘草图往往是快捷方便的原型设计方法

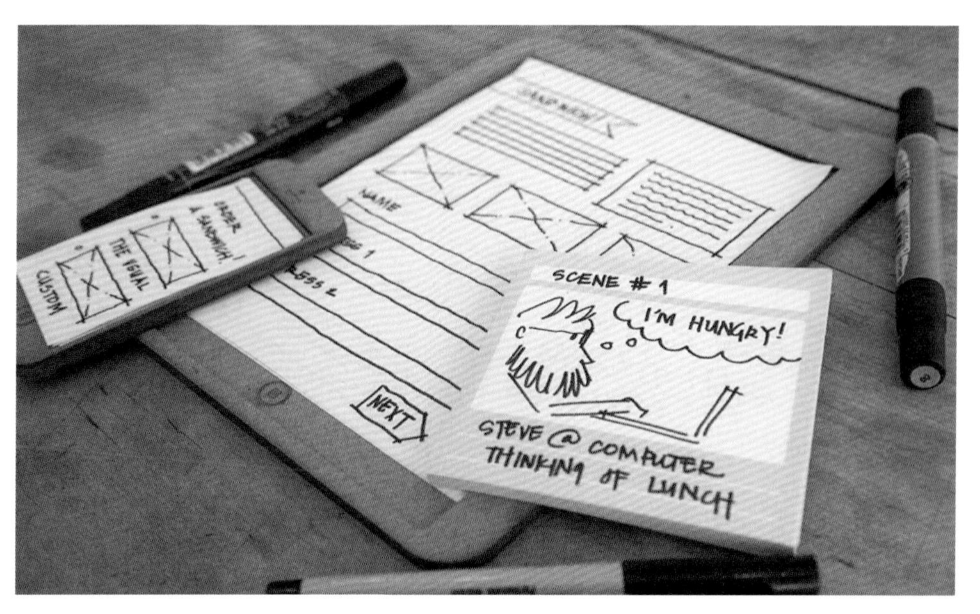

图 5-20　纸上原型可以制作成低保真原型进行交流和演示

5.6　低保真原型

产品设计中的低保真原型（Low-Fidelity Prototyping，LFP）简称“低模”，是和高保真原型（High-Fidelity Prototyping，HFP）相对应的设计原型。通常来说，低保真原型要比纸上原型与手绘草图更具有“触感”和“空间感”（图 5-21），同时相对于高保真原型，它又是低精度的和快捷的原型表现。原型精度包括广度、深度、表现、感觉、仿真度等多个指标。实际上，“原型”一词来自于希腊语 prototypos，是由词根 proto（代表第一）和词根 typos（代

图 5-21　手机 App 设计中，广泛应用各种形式的低保真原型进行测试

表“模型”“模式”或“印象”）组成，其原始的含义就是“最初的、最原始的想法或者表现”，也就是指“低保真原型”。这种原型设计通常也不需要专门技能和资源，同时也不需要太长的时间。制作低保真原型的目的不是要让用户拍案叫绝，而是通过这个东西来向他们请教。如通过建立一个模拟 iPad 应用程序的原型，就可以将设计的布局、色彩、文字、图形等要素直观地呈现出来（图 5-22）并用于演示。因此，在某种程度上，低保真原型更有利于倾听，而不是促销或者炫耀。该原型将用户需求、设计师的意图和其他利益相关者的目标结合在一起，成为共同讨论和对话的基础。低保真原型主要用于展示产品功能和界面并尽可能表现人机交互和操作方式。这种原型特别适合于表现概念设计、产品设计方案和屏幕布局等。

图 5-22　纸板的 iPad 低保真原型可以表现 App 的版式布局

5.7　高保真原型

高保真原型（High-Fidelity Prototyping，HFP）简称“高模”，是指要尽可能接近产品的实际运行状态的模型。从交互产品来说，就是指通过原型软件开发的，在操控上几可乱真的交互程序。例如，通过交互设计原型工具，如 Adobe XD、Axure RP、Sketch+Principle（图 5-23，上）开发的 App 原型，往往可以模仿手机的全部操作，如单击、长按、水平划屏、垂直划屏、滑动、划过、缩放、旋转、双击、滚动等，由此高度仿真的原型实现了各种手势效果，交互程序原型甚至可以直接导入手机中进行仿真的操作。此外，借助 Photoshop 建立的高清晰的软件界面也属于高模的范畴，事实上，很多网页和手机的 App 界面设计都是借助 PS 图层合成完成的，特别是国外的网络资源提供了大量的高清 App 设计 PS 模板（图 5-23，下），由此大大提高了设计师的设计与制作的效率。采用高保真原型首先可以降低沟通成本。所有人只需要看一个最终的、标准化的交付原型。高保真原型包括产品的布局、视觉效果和操作状态等，这对于和客户沟通来说非常方便。高保真原型还可以降低制作成本。由于该原型可以帮助开发者模拟大多数使用场景、操作方式和用户体验，因此，可以作为产品迭代开发之前的蓝本，为所有设计师、编程工程师提供未来产品的开发方向。

图 5-23　通过 XD 完成的线框图（上）和高清 App 模板（下）

制作高模原型是 UI 设计师必须掌握的技能。其中，Adobe Photoshop、Adobe Illustrator、Adobe XD 以及 Sketch+Principle、Axure RP8 等工具都需要熟悉并掌握。例如在一个针对大学校园食堂的智能化改造的方案中，学生团队就借助上述软件制作出了高清晰的 App 页面（图 5-24）。随着社会不断趋向于信息化和智能化，在大学校园中，教师教学、学生选课、图书馆借阅和行政管理都广泛地应用了 App 管理平台。特别是随着“刷脸识别”技术的广泛使用，包括校园门禁、澡堂、学生体育健身中心以及停车位等设施都实现了“智慧管理”。但大学校园食堂为教工或学生用餐者提供及时有效在线 App 服务平台仍然稀少或缺乏个性化服务。针对这个问题，学生团队在深入调研的基础上，提出了一个包含管理端、学生端和服务端（厨师）的手机 App 服务管理平台的方案。该 App 提供了预约点餐、自助下单、优惠拼菜、外卖送餐、校园卡充值、点餐评价、卫生监督、在线投诉等一系列实用的功能。这个智慧食堂的 App 还可以结合智能餐具、智能机器人、触摸屏点餐、扫码支付等线下手段，提高就餐流程的效率，同时实现个性化的餐饮服务。

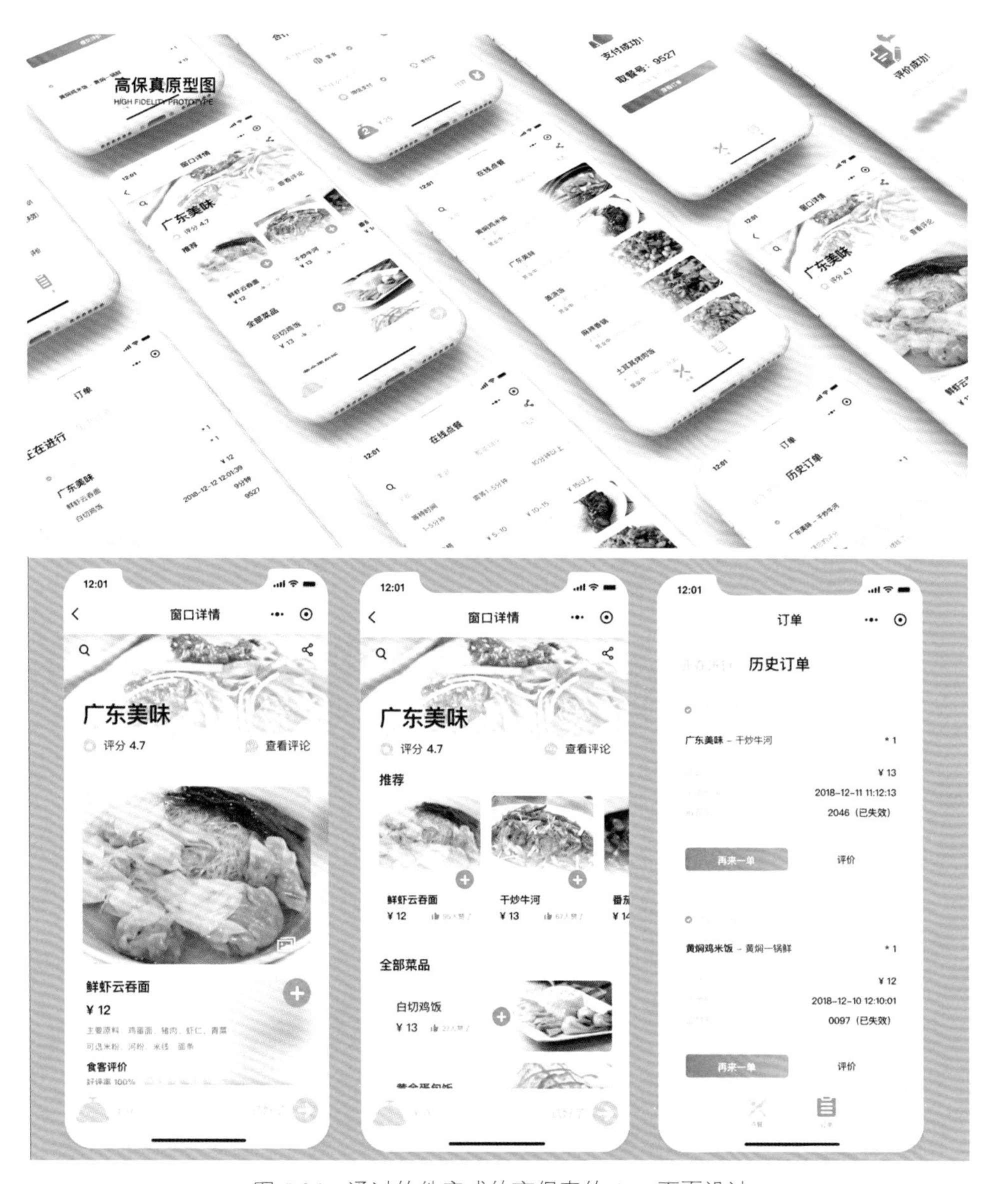

图 5-24　通过软件完成的高保真的 App 页面设计

5.8　故事板原型

用系统的角度去体察一个设计，最好的办法就是将其放入一个具体情境中，而不是对各种要素进行分解。故事板原型（Storyboard Prototypes，SP）就是将用户（角色）需求还原到情境中，通过角色 - 产品 - 环境的互动，说明产品的概念和应用。“角色”就是产品的消费者与使用者，或者说目标消费群的典型代表，人物角色的原型构建不是一个真实的人物，但是它在设计过程中代表着真实的人物，它们是真实用户的假想原型。在交互设计中，选择合适的原型构建出设计的情境与角色有助于我们找到设计的落脚点，而不至于随着设计流程推进，最后迷失方向。例如，在上面针对大学校园食堂的智能化 App 平台的方案中，设计小组就利用故事板原型展现了该 App 应用的两个经典环境（图 5-25）：①预约点餐取餐，节省集中下课后食堂点餐排大队的困扰。②通过二维码扫描，在自助点餐机触摸屏点餐，随后通过手机微信或支付宝支付，由此解决本校学生忘带校园卡或者外校学生（无校园卡）就餐的问题。

情景一
SCENE ONE
快到中午饭点了，小张觉得现在去食堂人可能太多要等好久。
于是他拿出手机打算用微信上的北服食堂小程序提前预约点餐外带。
小张不喜欢饭菜放在一起，就备注了"请将饭和菜分开打包"。
取餐号
0093
支付成功后，页面弹出了取餐号码。
下课了小张赶到食堂。果然食堂人头攒动，排起了好长的队伍。
取餐号
0093
小张直接将取餐号示意给食堂师傅看。师傅表示已经做好了，马上给拿。
师傅将打包好的午饭递给了小张。
饭和菜是分开打包的，小张很开心，在小程序上给了这家五星好评。
情景二
SCENE TWO
北京服装学院
小李和朋友第一次来北服参加创意集市。
食堂
中午他们打算在北服的食堂用餐。但他们没有北服的校园卡
在二楼楼梯口他们发现了自主点餐机。排队人也不多。
自助点餐机操作相当方便，点几下就点好了两人的餐。
点餐机使用支付宝和微信，没有校园卡也就不是问题了。
小李和朋友选择坐在了环境较好的卡座，吃完在座位上讨论了下午的行程。
用餐完毕小李直接将托盘放到残食车中。简单方便。
一辆残食车满了后，食堂师傅就直接将车推到洗碗间进行分类和清洗。

图 5-25　通过故事板展示的产品应用场景

通过构建场景原型和故事板，可以为设计师提供一个快速有效的方法来设想设计概念的发生环境。一个典型的场景构建需要描述出人们可能会如何使用所设计的产品或者服务。并且在场景中，设计师还会将前面设定人物角色放置进来，通过在相同的场景中设计设置不同的人物角色，设计团队可以更容易发现真正的潜在需求。构建场景原型可以通过图片或者是动态的影像记录，也可以直接通过文字记录下关键点。故事板是一种来自电影与广告的一种原型构建技术，其叙事性的图像表达，可以成为设计人员讲解一个故事或者服务，同时展现其特色情境的有力工具。故事板原型对于细节的展示比较明确，所以还可以充当一个复杂过程或功能的图像说明。在构建故事板原型中，可以采用手绘场景（图 5-26）或者直接在 iPad 上面绘画和上色，国外设计师利用应用程序 Paper 和 Prolost Boardo 等就可以直接手绘出故事

板原型，也可以进一步加入声音和动效让故事板的表现更为生动（图 5-27）。

图 5-26　通过手绘构建的场景故事板

图 5-27　通过 iPad 软件可以给故事板上色或者添加动效

故事板原型已经成为许多高科技公司创新产品的设计方法之一。例如，美国知名智能穿戴公司蓝星科技（Blue Spark Technologies）在 2015 年推出了针对婴儿的 24 小时不间断智能温度计 TempTraq（图 5-28）。它可以借助皮肤感应贴纸 + 智能手机来随时监测婴儿的体温，如果发现异常就会及时警报。这家公司在研发该产品时，就通过故事板原型设计来推进产品的研发（图 5-29）。通过不同场景下的性能测试，这些低保真原型迅速获得了用户的反馈，成为产品开发的重要参数。

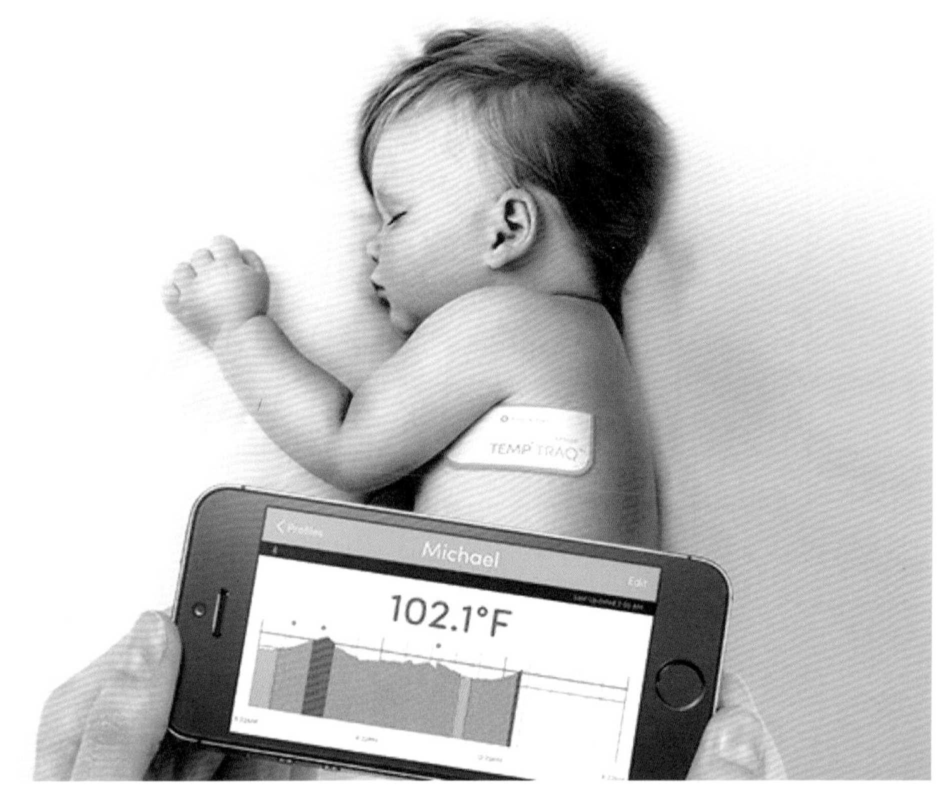

图 5-28　蓝星科技针对婴幼儿开发的 24 小时智能温度计

图 5-29　蓝星科技智能温度计的原型设计

思考与实践5

思考题

1. 为什么说创意是源于左右脑的相互碰撞?

2. 什么是心流理论? 如何才能达到心流（忘我）的状态?

3. 左右脑的思维差异在哪里? 什么是右脑思维?

4. 什么是快速原型和快速建模? 如何实现?

5. 什么是产品设计中的低保真原型（LFP）和高保真原型（HFP）?

6. 什么是故事板原型? 故事板原型的作用是什么?

7. 为什么说设计思维是交互设计思想的延伸?

8. 说明概念图、草图、纸模型、高保真模型之间的联系和区别?

9. 广告大师韦伯·扬提出的“创意五步法”是什么?

实践题

1. 在特殊场合（如驾驶）使用手机往往会导致一些意外的事故发生。图 5-30 为一个司机开车时使用手机的情景。请调研驾驶时使用手机的情景和发生概率。可以进一步通过可穿戴技术为司机设计一款可以开车时提示来电或协助通话的智能腕表。请绘制故事板原型和设计原型，说明产品的功能定位和使用场景。

图 5-30　司机在驾驶时使用手机的情景

2. 假期外出旅游的人们往往会担心家中的绿植会缺水死亡，请设计一个可以远程控制的自动浇花的智能 App，其中的原型设计包括：①手机 App 界面；②远程摄像头；③自动浇花的机械臂；④ Arduino 芯片连接的传感器电路。

第6课 交互设计工具

对于交互设计师来说，其主要的工作之一就是绘制思维导图、流程图或线框图。除了手绘外，许多思维导图和原型设计软件成为设计师的必备工具。这些软件设计的图表不仅清晰美观，页面之间还能通过多种方式实现交互。本课将详细介绍当前国内外常用的几款原型软件以及思维导图工具。

6.1 流程图与线框图

对于交互设计来说，无论是用户体验地图或是软件信息结构图，其基本的呈现形式都是线性流程图（图 6-1）。这些流程图以时间轴作为事件、行为、触点和交互场景发生的横坐标。因此，相对于头脑风暴的树状图和发散图来说，流程图更加反映事件发生的时间顺序，因此往往用于导航、指示和说明类的插图。例如，公园的导游图就可以看作是一种顾客体验故事地图（story map）。图 6-2 就是韩国首尔某大型城市活动中心的水族馆的导游地图。该图像以清晰的方式呈现了游客能够在该公园内体验到的所有服务项目。对于特殊事件（如海豚、企鹅表演等）还可以让游客提交预订场次时间，方便游客能够在传统游览线路中，自己管理时间并选择最喜欢的游览路线。因此，流程图需要结合信息设计、视觉传达、图标与形象设计才能完成。

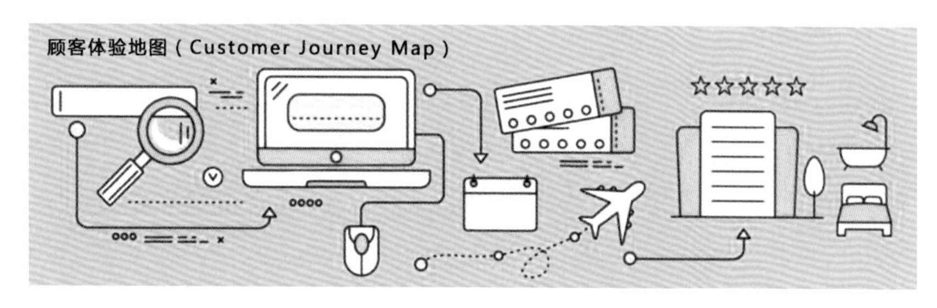

图 6-1　用户体验地图是线性流程图（示意顾客旅游计划）

水族馆顾客游览地图（韩国首尔）

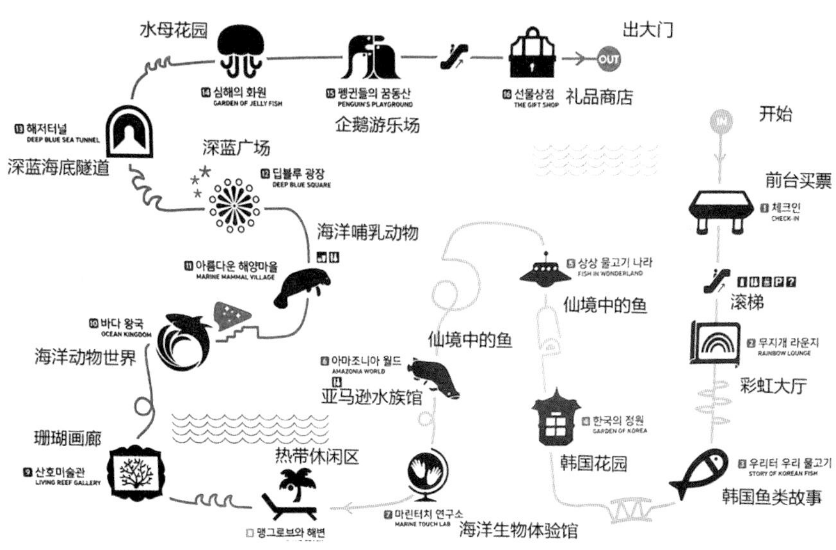

图 6-2　韩国首尔某大型城市活动中心的水族馆的导游地图

流程图也可以借助软件，如微软的 Visio 或脑图（Mind Map）软件来完成。Axure RP 是目前国内外应用较为广泛的一款流程图和线框图设计工具。该软件最大的优势就是可以清晰梳理出产品的信息架构和功能。它不仅同时支持多人协作设计和版本控制管理，而且还可以让设计师快速创建多种规格的流程图（图 6-3）和手机 App 线框图（图 6-4）。无论是信息架构师、用户体验设计师、交互设计师和界面设计师都非常青睐这个工具。对于产品经理来说，Auxre RP 的意义在于能够帮助构建整个产品的脉络和构架。当然，在建立 UI 界面的工作中，Adobe XD 或者苹果计算机的 Sketch 更具优势，它们能快速、高效地创建出 App 原型，并能够直接在手机客户端呈现交互效果。

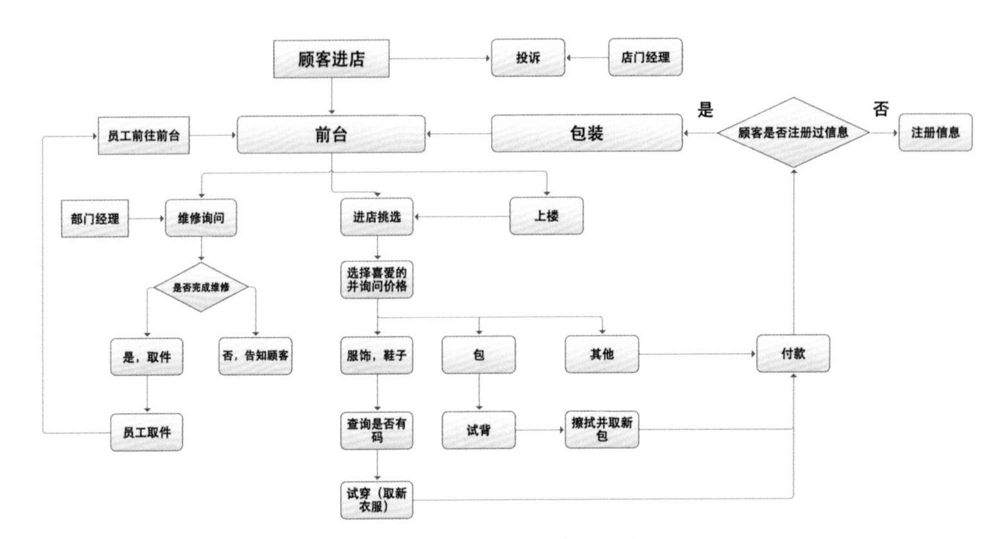

图 6-3　由 Axure RP 生成的高清晰流程图

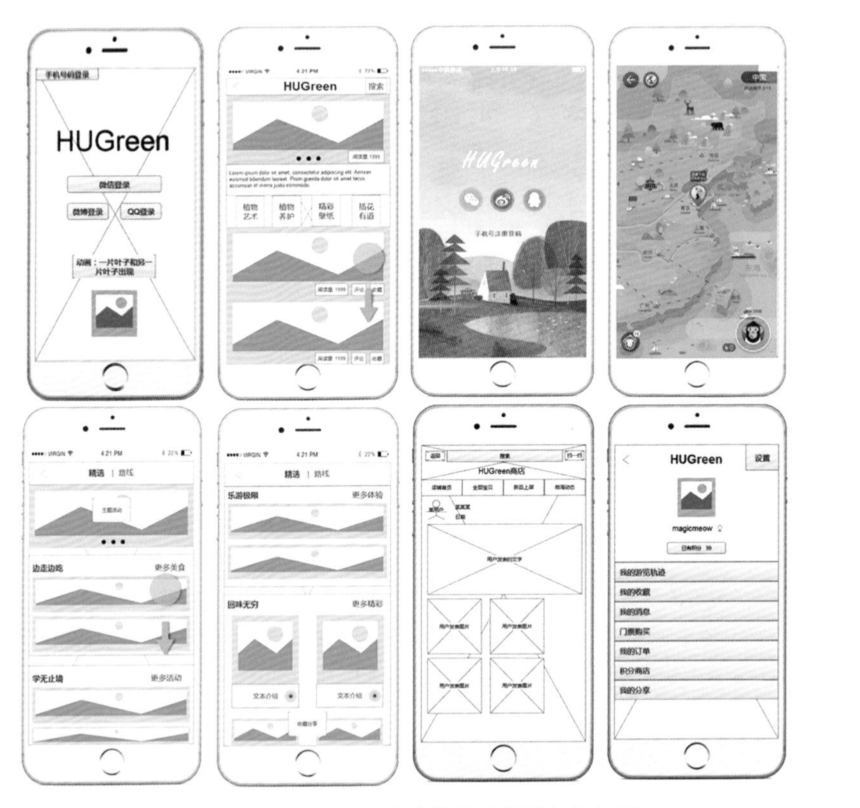

图 6-4　由 Axure RP 生成的高清晰手机线框图

Axure RP 的最新版本是 9，其所依赖的快速原型法是一种有效的、高效率的、以用户为中心（User-Centered Design）的技术，可以帮助设计师快速实现流程图和原型图的设计。Axure RP 无需编程，只通过控件拖曳和图形化人机交互的方式，就能够生成应用程序模型。其设计原型除了可以直接在手机上体验外，也可以通过大屏幕向用户进行演示。所有的交互行为，如单击、长按、水平划屏、垂直划屏、滑动、双击、滚动、切换窗口等都可以模拟，就像运行一个真的 App（图 6-5）。此外，Axure RP 8 还可以应用多个切换动画，如褪色、移动、动态旋转部件或变形部件等。当设置动态面板的交互状态时，可以同时进行翻转动画。另外该软件也支持多人协同设计并对设计草图进行修改和追踪。和 Axure RP 的设计功能类似，国内的在线 App 原型和线框图设计软件墨刀（mockingbot）也是定位于向用户提供“简单易用的原型设计工具”，并提供免费版和其他附加收费版本（图 6-6）。

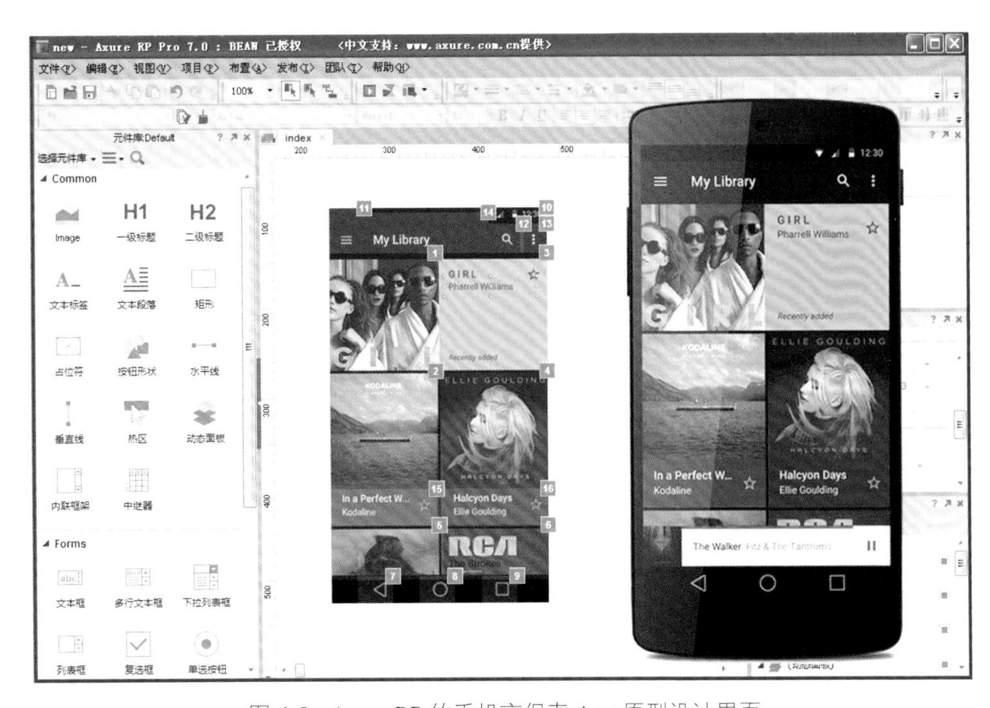

图 6-5　Axure RP 的手机高保真 App 原型设计界面

图 6-6　原型设计软件“墨刀”提供的几个版本

墨刀软件属于轻量级的原型设计软件，可以直接绘制原型，同时也支持设计师直接导入 Sketch 的设计稿来制作交互模型。该软件操作简洁、界面友好，还有多场景的手机模板，不仅降低了试错成本，也优化了设计的效率（图 6-7）。特别是该软件提供了各种手机客户端平台组件（图标、文字模板、交互模板、框架栏目模板等），可以说是一个非常贴心的功能（图 6-8）。墨刀软件支持多种设备进行完美演示，你可以将你的作品分享给任何人，无论在 PC、手机或微信上，他们都能随时查看最新版本。工程师还可以通过开发者模式，看到完整的图层信息，并支持工作流的方式协同工作。墨刀的免费 Sketch 插件可以提升工作效率，让设计师能够更快地制作出可跳转的交互原型，但目前该软件主要是支持原型图和框架图，并没有流程图的功能。

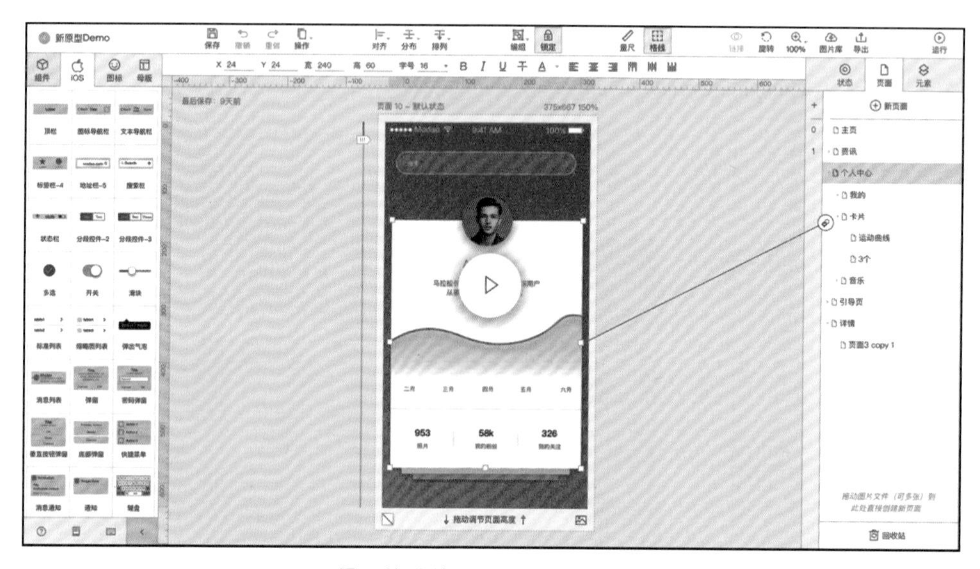

图 6-7　墨刀软件的界面（演示 App 界面设计）

图 6-8　墨刀组件库（图标和文字模板、交互模板、框架栏目模板）

6.2 思维导图

思维导图 (mind map) 又称“脑图”或“心智图”，是由英国头脑基金会总裁东尼·博赞（Tony Buzan）在 20 世纪 80 年代创建的一套表达“发散思维”的创意和记忆方法。博赞受到大脑神经突触结构的启发，用树状或蜘蛛网状的多级分支图形来表达知识结构，特别强调图形化的联想和创意思维。思维导图类似于计算机的层级结构，通过主题词汇——二级联想词汇——三级联想词汇的串联，形成结点形式的知识体系。思维导图运用图文并重的技巧，把各级主题关系用相互隶属的层级图表现出来，让主题关键词与图像、颜色等建立逻辑，利用记忆、阅读和思维的规律，协助人们在科学与艺术、逻辑与想象之间平衡发展，从而成为联想思维和“头脑风暴”的创意辅助工具。思维导图的优势在于能够把大脑里面混乱的、琐碎的想法贯穿起来，最终形成条理清晰、逻辑性强的知识结构如鱼骨图、蜘蛛图、二维图、树形图、逻辑图、组织结构图等。思维导图遵循一套简单、基本、自然和易被大脑接受的规则，如颜色分类、突破框架、深入思考、分享创意和双脑思维等（图 6-9），适合用于“头脑风暴”式的创意活动，是思维视觉化和信息视觉化的主要表现形式。

图 6-9　思维导图

思维导图模拟大脑的神经结构，特别是结合了左脑的逻辑思维与右脑的发散思维，形成了树状逻辑图的结构（图 6-10）。每一种进入大脑的资料，不论是感觉、记忆或是想法——包

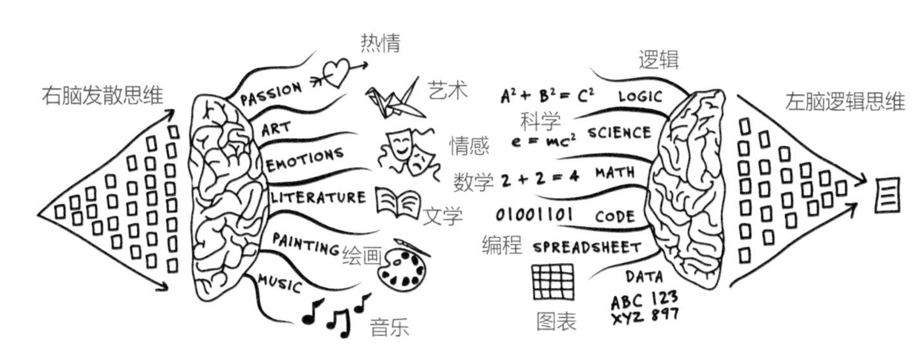

图 6-10　思维导图结合了右脑的发散思维和左脑的逻辑思维

括文字、数字、符码、食物、线条、颜色、节奏或音符等，都可以成为一个思考中心，并由此中心向外发散出更多的二级结构或三级结构，而这些“关节点”也就形成了个人的数据库（图 6-11）。思维导图通过“自由发散联想”具有触类旁通、头脑激荡的特点，适合用于“头脑风暴”式的创意活动，也成为包括 IDEO、苹果、百度、腾讯等 IT 企业创新型思维的活动形式之一。虽然思维导图可以直接用水彩笔、铅笔或钢笔来手绘制作，但在实践中，为了加快创意进度，设计师们还是愿意选择脑图软件来帮助设计。这些软件不仅用于头脑风暴和创意设计，同时也是一个创造、管理和交流思想的工具，能够很好提高项目组的工作效率和小组成员之间的协作性。它可以帮助项目团队有序地组织思维、资源和项目进程。

图 6-11　思维导图通过主题词汇建立层级和联想

数字化脑图工具有很多，大致可以分为专业类和在线工具类。前者如 MindManager（图 6-12）和 XMind ZEN（图 6-13）；后者如谷歌 Coggle 等（图 6-14）。其中，MindManager

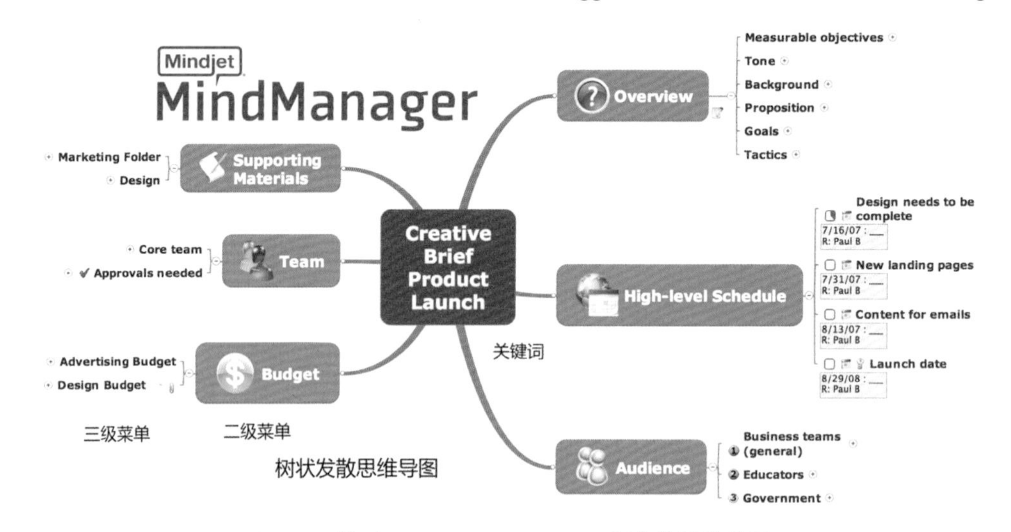

图 6-12　通过 Mindjet MindManager 制作的思维导图

是由 Mindjet 公司推出的专业脑图软件，设计师可以通过添加图像、视频、超链接和附件进行项目管理和任务管理。MindManager 不仅可以将思维的路径图形化、条理化，而且可以使头脑风暴的零散想法最终落实成为有组织、有计划的任务流。该软件还提供专业的拼写检查、搜索、加密甚至音频笔记的功能。此外，在线设计工具，如百度脑图和谷歌 Coggle 等也成为许多设计师和产品经理的首选。这些轻量级工具操作简便，美观清晰，可以满足很多普通用户的需求。

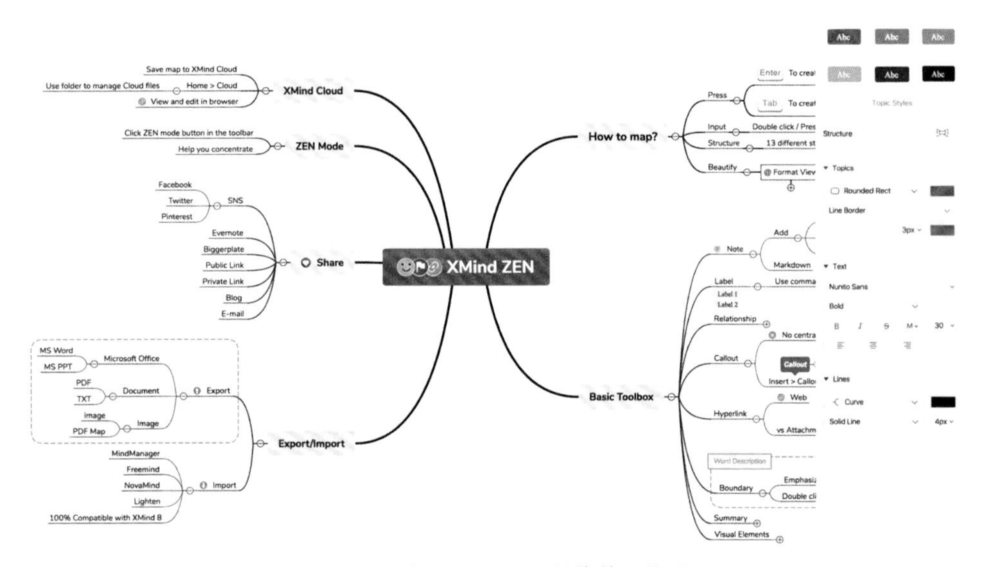

图 6-13　通过 XMind ZEN 制作的思维导图

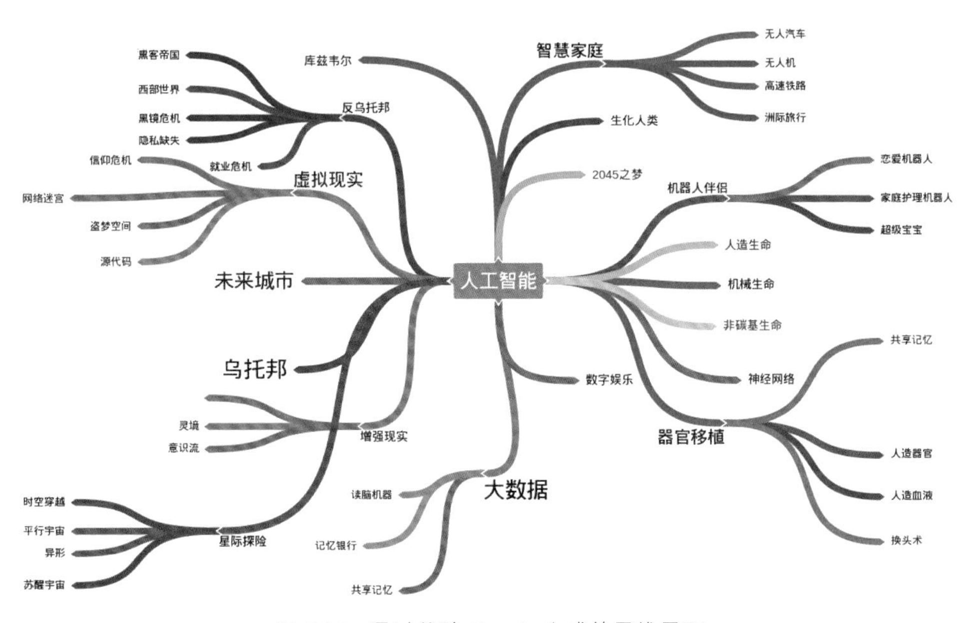

图 6-14　通过谷歌 Coggle 生成的思维导图

6.3 Adobe XD

长期以来，从用户研究到概念设计再到原型制作，交互设计师需要许多工具来完成 UX 工作流程。但在 PC 上，相关软件的匮乏一直困扰着设计开发人员。如果你在 Mac 苹果计算机上工作，就可能会用到 Sketch。这是一个非常流行的、简洁而高效的矢量图形编辑器，而且有着大量的插件。虽然该软件人气爆棚，几乎已经成为原型设计行业的标准。但遗憾的是，它只能用在 Mac OS 环境，这就意味着除非你拥有苹果计算机或笔记本，否则将被排除在外。但是现在有一个好消息，就是在经历了多年的缺席之后，Adobe 公司推出了一款比 Sketch 更高效的跨平台软件：Adobe XD（图 6-15）。该软件全称为"Adobe 体验设计 CC 版"（Adobe Experience Design CC），是一款轻量级的矢量图形编辑器和原型设计工具。2015 年，Adobe 在 MAX 大会上宣布为该软件为"彗星项目"（Project Comet）并于 2016 年 3 月作为"Adobe 创意云"（Creative Cloud）的一部分推出。该软件可以从官网上直接下载免费使用。同时，Adobe 还提供了基于手机端的 XD 版，可以支持交互浏览或分享等功能。

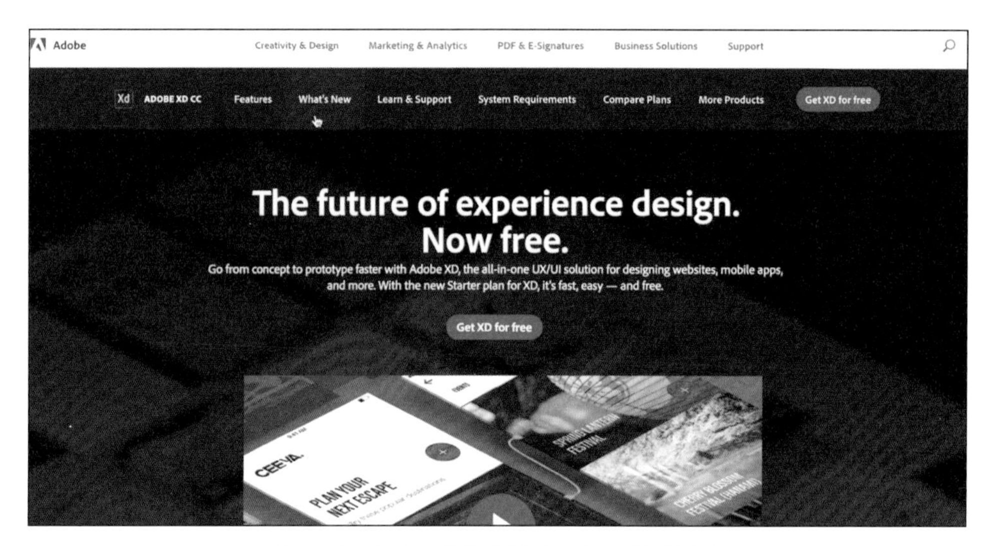

图 6-15　Adobe 体验设计 CC 版官网下载页

在此之前，Sketch 与 Adobe 的竞争对手主要是 Photoshop 等工具。虽然 PS 是很好的绘画及修图软件，但问题是它既不轻量也不能简化设计师的工作。尽管 Adobe 也为 UX 设计师改进了 Photoshop，如添加了 Web 界面以及导出流程等，但这些新功能使得 PS 软件更加庞大。尤其是在 2013 年，Adobe 宣布弃用 Fireworks（从 Macromedia 获得的经典的 Web 原型制作工具）之后，越来越多的 UX 设计师认为该公司提供的 UI 设计工具与市场预期不符，所以他们就纷纷放弃了 PC 平台。随着 Sketch 不断攻城略地以及更多的 App 原型设计工具开始出现，Adobe 终于痛下决心，推出了这款可用于 Mac 和 PC 双平台的 UI 设计轻量级图形工具。

当打开 Adobe XD 时，无论是 Sketch 用户还是长期 Adobe 粉丝，获得的第一印象是界面非常熟悉。Adobe XD 偏离了该软件家族所特有的暗黑界面、按钮和菜单，而提供了更类似于 Sketch 的风格（图 6-16，上），简洁、清晰而实用。但与 Sketch 不同的是，在 Adobe XD 中，可以直接创建交互式动态原型（图 6-16，下）而无须像 Sketch 中那样需要第三方插件（如

Principle)。XD 的原型设计编辑器也允许设计师使用导线或 WiFi 将交互原型投射到其他屏幕，如手机，并与他人共享。但 Adobe XD 原型还不支持双指放缩等手势识别，而这些交互方式在 InVision 和其他一些与 Sketch 连接的原型交互工具上是可行的。此外，Adobe XD 还具有一些独特的功能，如重复网格，它允许你复制水平和垂直网格组件并“一键智能”地替换这些网格组件中的图片或文字，甚至可以从桌面多拖动资源（图像和文本文件）以自动插入和分发该内容。这些智能化的功能使得 Adobe XD 更加实用。

图 6-16　类似于 Sketch 的风格的 XD 的界面

在 2018 年 10 月，Adobe 对 XD 进行了重要的升级，其中的语音原型（speech playback prototype）是目前所有交互原型软件中最具创意的交互方式（图 6-17，上和中）。语言一直被公认为是最自然流畅、方便快捷的信息交流方式。在日常生活中人类的沟通大约有 75% 是通过语音来完成的。研究表明，听觉通道存在许多优越性，如听觉信号检测速度快于视觉信号检测速度；人对声音随时间的变化极其敏感，听觉信息与视觉信息同时提供可使人获得更为强烈的存在感和真实感等。因此，听觉交互不仅是人与计算机等信息设备进行交互的最重要的信息通道，而且也与人脸识别、手势识别等新技术一起，成为下一代 UX 交互的主要突破方向之一。从这一点上看，Adobe 对 XD 的功能拓展无疑是非常具有战略眼光的事情。语音识别是一种赋能技术，可以在许多“手忙脚乱”“手不能用”“手所不能及”或“懒得动手”的场景中，把费脑、费力、费时的机器操作变成一件很容易很方便的事，并可能带动一系列崭新的或更便捷功能的设备出现，更加方便人的工作和生活。Adobe XD CC 2019 的其他创新还包括拖曳交互、响应式调整大小和自动动画等功能。前者会自动调整画板上的对象组以适应不同的屏幕，因此可以花费更少的时间进行手动更改并将更多时间用于设计，后者则使得页面之间的过渡更具想象力和丰富性（如缓入、延迟或缓出等），由此可以提升人机交互的自然性与情感化（图 6-17，下）。

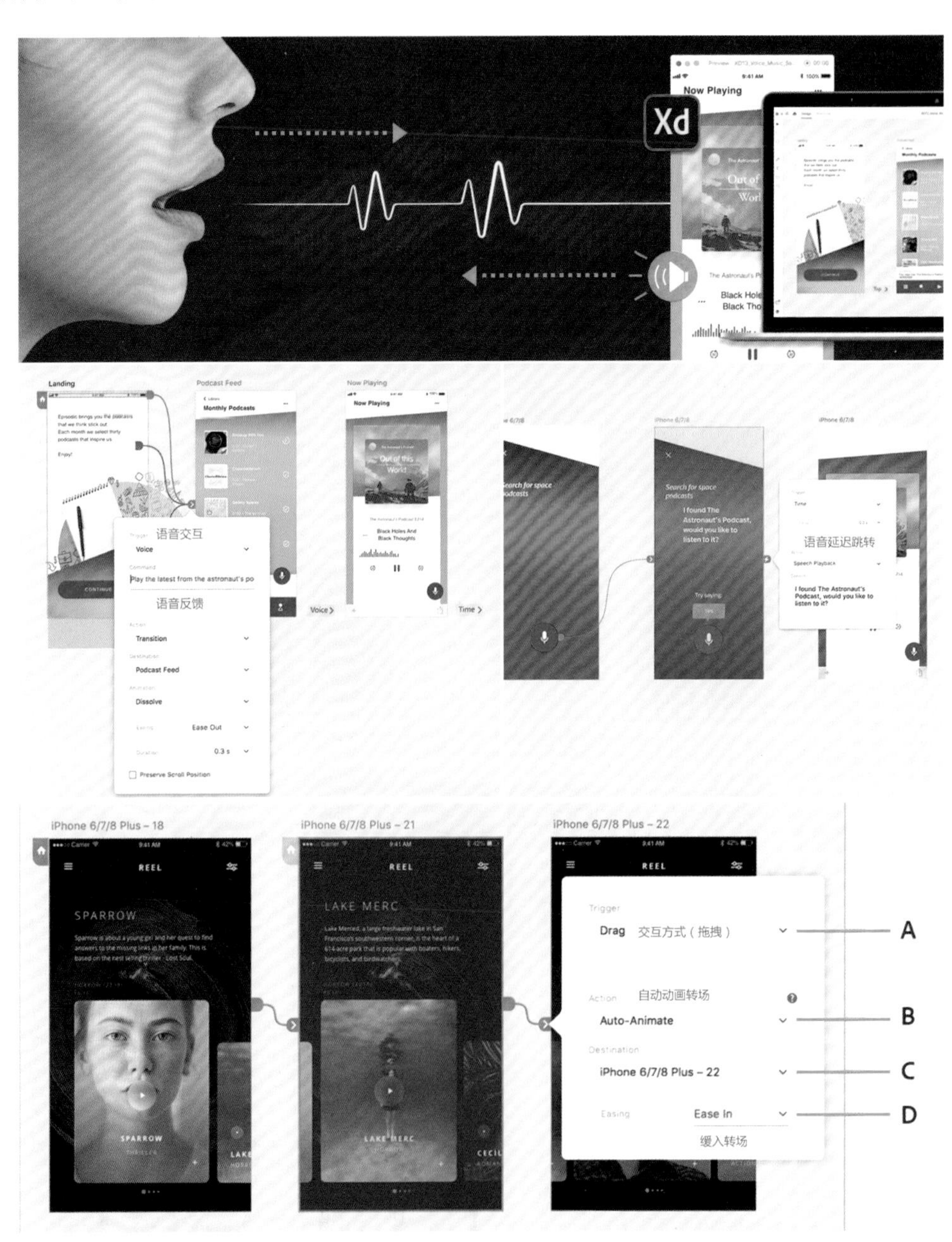

图 6-17 XD 软件的语音原型（上、中），交互和页面动效（下）

通过 XD 的一系列创新，Adobe 重新构想了设计师创造体验的方式。Adobe XD 和 Sketch 之间的竞争正在推动原型设计软件的深入与创新，这对于交互设计师来说是个好消息。对于 Windows 用户，如果主要的设计工作是基于移动 App 的 UI 界面，相比采用传统的 Web 原型软件 Axure RP，Adobe XD 的 UI 设计无疑更为简洁而高效，而功能则比在线的墨刀软件更为灵活和强大。

6.4 Sketch+Principle

Sketch 是目前基于 Mac 的最强大的移动应用矢量绘图设计工具之一。对于网页设计和移动设计者来说，该软件比 Photoshop 更为简洁高效，尤其是在移动应用设计方面。Sketch 的优点在于使用简单，学习容易并且功能更加强大，能够大大节省设计师的时间和工作量，非常适合进行网站设计、移动应用设计和图标设计等。Sketch 是由荷兰的设计师彼得·奥威利（Pieter Omvlee）和伊曼纽尔·莎（Emanuel Sá）于 2008 年初开发的应用程序。多年来，Sketch 多次荣获苹果应用商店（App Store）年度最佳名单，并于 2012 年度获得著名的苹果设计奖。随后，该软件还在 2015 年度获得了苹果软件最佳应用奖等多项大奖。其客户包括许多顶级创业公司，和世界各地的财富 500 强企业。目前 Sketch 的公司团队已发展到 36 人，成为一家国际化的专业设计公司。

Sketch 界面清晰、简洁，但拥有针对交互设计、App 设计的多种功能和工具，从创建线框图到生成用于生产的高清晰图稿（图 6-18），由此可以实现设计过程的每个阶段的任务。在 Sketch 中创建的设计稿是由矢量形状组成，这意味着可以轻松编辑所有内容。清晰明了的

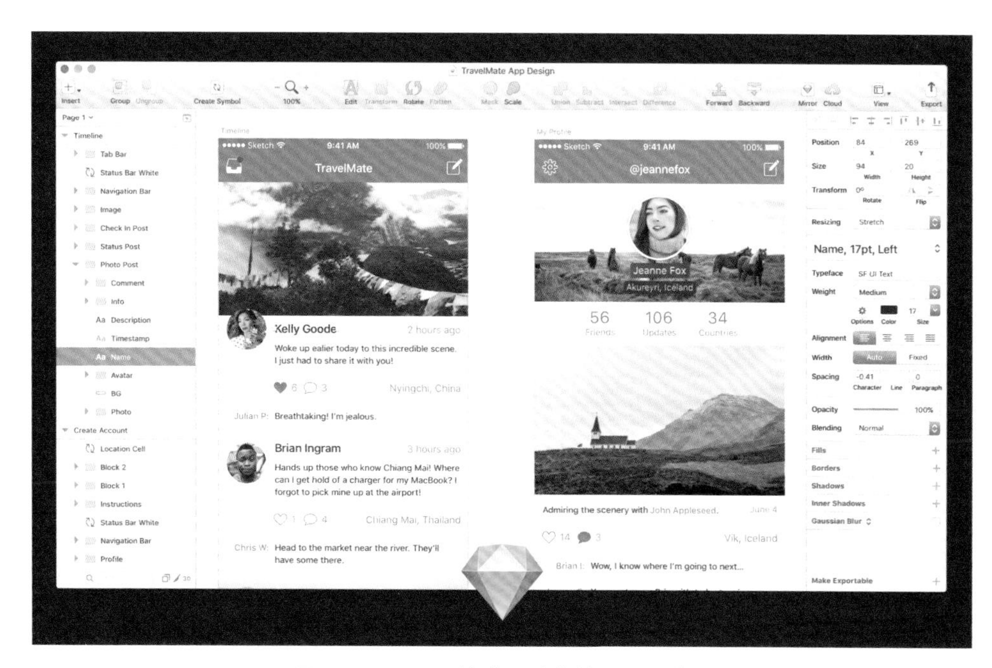

图 6-18　Sketch 简洁、清晰的界面和菜单

操作界面不仅简化了操作，也使用户可以更专注设计的内容。Sketch 中没有画布的概念，整个空白区域都可进行设计制作，因为它全部是基于矢量的。但有时候我们需要在定制好的范围内进行自己的设计制作。在 Photoshop 及其他设计软件中，把它叫做画布，但在 Sketch 中，它被赋予了一个新的名字——Artboard。像背景图层一样，我们可以创建无数张 Artboard。我们也可以将 App 界面看作一个 Artboard 并将它们的交互过程串联起来，只需要简单的一到两步的操作即可完成。然后，可以将这些 Artboard 分别导出为 PDF 或者分割为一个个的图片文件。

在每个 Web 和应用程序设计中，都会需要大量的重复元素，如按钮、标题和单元格等，而 Sketch 的符号是一项功能强大的功能，允许在整个文档中重复使用已创建的元素（图 6-19）。也可以对符号文件进行更改并应用到其他实例中。例如，设计过程中会有许多不同的原型、模板或者界面元素样式，这时你可以将单个界面元素设定为一个符号，然后单击“转化为符号”（convert to symbol）按钮，就可以复制这个样式的符号并应用到其他页面中。此外，Sketch 还提供了共享样式，如填充颜色和边框颜色等，这与符号的用法非常相似，不同的图层可能共享常见样式。设计师可以创建形状和文本图层使用的样式库，以便快速应用和更新整个文档中的不同图层。在交互设计中，设计师需要考虑通过“跨平台”的方式设计适应不同的屏幕尺寸的界面，Sketch 最方便的一点就是可以拖入可调整大小的元素“文本样式”或“组件”到画布图层，这样设计师通过调整大小就可以重复使用这些元素。Sketch 还有着丰富的素材库（图 6-20），用户可以下载并直接将所需要的素材拖曳进来即可使用，由此节省了大量的时间，设计师可以用更多的精力来思考产品设计的构架和功能。此外，和 Adobe XD 的手机移动版类似，Sketch 也提供了一个名为“镜子”（Mirror）的 iPhone 手机客户端 App，并允许在设备上预览或共享设计原型。

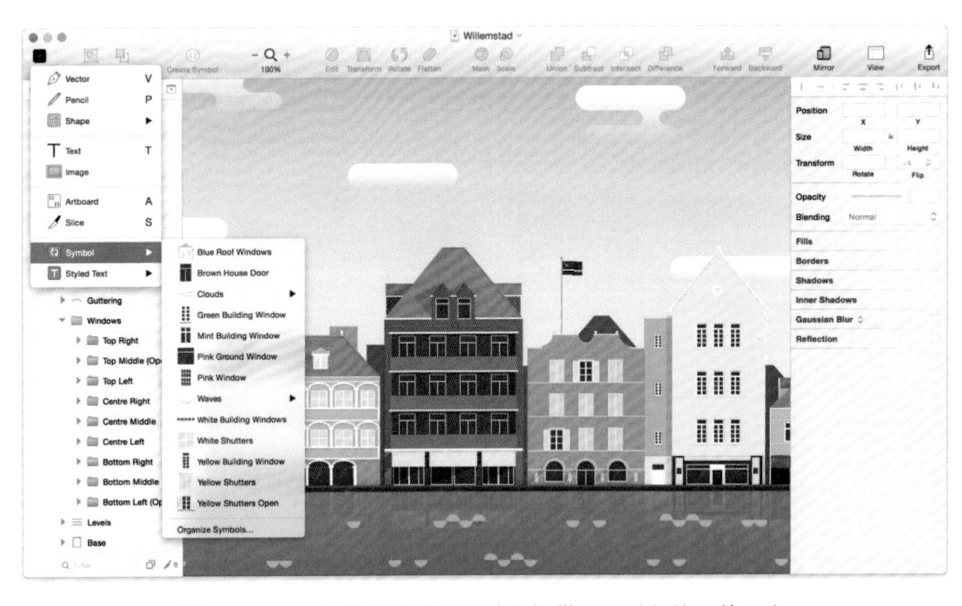

图 6-19　Sketch 符号菜单为设计师提供了可重复使用的元素

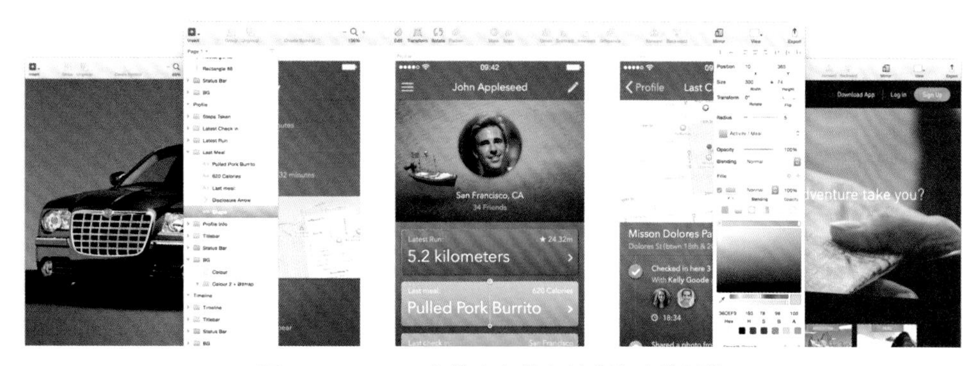

图 6-20　Sketch 有着丰富的素材库和在线插件

动效是互联网产品设计中绕不开的一个话题，无论 Mac、PC 端还是移动端，产品要想提供细腻顺滑的体验，很大程度上都需要依靠动效将不同界面或页面中的不同元素衔接起来，让用户直观地感知操作结果的可控性。虽然 Sketch 是一个非常好的静态 UI 界面设计工具，但遗憾的是其动效远不够理想，这些问题也很难通过插件来弥补。近些年，随着 InVision、Figma、FramerTeam、Plant、Flinto、Atomic、Pixate、Form、Principle、Marvel 等大量专门为 UX 行业打造的轻量级原型动效工具的出现，也让动效工具和原型设计工具之间的界线变得模糊。而在“知乎”等国内专业论坛上，Principle 获得了众多产品设计师、交互设计师的推荐。例如，“迄今为止，产品设计师最友好的交互动画软件”。或“Principle 可能是目前制作可交互原型最容易上手、综合体验最棒的软件了”。综合来看，Principle 的易用性和清晰、简洁的流程是众多设计师青睐的原因。例如，一个可以上下滑动或左右滑动的菜单是手机 App 设计的标配。在 Principle 中，这个动效就可以通过选择图层栏上面的“滚动”按钮非常轻松地搞定（图 6-21）。Principle 还提供了动效

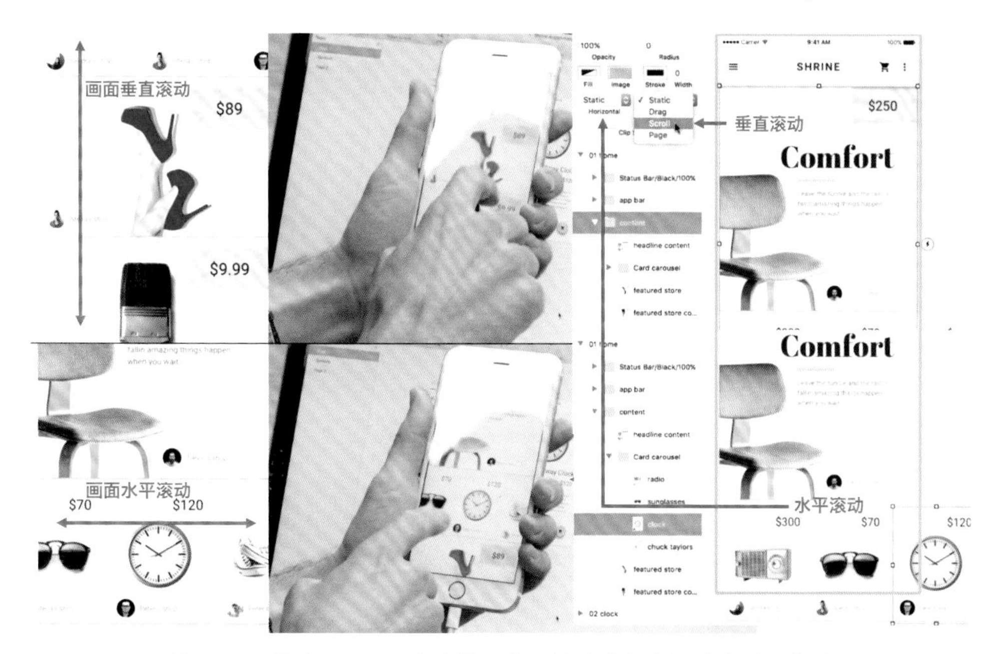

图 6-21　通过 Principle 实现的可上下滑动或左右滑动的手机菜单

时间轴面板和曲线调节窗口，用户可以在时间轴上调节动效的时间与节奏（如缓入与缓出等）。Principle 不仅上手容易，功能实用，而且和 Sketch 配得非常紧密，该软件还提供了名为“镜子”（Mirror）的免费 iOS 应用程序，允许用户在手机设备上预览或共享交互设计原型。

对于交互设计师来说，通常在产品流程和信息结构确定后，就进入了具体界面的交互设计阶段，这个时候也就是 Principle 大显身手的时候，最后的交互原型可以直接转成 GIF 或 AE 演示文件。该阶段要对页面进行精细化的设计，静态页面可以通过 Sketch 完成，然后导入到 Principle 之中完成动效或交互控制的细节。Principle 的界面和 Sketch 如出一辙，如果设计稿是 Sketch 做的，那么借助 Principle 这个利器，制作页面元素动效就可以如行云流水般的一气呵成。常见的动效可以大致分为交互动效和播放动效两个大类别：交互动效是指与用户交互行为相关的界面间的转场、界面内的组件反馈与层次暗示等；而播放动效则主要指纯自行播放或与操作元素无关的动效，如启动、入场、预载（loading）和空态界面等，后者多数是为了吸引用户注意力的情感化设计。手机交互方式是目前评估原型软件可用性的重要指标。虽然 Principle 没有类似 Adobe XD 的语音交互，但也提供了高达 12 种交互转场的方式（图 6-22）。

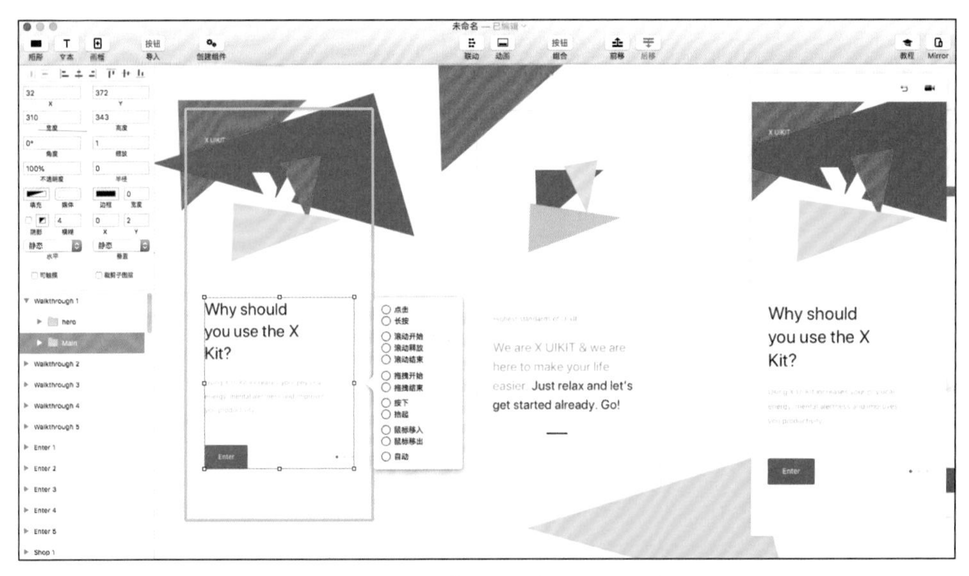

图 6-22　Principle 提供了 12 种页面交互转场方式

Principle 通过两种方式来实现页面间或内部元素的动效控制。首先，位于屏幕底部的时间轴可以为页面之间的对象设置动画（图 6-23）。此外，Principle 还提供了第 2 个时间轴，也就是位于屏幕顶部的 Drivers 时间轴。该时间轴针对页面内部的可拖动或可滚动图层进行动效设计，如可驱动几乎所有对象的向左或向右的滚动变化。Principle 的时间轴和位置联动的设置具有很高的自由度，设计师可以快速进行精细的设计和调整。为了操作方便，Principle 还有一个内置的原型预览窗口，它不仅可以实时呈现原型的动效结果，而且还可以让你录制原型的视频或 GIF 动画。

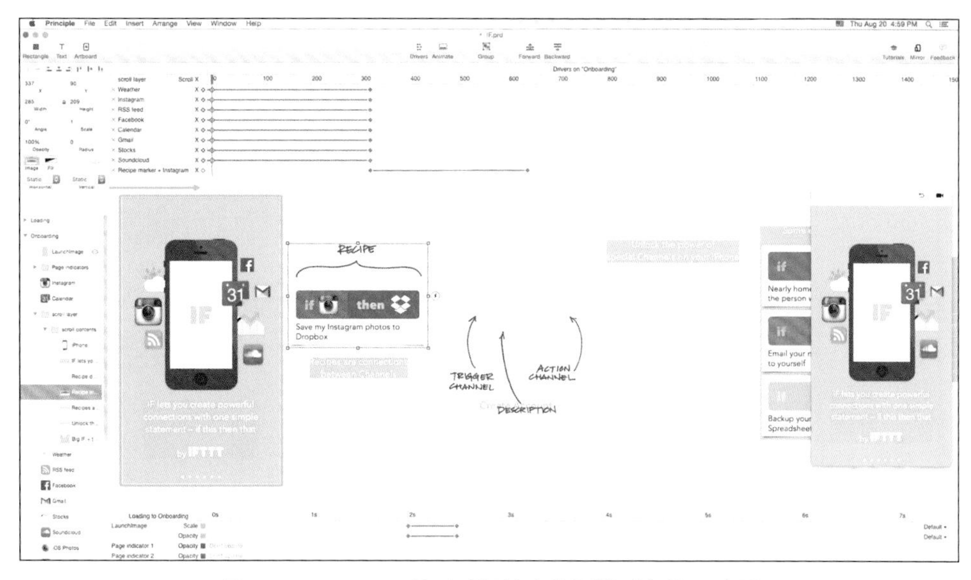

图 6-23　Principle 通过时间轴来为页面对象设置动画

6.5　Axure RP

Axure RP 算是交互原型设计软件家族里的“元老”。早在 Web 时代就已经成为鼎鼎大名的交互原型设计工具。Axure 公司创立于 2002 年，两个创始人是维克多·胡（Victor Hsu）和马丁·史密斯（Martin Smith）。维克多开始是一个电器工程师，然后变成了一个软件开发者，再后来成为了一个产品经理。而马丁则是一个经济学家和一个自学成才的黑客。当两人在一家互联网创业公司共同工作的时候，通过基于 Visio 和 Word 格式的产品需求文档来开发软件，两人都认为应该有更好的制作和展示数字原型的方法随后他们在 2003 年推出了 Axure RP，并成为第一个专门用来设计 Web 网站原型的工具。到了 2012 年，Axure RP 已经被公认为是网页原型工具中的工业标准，并且成为全球众多大企业用户体验专家、商业分析师和产品经理的必备。因此，该软件被程序员戏称为“瑞士军刀”，认为其功能强大的同时又带着点 Windows 时代传统软件的遗风。进入移动互联时代以后，在以 Sketch 为代表的众多轻量级原型设计工具的打压下，类似 Photoshop 的命运，Axure RP 已经开始有些步履蹒跚。但凭借 16 年的积累和 6 大专业优势（图 6-24），Axure RP 仍然是目前最强大、最完整的创建 Web UI 或移动 App 的动态原型工具之一。

虽然在视觉设计、灵活性、高效率、易用性、界面简洁性以及对插件的兼容性几方面，Axure RP 要弱于 Sketch，但作为交互原型工具，AuxreRP 最大的优势就是可以清晰梳理出产品的信息架构和功能，在综合性这方面要大大超过 Sketch。对于 UI 设计团队来说，沟通始终是最关键的因素。产品设计的团队不是通才的集合，而是一群具有自己的专业、需求和工具偏好的人。虽然视觉设计师可能经常使用 Sketch，但交互设计师、产品经

图 6-24　原型设计工具 Axure RP 具有 6 大专业优势

理、信息架构师、业务分析师和其他人往往会更青睐于使用 Axure RP 进行沟通（图 6-25）。Sketch 是视觉设计和最终 UI 界面制作的理想选择，但 Axure RP 则是专为交互设计和功能原型设计打造的工具，其页面备注功能较为完善，可以为每个原型撰写参数，甚至还可以另开一个说明页面。通过该软件绘制带标注的流程图也是开发团队所必不可少的步骤。此外，Axure RP 还具有强大的 Web 设计功能、完善的动态面板、丰富的事件和参数控制，几乎可以生成略为复杂的动态前端页面。Axure RP 可以做成动态组件，例如有焦点状态的输入框、悬停按下状态的按钮等，控件的尺寸可以随着内容自动变化。因此，UI 设计不能代替用户体验设计。虽然视觉设计对于建立品牌认知度和信任度非常重要，但应用程序和 Web 体验首先是功能性的和有用的。Axure RP 对功能性设计的解决方案成为该软件最大的优势。

图 6-25　Axure RP 在线框图、流程图设计上有更大的优势

6.6　Justinmind

目前国际主流的交互原型软件均各有千秋，那么用户应该选择哪款最合适呢？2015 年，库珀（Cooper）设计公司的艾米丽·施瓦兹曼 (Emily Schwartzman) 将市面上最流行的几个原型工具列入到一个表格里，并通过速度、保真度、分享（导入原型到手机）、用户测试、技术支持、触控（手势交互方式）和动态控件 7 个指标对包括 Axure RP 在内的 5 款原型设计软件进行了评测和比较。其中，西班牙 JustinMind 公司出品的原型制作工具 Justinmind Prototyper 获得了除了速度外的 6 项好评，其中"较好"（Good）4 项，"最高"（High）2 项，其表现大大超越了 Axure RP 的评分，也和 InVision 一起成为领先其他原型设计软件的佼佼者（图 6-26）。总体来说，Justinmind 满足了一款优秀的移动 App 产品原型设计工具所应该具备的条件：①支持移动端演示；②组件库的支持和插件灵活使用；③可以快速生成全局流程图或是 HTML；④可以多人在线协作。⑤手势操作、转场动画和交互特效使用。

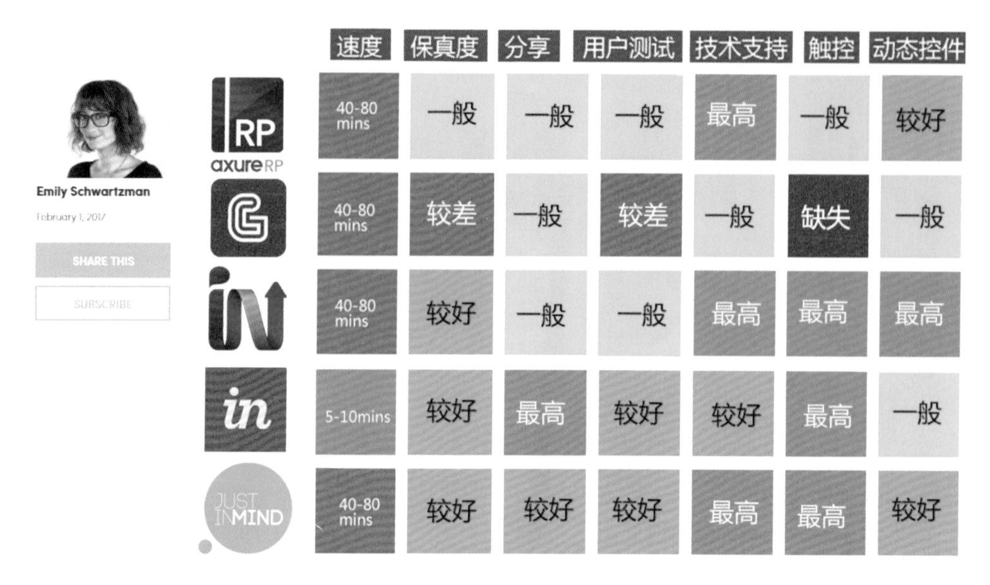

	速度	保真度	分享	用户测试	技术支持	触控	动态控件
axure RP	40-80 mins	一般	一般	一般	最高	一般	较好
G	40-80 mins	较差	一般	较差	一般	缺失	一般
in	40-80 mins	较好	一般	一般	最高	最高	最高
in	5-10mins	较好	最高	较好	较好	最高	一般
JUST INMIND	40-80 mins	较好	较好	较好	最高	最高	较好

图 6-26　根据施瓦兹曼的比较研究：Justinmind 的优势明显

Justinmind 是一个灵活的原型设计工具，支持许多移动设备，既适用于简单的点击原型或者更复杂的交互原型。这些产品可以从现有的模型库中创建，也可以使用标准模型库在 Justinmind 中直接设计。与目前市场其他的设计工具相比，Justinmind 更适合于设计移动终端 App 应用程序（图 6-27）。该软件能够很方便地进行移动端 App 的原型设计，不用编写代码

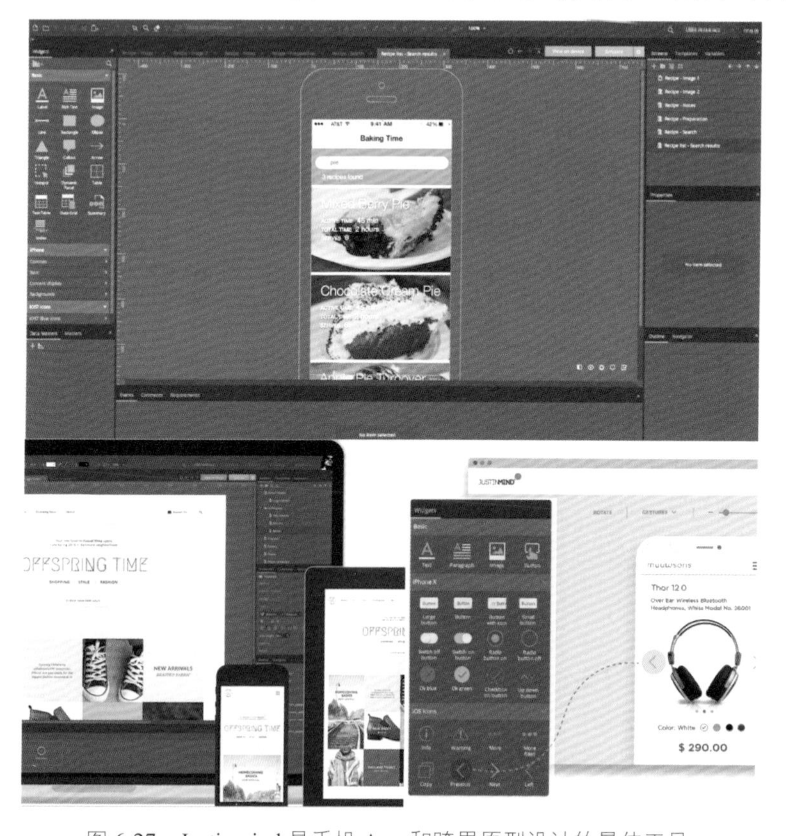

图 6-27　Justinmind 是手机 App 和跨界原型设计的最佳工具

编程就能轻松实现交互效果。该软件还有丰富的组件，如菜单、表单或数据列表，来协助实现绘制高保真原型，同时可以由用户创建自己的组件库。Justinmind 的长项在于能够针对特定的设备提供相应的模板和功能，同时可以通过拖放操作来快速直观地构建 UI 界面。该软件也允许用户为各个元素添加各种交互控件。此外，该软件支持基于手势的交互，可选择将动画添加到单个元素或将效果转换为链接，同时也可以生成完全交互式的 Web 预览原型。

此外，Justinmind 的操作简洁方便，你可以通过拖曳等方式来实现跳转、定向等交互效果，无须像 Axure RP 一样每一步都只能通过点击来完成。并且该软件的显示更为直观（如进度条）。这些基于手机交互的响应和反馈相比 Axure RP 来说，更为快捷和灵敏。针对 iPhone 6 plus、iPad 和 Android 手机的移动端触屏手势操作，如单击、长按、水平划屏、垂直划屏、滑动、划过、缩放、旋转、双击、滚动等就高达 18 种之多（图 6-28），甚至还可以捕捉设备方向来模拟重力感应。此外，当数据列表或数据网格的值变化时，也可以触发交互事件（On Data Change），当变量的值发生变化时也可以触发事件（On Variable Change），由此高度仿真地实现了各种手势效果。该软件生成的交互程序原型可以直接导入手机中进行仿真地操作，让用户能够更直观地感受交互原型的魅力（图 6-29）。Axure RP 最早是专门针对 Web 应用而发展起来的原型工具，虽然后期针对移动设备作了大量的改进，但用户测试显示，该软件对移动端演示的流畅性和交互性上要明显逊色于 Justinmind。同样，在移动端触屏手势、组件、动态控件、图形和模板的数量上，Axure RP 也无法和 Justinmind 相比。Justinmind 不仅使用简单易懂，提供了多种规格的移动端模板，同时也能进行 PC 端的原型设计，其暗黑色的界面风格也很现代。除了自己的图形库外，网络上也有各种各样的组件、模板，如专门针对苹果 iWatch 智能手表的各种控件，用户可以根据需要选择相应的控件进行使用。因此，Justinmind 是手机高保真原型设计的利器，是高保真原型的开发与操作不可或缺的软件。Justinmind 还允许用户通过与 GoogleAnalytics、UserZoom、Loop11 等网站进行广泛的原型测试，能够在更大范围内获得用户的反馈。

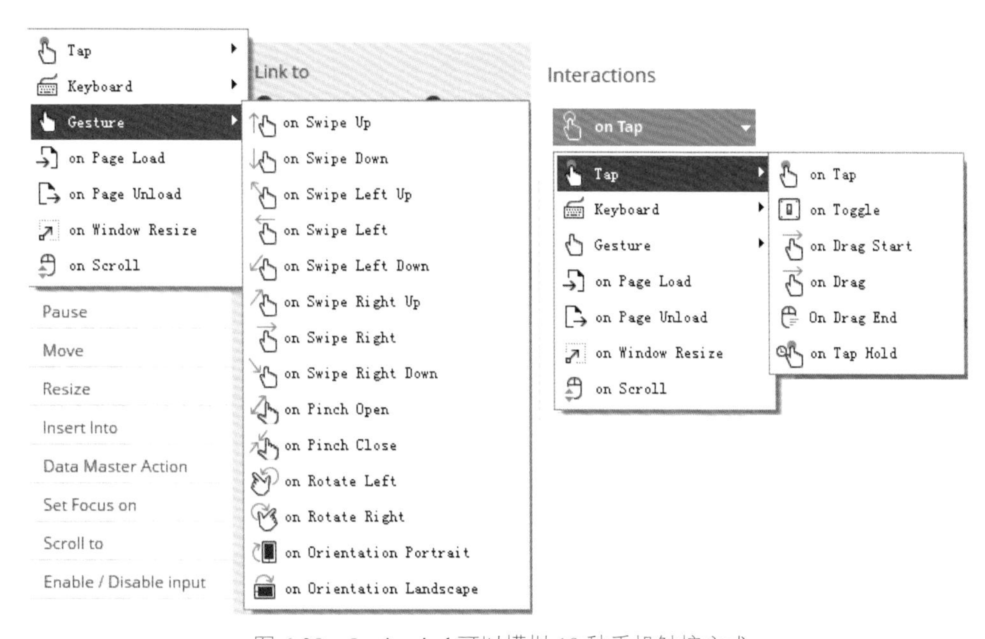

图 6-28　Justinmind 可以模拟 18 种手机触控方式

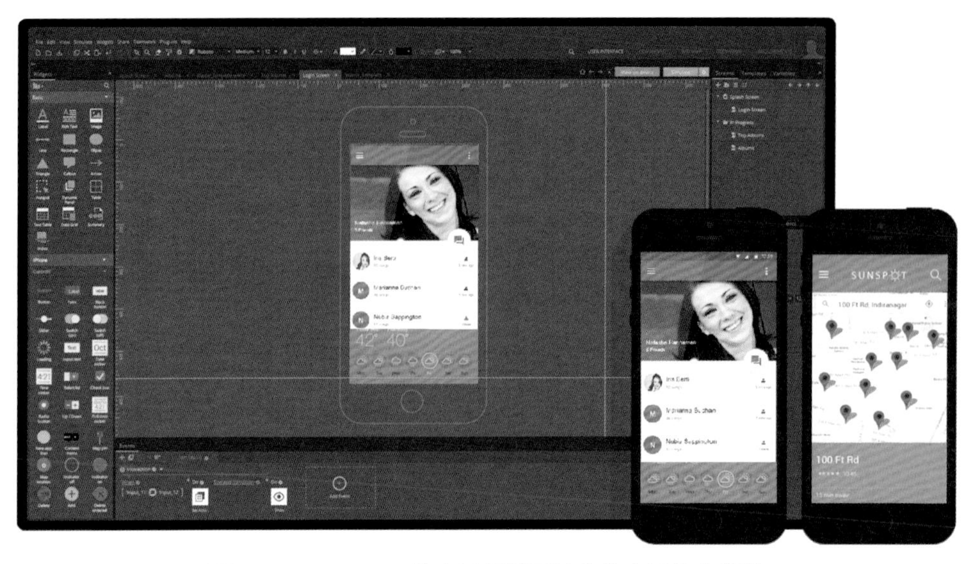

图 6-29　Justinmind 的交互原型可以直接在手机中模拟

6.7　XMind ZEN

XMind 应该是很多交互设计师、产品经理都知道的脑图软件。该软件已经有差不多 10 年的历史，是和 MindManager 同时代发展起来的老牌软件。目前的版本是 XMind 8. x，可以在 Windows、Mac 与 iOS 下载使用。随着云时代的来临，如谷歌的 Coggle 等大量轻量级在线脑图软件已经开始流行并成为新一代设计师所青睐的对象。鉴于此，XMind 这个知名的脑图软件也努力做出一些变革。在 2016 年时，原本都是单机版的 XMind 决定开始云端化，推出了 XMind Cloud 同步服务与在线工具。不过经营了一年后，XMind 决定喊停这个服务，其中的理由之一就是他们希望先聚焦开发脑图软件本身，由此就导致了 XMind ZEN 的诞生。这款代号为“禅”（Zen）的脑图软件并不是 XMind 8. x 的延续版本，而是一款全新的脑图软件。根据 XMind 的说法是已经在内部开发了三年，在 2017 年时开始推出 Beta 版测试，获得很多设计师的好评。在 2018 年初，XMind ZEN 正式版开始上架销售。XMind ZEN 的最大特色是简洁、美观、实用和轻量化（图 6-30）。凭借全新的 SVG 图形渲染引擎，XMind ZEN 拥有强大的图形性能，为思维导图创造了一种美观且简单的方式。通过 SVG 的渲染，线条、主题和图表都可以用全新的方式呈现出来。

XMind 8 毕竟是从 PC 时代发展至今，体积庞大，功能繁杂。虽然软件界面相对其他脑图软件也算简洁好看，但有一些传承很难割舍，如果直接在这个老牌系列上大翻新，可能无法预测用户的反应，其风险也很大。而为了适应数字媒体时代的需求，XMind ZEN 最大特色就是全面改写了程序代码，用一款新的脑图软件的方式重新制作，让现在的 XMind ZEN 与 XMind iOS App 使用一致的引擎，这应该是为了未来发展而采用的手段。SVG 是一种基于矢量的图形渲染技术，不仅体积小、更灵活，而且效率更高，可以为思维导图带来更多图形和动画的模式。相对于 XMind 传统的 Eclipse 引擎，SVG 不仅显示了每个思维导图的更好外观，而且受到的限制更少，可以用在 iOS 或 Android 系统的手机。XMind ZEN 网站和博客中展示的一些用户设计的关系图作品充分体现了该软件强大的设计与表现力（图 6-31）。

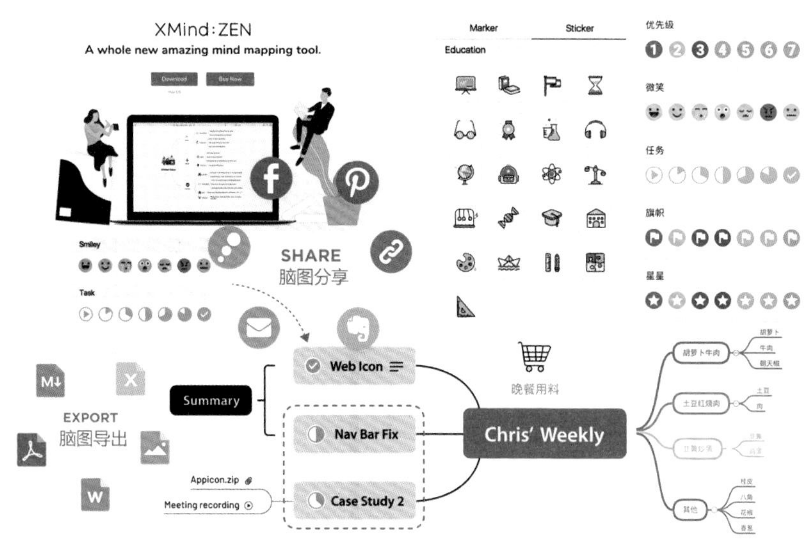

图 6-30　XMind ZEN 特色在于简洁、美观、实用和轻量化

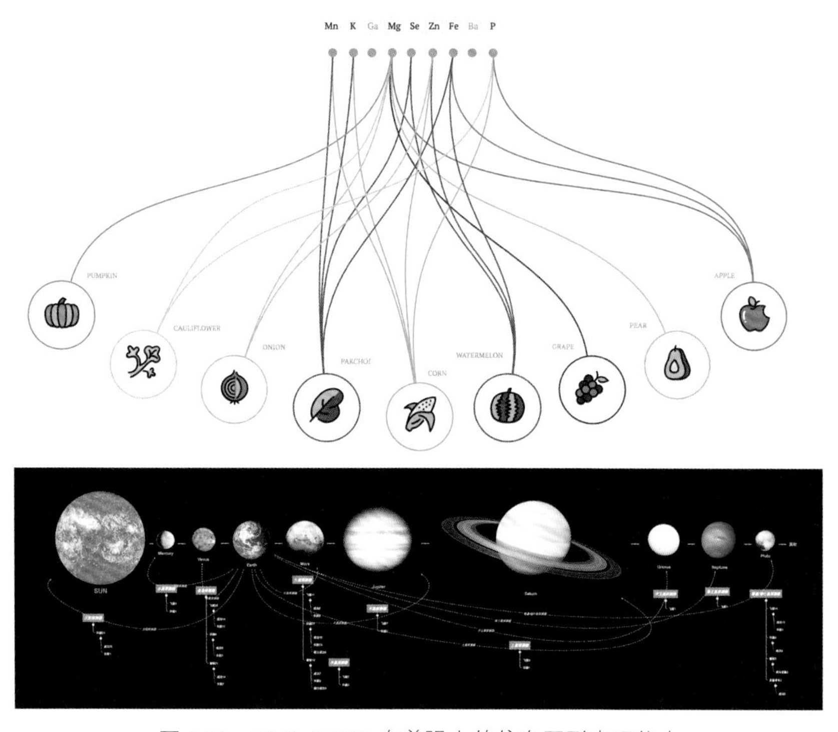

图 6-31　XMind ZEN 有着强大的信息图形表现能力

XMind ZEN 的另一个引人注目的特征就是 ZEN 模式或者称为“禅意模式”。XMind 团队希望通过减法让用户更加专注于创建思维导图。因此，首先，XMind ZEN 的界面更加简洁，工具栏的高度也更窄，由此让脑图的工作视野更开阔，并且将大纲、附件、超链接、卷标批注等功能全部都隐藏到更上方的功能选单里，让一般用户不会被额外功能干扰，而专注在最重要的基本功能上。通过自动隐藏模式，其界面更加清晰简洁，没有任何干扰。比起 XMind 的功能诉求，在 XMind ZEN 中回归思考创意的本质。XMind ZEN 不仅比 XMind 8. x 启动速度

更快，软件操作更流畅，而且脑图的效果更符合新一代设计师的审美需求。例如，原 XMind 8. x 中的一些鸡肋的功能，如甘特图、导出 PPT 演示、头脑风暴贴纸、附加录音等被精简。与此同时，XMind ZEN 还增加了一些特有的新功能。首先是更美观的全新模板，这些可套用的脑图、流程图、鱼骨图、SWOT 模板，都比以前的 XMind 8. x 的样板更加美观。在 XMind ZEN 中，修改脑图样式更加容易，除了可以直接替换风格外，也能一次替换整张脑图的字体（有内建一些特殊的中文字体），并且有更好的字体渲染方式让不同系统的字体一致。此外诸如新的“雪刷”(Snowbrush）模板（图 6-32，左）、“自动平衡布局”“彩虹分支”和“线条渐细”（图 6-32，右）等功能也特别实用。虽然 XMind ZEN 没有 XMind 8. x 内建的大量符号图库搜索引擎，但为了带来更好的用户体验，该设计团队重新设计所有 XMind ZEN 的主题、图标和交互方式，并重新设计了字体并改进字体渲染。XMind ZEN 不仅拥有 30 个全新设计的主题，能够满足各种场景。而且还有 89 个原始贴纸为脑图带来更多元素和生动的表达（图 6-33）。

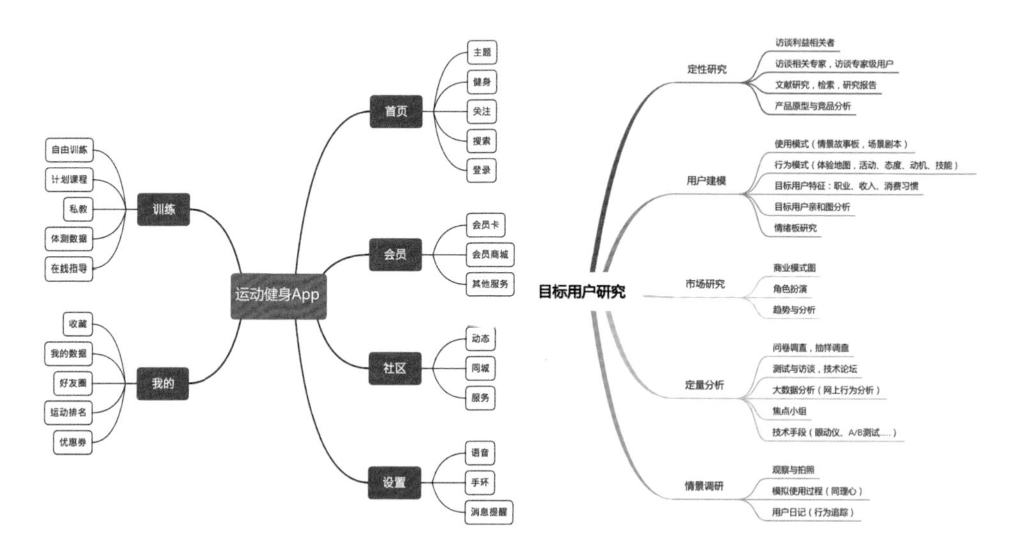

图 6-32　XMind ZEN 的雪刷脑图模板（左）和彩虹脑图模板（右）

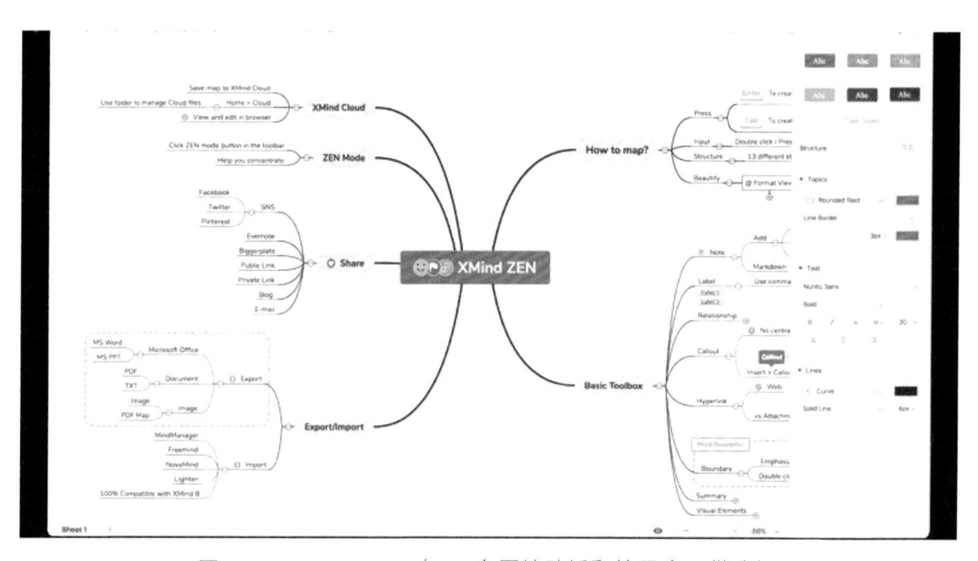

图 6-33　XMind ZEN 有 89 个原始贴纸和符号库可供选择

思考与实践6

思考题

1. 交互设计的流程图与线框图的作用是什么?

2. 创建思维导图可以用到哪些工具? 试比较这些工具的优缺点。

3. 常用原型设计工具有哪些? 试比较这些工具的优缺点。

4. Adobe XD 在 App 原型设计上的特点有哪些?

5. 为什么 Sketch 是目前 Mac 计算机的主要 App 原型设计工具?

6. 什么是 Axure RP 的 6 大专业优势?

7. 为什么说 Justinmind 是专业的移动 App 原型设计工具?

8. XMind ZEN 的开发代号为“禅”(Zen),请说明其含义?

9. 哪些原型工具可以在手机上模拟出 App 原型的交互效果?

实践题

1. “创新是传统手工艺最好的保护,使用才是最好的传承……”。近年来,故宫 + 传统文化 IP 的开发已经成为文化创意产业的新潮流。由此可以看到发掘传统文化的现代价值所蕴藏的巨大市场潜能(图 6-34)。请根据该模式,并以当代著名历史文化为 IP,借助思维导图,设计相关文创产品的开发方案。

图 6-34　故宫文创具有丰富的历史文化内涵

2. 原型设计的主要用途在于设计媒体界面和交互方式。请调研“陌陌”的界面设计(主界面和“信息”“附近”“对话”“好友”等二级界面)并画出原型图。利用 Adobe XD 重新设计其内容和交互方式,从趣味性、可用性、可爱性和游戏性来重新定位该产品。

第7课 交互设计简史

虽然交互设计诞生于20世纪80年代，但人机交互的思想和实验却有着悠久的历史。本课重点阐述交互设计的几个发展阶段：早期的人机工程学和大型机时代的交互；桌面计算机时代的交互和智能手机时代的交互。通过对历史、人物与事件的追溯，本课将为交互设计的起源与演化过程提供一张清晰的谱系图。

7.1 交互设计前史

虽然交互设计源于 20 世纪 80 年代，但也许更早的时候交互设计的思想就已经存在了。中国古代发明的狼烟、算盘、风筝、九连环等工具或者玩具就蕴涵了“互动”与“用户控制和体验”的思想。同样，欧洲人发明的汽车、公路交通的红绿灯以及肖尔斯机械打字机等也是人机交互机械装置的典范。1831 年，美国科学家约瑟夫·亨利（Joseph Henry）发明了世界上第一台电报机。1837 年，塞缪尔·莫尔斯（Samuel Morse）设计出了著名的莫尔斯电码（图 7-1），它是利用“点”“划”和“间隔”的不同组合来表示字母、数字、标点和符号。能将简单的电子脉冲转化为语言分类信息，从而实现远距离传送信息的目的。1844 年 5 月 24 日，在华盛顿国会大厦联邦最高法院会议厅里，莫尔斯亲手操纵着电报机，随着一连串的信号的发出，远在 64 公里外的巴尔的摩城收到由“嘀”“嗒”声组成的世界上第一份电报。电报码和电报机的发明成为远程交互与信息传递的里程碑。在接踵而来的 50 年中，莫尔斯代码和电报传遍了整个地球，成为人机交互的里程碑。

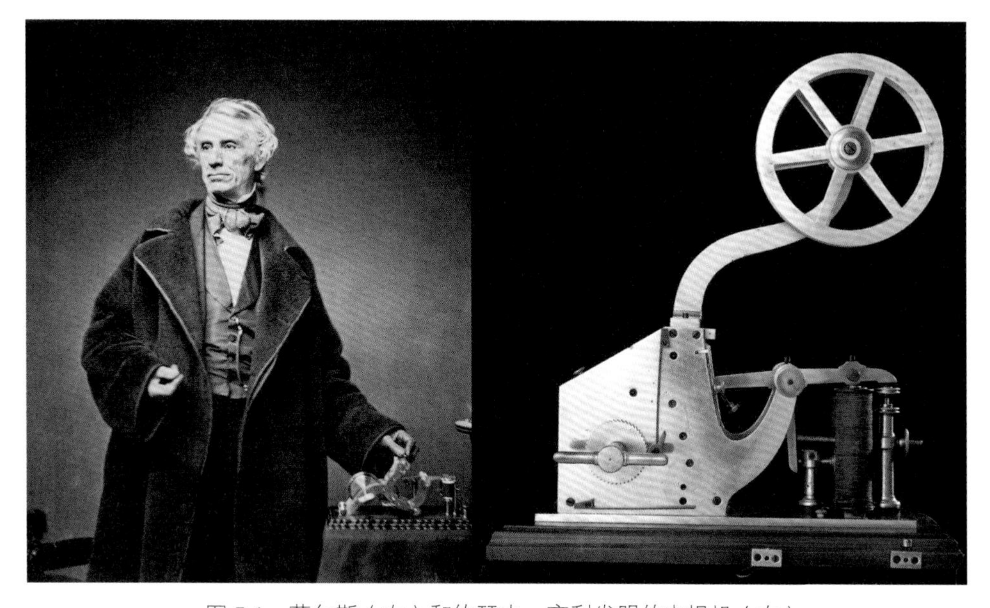

图 7-1　莫尔斯（左）和约瑟夫·亨利发明的电报机（右）

1876 年 3 月 10 日，美国发明家亚历山大·格雷厄姆·贝尔（A. G. Bell）的电话宣告了人类历史的新时代的到来（图 7-2）。贝尔是一个从事语音教学的教授。他在研究一种为耳聋者使用的“可视语言”的实验中意外发现了一种新现象：当切断或接通电流时，电路中螺旋线圈会发出轻微的沙沙声。受这一现象的启发，贝尔先通过衔铁将发声的空气振动变成电流的连续变化，再用电流的变化模拟出声音的变化。这项发明对现代人类文明史和媒介发展史有着不可估量的影响，也奠定了现代通信产业和互联网的基础。电话也成为人类历史上最著名的人机交互设备之一。在一个多世纪的发展历程中，电话的外观历经手执式、悬挂式、手摇式、拨键式和按键式的发展。早期电话存在着拨键时间长、操作费事、电话号码无法显示和笨重不易移动等一系列问题。第二次世界大战以后，美国贝尔实验室的研究人员经过了大量的实验研究，从人机工程学、用户分析等角度检验了多种按键排列方式对人机交互的影响。他们还在电话机的大小、形状、按键的间距、弹性甚至与手指尖接触的部位的外形上做了大量的文章。工业设计师德雷夫斯“以人为本”的设计理念和人机工程学（ergonomics）数据支持成为产品设计的依据。拨键式和按键式的电话（图7-3，左）的推出，不仅大大节约了时间，而且其流线型的造型成为20世纪五六十年代工业美学的经典。50年以后，苹果公司总裁史蒂夫·乔布斯推出了全新的“触控界面”的人机交互方式（图7-3，右），不仅改变了电话的历史，更重要的是iPhone开创了智能手机和移动媒体的新时代。

图7-2　贝尔在试用电话（左），英国演员汉妮的电话广告（右）

图7-3　拨键式电话（左）和乔布斯演示的触控iPod

7.2 人机工程学

第二次世界大战后，制造业开始从军事装备向民用产品转化，消费时代的兴起使得“以人为本”的设计思想开始流行，工业设计和人机工程学成为最早关注“用户体验”的领域。第一代工业设计师亨利·德雷夫斯（Henry Dreyfuss，1903—1972）就是其中的典型代表。他在 1955 年出版的著作《为人而设计》（*Design for People*，图 7-4）开创了基于人机工程学的设计理念。德雷夫斯的一个强烈信念是设计必须符合人体的基本要求，他认为适应于人的机器才是最有效率的机器。德雷夫斯的经典作品是贝尔电话机，他通过反复的前期研究和可用性测试保证了这种电话机易于使用。其外形美观简洁，方便了清洁和维修并减小了损坏的可能性。这一设计大获成功，德雷夫斯因此成为贝尔公司的设计顾问。德雷夫斯自己的设计事务所的设计还包括蒸汽火车机车和吸尘器等，他也成为美国第一代工业设计师的佼佼者。

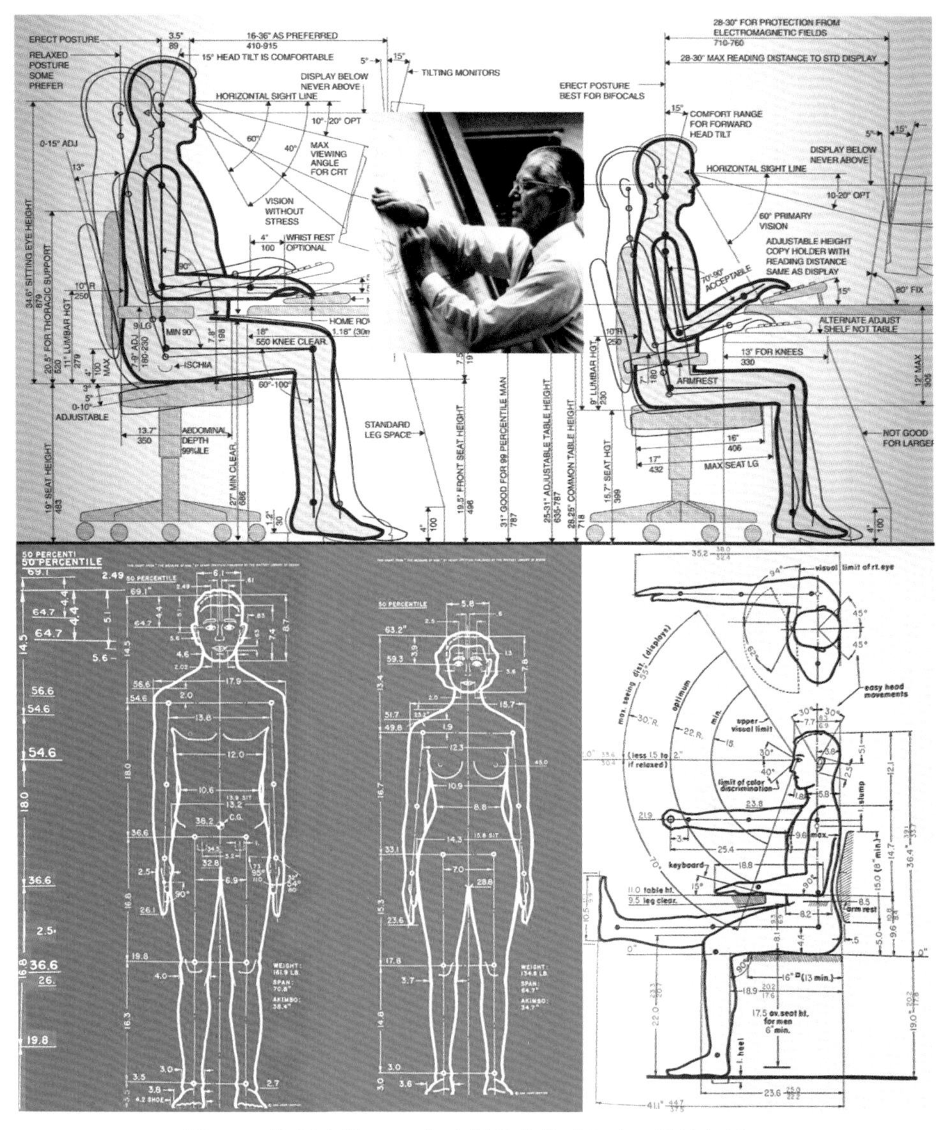

图 7-4　德雷夫斯 1955 年出版的著作《为人而设计》插图

工业设计和人机工程学对交互设计最大的影响在于其提供了“设计研究”的理论与方法。历史上第一个进行设计研究专家是阿尔文 · 狄里（Alvin R. Tilley，1914—1993）。他是从事人类工程学研究 40 多年的专家，被公认为人类因素研究方面最具有权威的专家之一。也是 1960 年德雷夫斯的《人体比例》一书的合著者之一。该书后来又被进一步设计成了带侧轮盘的“人体测量”图形卡（图 7-5），工程师和设计师可以通过转动轮盘的刻度，检索到不同身高的人体在不同状态下参数的变化。这些插图多数是狄里精心绘制，并成为 20 世纪七八十年代美国工业设计界的人体参数标准。此外，作为德雷夫斯设计事务所的重要成员，狄里曾经参与设计了贝尔电话机、胡佛真空吸尘器、宝丽来相机、韦斯特克洛斯闹钟、霍尼韦尔温度自动调节器、约翰迪尔拖车等重要的工业产品设计。《人体比例》是一本汇集了很多有用信息的人体测量学百科全书，是关于人体形态和尺寸的重要工具书，时至今日该书对于广大设计师来说仍然是十分有用的工具。狄里以敏锐的目光领先于他的时代，直到他开始做这项工作多年之后，设计研究才真正成为一门学科。20 世纪 60 年代，设计研究领域开始在英国出现，国际设计研究学会是 1966 年才成立的。20 世纪 70 年代对计算机“人机界面”的探索也推动了该领域的发展。但从 20 世纪 80 年代开始，设计研究这一领域才真正开始形成。1980 年，产品设计咨询公司理查德森 · 史密斯（Richardson Smith）开始雇用心理学博士和社会行为科学家加入该公司从事设计研究。

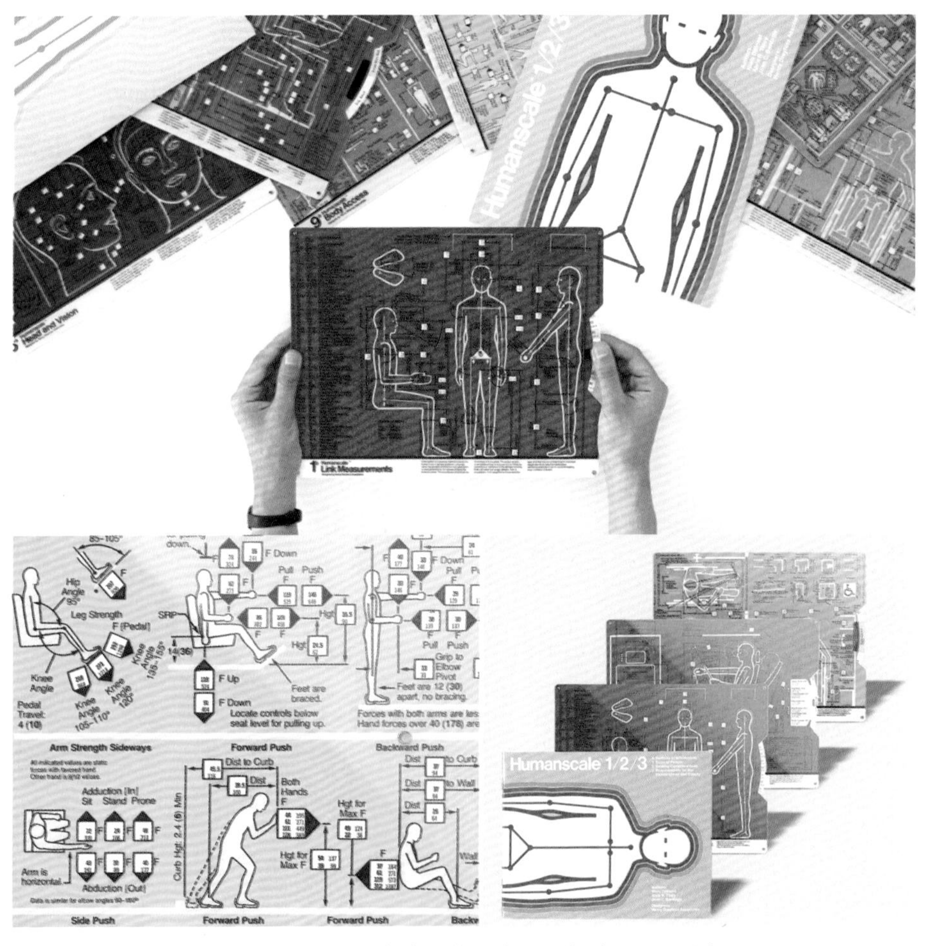

图 7-5　狄里设计的带侧轮盘的“人体测量”图形卡

7.3 计算机与“画板”

交互设计的真正历史得从计算机的诞生开始。现代计算机开始于 20 世纪 40 年代后半期。第一台真正意义上的电子计算机是 1946 年在美国宾夕法尼亚大学诞生的名为 ENIAC（Electronic Numerical Integrator and Computer，图 7-6）的计算机。它体积庞大，几乎占据了整个房间。1951 年，第一台能够处理数字和文本数据商用数字计算机（UNIVAC）获得了专利。计算机的诞生并不是一个孤立事件，它是人类文明史的必然产物，是长期的客观需求和技术准备的结果。计算机的开发最初动力源于第二次世界大战期间的军事需求。早在 1940 年，英国科学家就研制成功了第一台“巨人”计算机（Colossus，图灵等人参与研制）并专门用于破译德军密码。自这台计算机投入使用后，德军大量高级军事机密很快被破译，大大加快了纳粹德国败亡的进程。第一台“巨人”有 1500 个电子管、5 个处理器并行工作，每个处理器每秒处理 5000 个字母。第二次世界大战期间共有 10 台“巨人”在英军服役，平均每小时破译 11 份德军情报。

图 7-6　第一台真正意义上的电子计算机

逻辑代数也为计算机的诞生奠定了理论基础。早在 1847 和 1854 年，英国数学家布尔发表了两部重要著作《逻辑的数学分析》和《思维规律的研究》，创立了逻辑代数。逻辑代数系统采用二进制，是现代电子计算机的数学和逻辑基础。1936 年，计算机科学之父、人工智能先驱阿兰·图灵（Alan Turing，1912—1954，图 7-7）向伦敦权威的数学杂志投了一篇论文，题为“论数字计算在决断难题中的应用”。在这篇开创性的论文中，图灵给“可计算性”下了一个严格的数学定义，并提出著名的“图灵机”（Turing Machine））的设想。作为对该论文设想的证明，图灵提出了自动计算机的理论模型。现代计算机之父冯·诺依曼（John von Neumann，1903—1957）生前曾多次谦虚地说：如果不考虑查尔斯·巴贝奇等人早先提出的有关思想，现代计算机的概念当属于阿兰·图灵。冯·诺依曼能把“计算机之父”的桂冠戴在比自己小 10 岁的图灵头上，足见图灵对计算机科学影响之巨大。1939 年，计算机科学家阿塔纳索夫提出计算机三原则：①采用二进制进行运算；②采用电子技术来实现控制和运算；③采用把计算功能和存储功能相分离的结构。阿塔纳索夫关于电子计算机的设计方案启发了 ENIAC 开发小组的莫克利博士，并直接影响到 ENIAC 的诞生。

图 7-7 计算机科学之父，人工智能先驱阿兰 · 图灵

ENIAC 是一个占地 170m²，重 30t，耗电 174KW 的庞然大物（图 7-8）。整个机器使用 18000 只电子管、6000 个继电器、7000 个电阻、10000 个电容；耗资约 50 万美元。这部计算机每秒钟可做 5000 次加法 500 次乘法或 50 次除法，但它的计算速度却是手工的 20 万倍。用它计算炮弹弹道只需要 3 秒钟，而在此之前，则需要 200 人手工计算两个月。1952 年，美

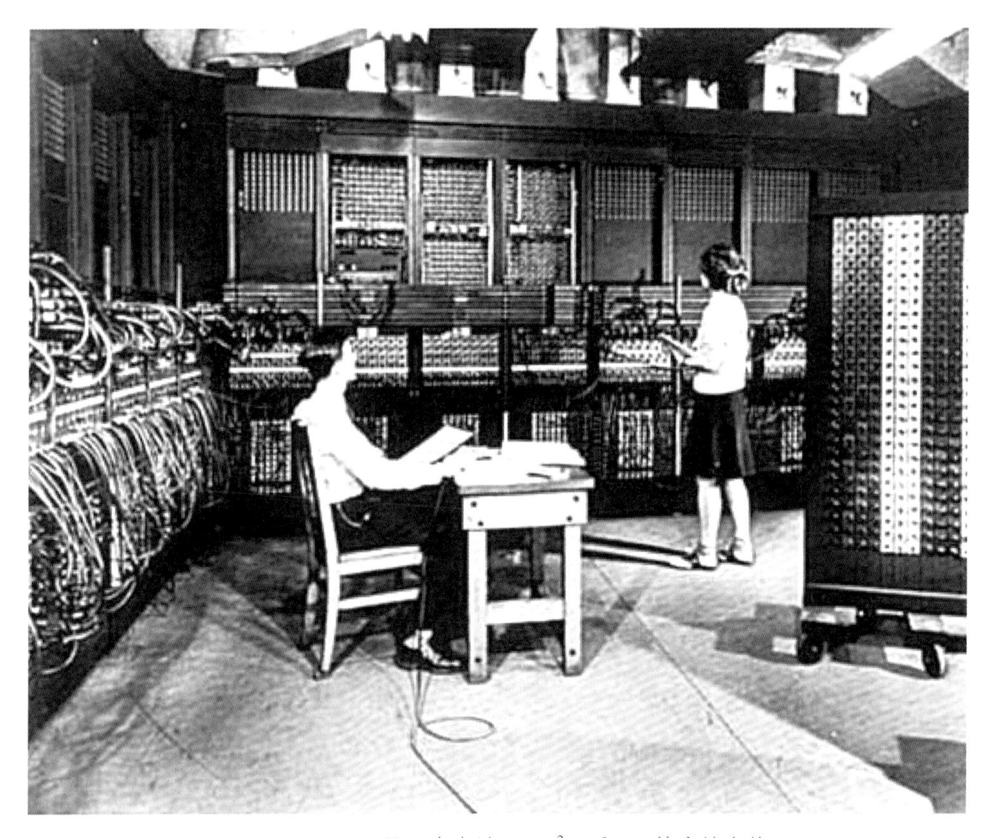

图 7-8 ENIAC 是一个占地 170m²、重 30t 的庞然大物

国大选竞争激烈，CBS 租用 ENIAC 升级版的 UNIVAC 计算机，来处理选举结果的资料。选举结束后 45 分钟，UNIVAC 就计算出艾森豪威尔将以 438 票的绝对优势赢得胜利。当选举结果正式公布后，所有人都惊呆了：艾森豪威尔得了 442 票，预测误差率不到 1%！这一偶然事件让计算机一夜成名，开始从实验室走向社会。

计算机图形学和虚拟现实之父，ACM 图灵奖获得者伊凡·苏泽兰（Ivan Sutherland）是交互计算机图形学和图形用户界面的开拓者。1963 年，苏泽兰在麻省理工学院发表了名为《画板：一个人机图形通信系统（*Sketchpad: A Man-machine Graphical Communications System*）》的博士论文，该软件系统可以让用户借助光笔与简单的线框物体交互作用来绘制工程图纸。该系统使用了几个新的交互技术和新的数据结构来处理图形信息。它是人类最早出现的计算机交互设计系统，能够处理、显示二维和三维线框物体（图 7-9）。该论文指出，借助“画板”软件和光笔，可以直接在 CRT 屏幕上创建高度精确的数字工程图纸。利用该系统可以创建、旋转、移动、复制并存储线条或图形（包括曲线点、圆弧、线段等），并允许通过线条组合来设计复杂物体形状。该软件还提供了一个能够放大画面 2000 倍的图纸管理功能，可以提供大面积的绘画空间。“画板”软件是一个划时代的创作，其中的许多亮点，包括利用内存来存储对象、曲线控制、高倍放大或缩小画面、曲线拐角点、相交点和平滑点描述和操作等概念可以说是如今所有图形设计软件的基础。

图 7-9　苏泽兰发明的“画板”可以通过光笔在屏幕上画出图形

苏泽兰的博士论文导师是“信息理论之父”克劳德·香农。在任哈佛大学电气工程学院副教授期间，苏泽兰还从事人机交互和虚拟现实的研究。他在 1965 年所撰写的一篇名为《终极的显示》的论文中，首次提出了虚拟现实技术的基本思想。从此，人们正式开始了对虚拟现实技术的研究探索历程。苏泽兰和他的学生罗伯特·斯普若(Robert Sproull)一起承担了“贝尔直升机项目”的“远程现实”的视觉系统研究。他们通过利用计算机生成影像来取代相机完成了虚拟现实的环境建构。苏泽兰还在哈佛大学建立了第一个沉浸式虚拟现实实验室并推动了计算机图形学线裁剪算法的发展。1968 年，他们开发出了世界上第一个虚拟现实头盔显示器并命名为“达摩克利斯剑”(the Sword of Damocles，图 7-10，下)。

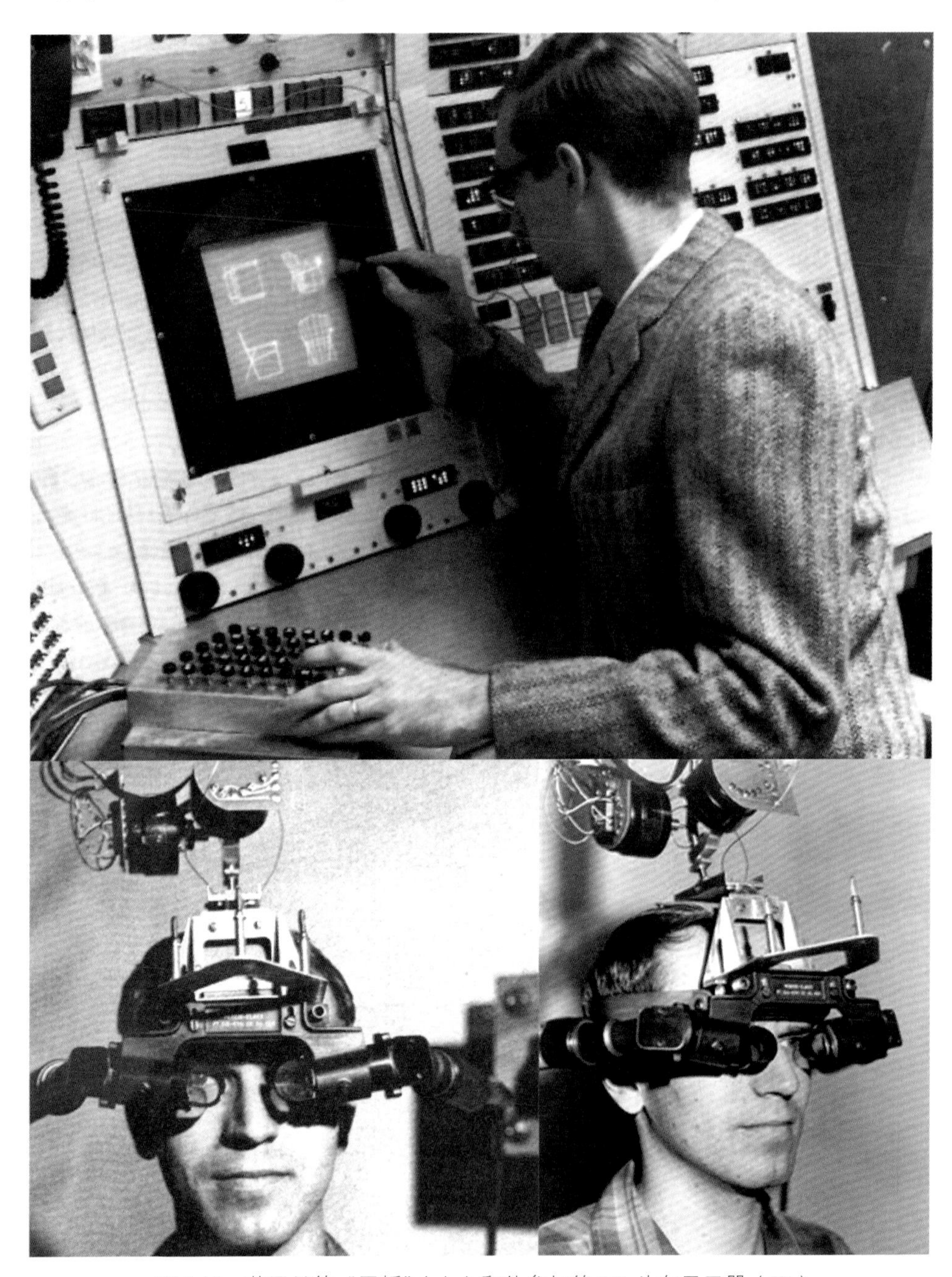

图 7-10　苏泽兰的“画板”(上) 和他参与的 VR 头盔显示器 (下)

7.4 桌面GUI发展史

个人计算机时代真正开启了“人机交互”和“交互设计”的大门。随着计算机技术的成熟和发展，该时期的人机交互从以文本为主的字符用户界面（CUI）向以图形为主的图形用户界面（GUI）过渡。20 世纪 80 年代中期苹果公司推出的带有图形界面和鼠标器的 Macintosh 计算机风靡一时（图 7-11，上），而微软也不失时机地推出带有 Windows 界面的个人计算机（图 7-11，下）。从此，以图形界面（GUI）代替字符界面成为广泛的共识：图形界面操作直观，用户稍加训练就能够掌握，人们再也不用像从前那样记忆计算机文件的名称和路径。由于图形用户界面减轻了计算机操作者的记忆负担以及提供了一个良好的视觉空间环境，计算机应用的门槛大大降低。GUI 和多媒体设计成了小型商业计算机和个人计算机的发展方向；用户需求、人机工程、可用性研究等也开始成为设计师所关注的对象。使用者已

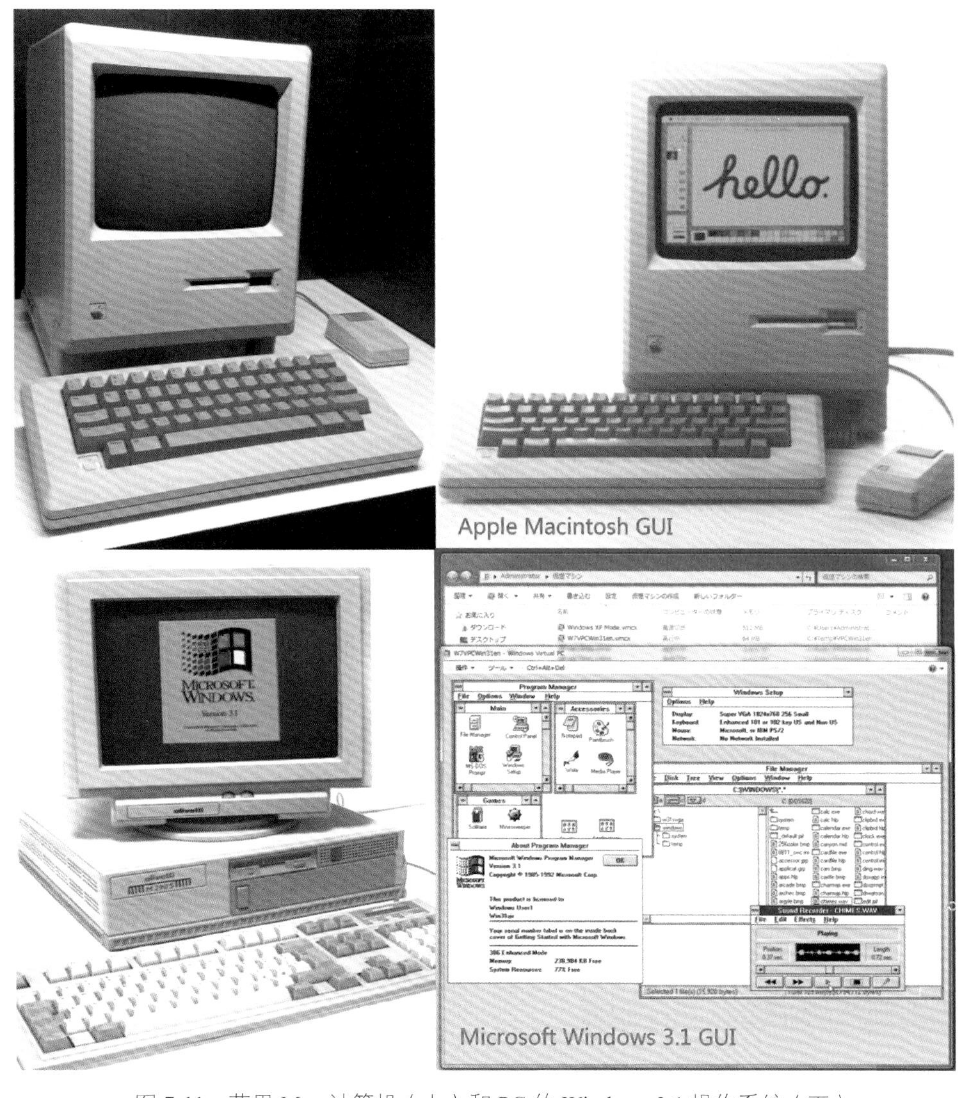

图 7-11　苹果 Mac 计算机（上）和 PC 的 Windows 3.1 操作系统（下）

经成为产品设计中不可或缺的因素。虽然该阶段互联网和数字媒体还有待发展，但大量的信息产品（如光盘多媒体、软件、早期互联网和一些数字化机电产品）中已存在着普遍的交互设计内容。GUI 的出现也使得交互设计正式走向历史舞台。从 20 世纪 90 年代开始，自然化、人性化和基于用户体验的交互设计开始被广泛应用于产品设计中，特别是以互联网和手机为代表的远程交流和沟通方式成为交互设计的重点。

GUI 的产生与计算机信息技术的发展息息相关。20 世纪 70 年代，美国施乐公司的帕洛·阿尔托研究中心（Xerox Palo Alto Research Center，PARC）的研究人员开发了第一个 GUI 图形用户界面，由此开启了计算机图形界面的新纪元。1973 年，由该中心创始人之一的软件工程师艾伦·凯（Alan Kay）领衔的研究小组发明了阿尔托（Alto）计算机。该计算机也包含了今天计算机的核心要素：基于位图（像素）方式的图形显示界面、鼠标、可插拔磁存储器和支持多个应用程序的操作系统。该计算机拥有视窗（W）、图标（I）、下拉菜单（M），并通过鼠标（P）进行灵活操作，由此也组成了工业界的 WIMP 标准。1975 年，PARC 正式对外公开阿尔托计算机，当时有大量的精英人物前往参观，其中就包括比尔·盖茨和史蒂夫·乔布斯。1981 年，施乐公司将阿尔托计算机发展成为“星”计算机（Star 8010）并以 17 000 美元的价格推向市场。“星”计算机具备优秀的文档处理能力，多个文档可以并列在屏幕上不相互交叠，用户可以很方便地同时处理。这是第一台全集成的桌面计算机，包含应用程序和 GUI 界面（图 7-12）。著名计算机图形专家大卫·李德（David Liddle，图 7-13）是该计算机设计的卓越功臣之一，他提出的一系列关于交互设计的思想仍然影响着当代设计界。“星”计算机是后来 Mac 和 Windows GUI 界面的起源，计算机交互研究学者、卡耐基·梅隆大学教授马克·瑞格（Marc Rettig）认为：Xerox Star 界面“是一个非常早期的、带有某种自我意识的交互设计的范例”。该是基于“界面隐喻”的交互设计的原型之一。

图 7-12　阿尔托研究中心（左）发明的最早的 GUI 界面计算机（右）

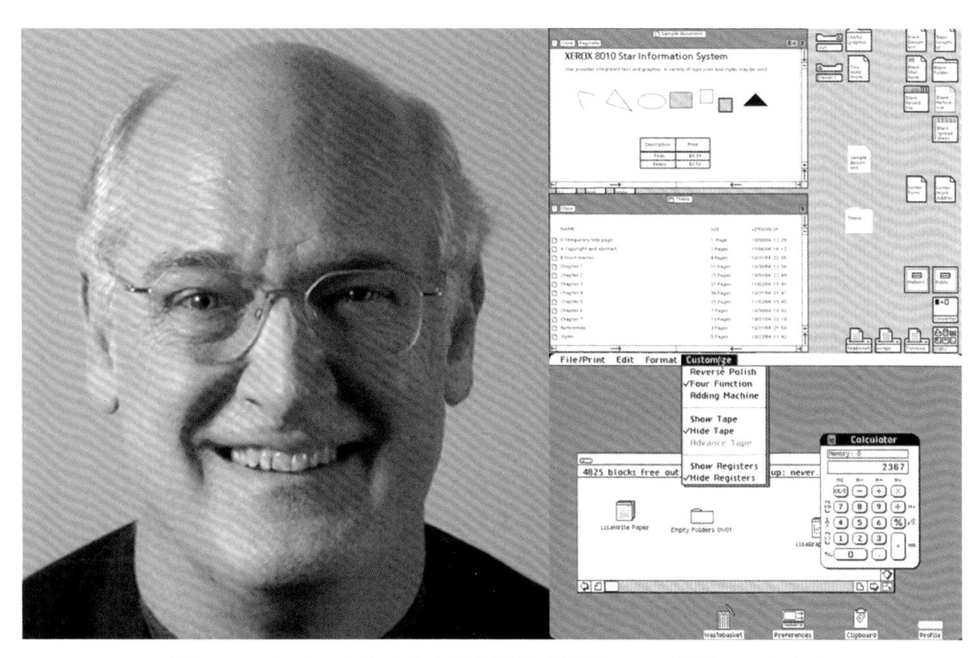

图 7-13 大卫・李德（左）和世界上最早的 GUI 界面 Star（右）

大卫・李德指出：交互设计的发展是一个从“技术粉丝”到“大众体验”的迭代过程。他曾经把一个技术的应用划分为三个阶段：狂热爱好者阶段（enthusiast stage）、专业用户阶段（professional stage）和消费普及阶段（consumer stage）。当一个新技术刚出来时，使用它的都是非常喜欢这个技术的人。狂热爱好者不在乎技术的难易，他们大多数是科学家、工程师并有着深厚的技术基础，他们只醉心于技术本身。而在专业用户阶段，使用这些技术的人往往并不是购买他们的人，购买设备的决策者并不关心用户体验，他们关心的是价格、技术规格和售后服务，而使用这些技术的人往往是一些技术人员，他们在潜意识中并不希望技术太容易被掌握。因为只有这样才能凸现他们的专业地位，提升他们的价值。最后一个阶段就是消费普及阶段。普通人对于技术本身并不感兴趣，人们关心的只是技术能为他们做什么；人们不太愿意去花时间学习使用技术产品并且讨厌被技术作弄。所以在这个阶段使用计算机和通信技术的是大量没有专业背景的普通人，相比计算机而言他们是人类，所以会性急、有破坏性，还容易开小差。针对这些广泛的人群所要展开的设计相比为技术专家设计特定工具绝对更带有挑战性，而目前这个市场正在以几何级数快速扩张，越来越多的高科技产品正在进入普通人家，而这就是交互设计师要着力发挥的地方。

从计算机发明到第一个 GUI 界面出现，在过去半个多世纪的发展历程中，以苹果和微软操作系统为代表的桌面 GUI 的样式和交互形式在不断更新，并随着计算机性能的提升和显示质量的提高，其图标、窗口、菜单、导航、背景和交互方式都发生了翻天覆地的变化。更具象、更丰富的表现使得计算机真正成为易学、易用、功能强大、界面友好和具备更自然情感体验的人类助手。操作系统 GUI 的界面设计历史生动而形象地代表了过去 50 多年信息科学与人机交互的进化趋势（图 7-14），而计算机的进一步智能化、人性化和情感化则是今后人机交互的发展方向。

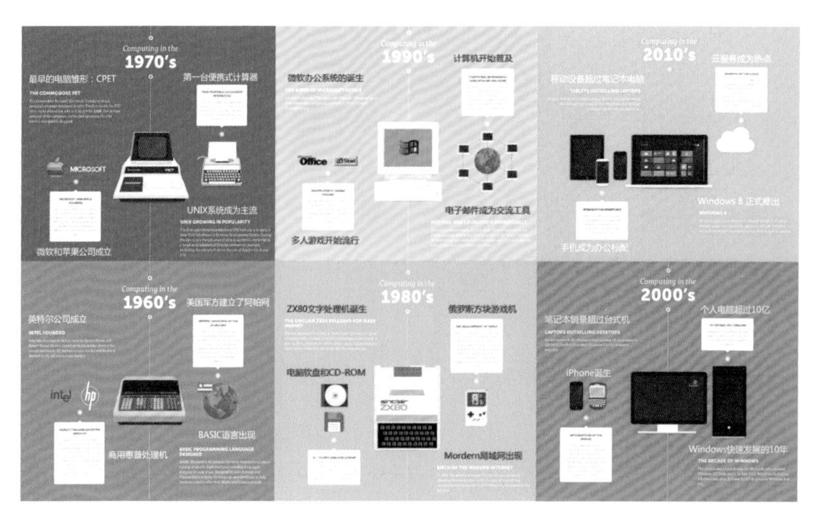

图 7-14　过去 50 多年计算机与信息化的发展趋势

7.5　互联网与人机交互

如果说，19 世纪末电报和电话的发明奠定了现代通信产业的基础，那么，20 世纪中后期计算机的崛起无疑是互联网产生的最为重要的物质条件。和“图灵机”对计算机发明的影响一样，互联网最初的理论指导则要上溯到 MIT 科学家范内瓦 · 布什（Vannevar Bush，1890—1974，图 7-15）在 1945 年提出的“超文本”思想。正如历史学家迈克尔·雪利（Michael

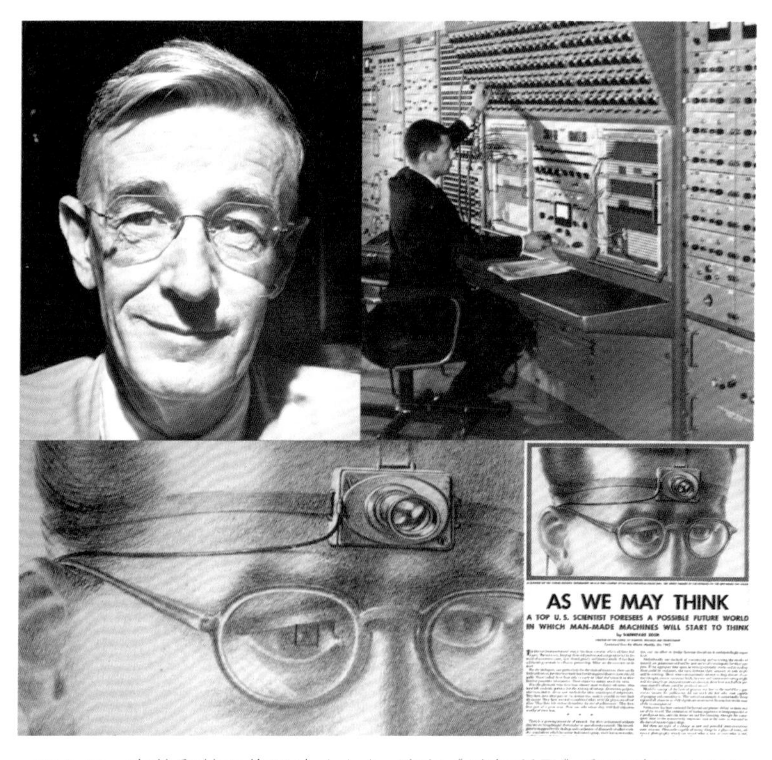

图 7-15　布什和其工作照片（上），论文《诚如所思》和题头图（下）

Sherry）所言，“要理解比尔·盖茨和比尔·克林顿的世界，你必须首先认识范内瓦·布什。”正是因其在信息技术领域多方面的贡献和超人远见，范内瓦·布什获得了“信息时代的教父”的美誉并成为美国《时代》杂志的封面人物（图 7-15，左）。1945 年 7 月，范内瓦·布什在美国《大西洋月刊》（Atlantic Monthly）杂志上发表了一篇著名的论文《诚如所思》（*As We May Think*，图 7-15）。布什设想了一种能够存储大量信息，并能在相关信息之间建立联系的机器——“麦麦克斯系统”（Memex）。该系统可以使任何一条信息直接自动地选择另一条信息，这就是超文本的最初概念。

在布什发表的另一篇论文中，他又提出这种机器（媒体）能够把视频和声音集成在一起，而这也恰恰是 Web 网络的核心思想。互联网的核心概念之一就是“超文本”，就是通过网络链接的形式将文本相互联系起来。超文本的首次实际使用是 20 世纪 60 年代中期，由美国著名发明家道格拉斯·恩格尔巴特（Douglas Engelbart，1925—2013）和同事在斯坦福研究所开发的“OnLine 系统”上进行的。

恩格尔巴特是计算机界的一位奇才，自 20 世纪 60 年代初期，在人机交互方面做出了许多开创性的贡献。他出版著作 30 余本，并获得 20 多项专利，其中大多数是今天计算机技术和计算机网络技术的基本功能。他所发明的鼠标、多视窗界面、文字处理系统、在线呼叫集成系统、共享屏幕的远程会议、超媒体、新的计算机交互输入设备和群件等已遍地开花。如果你此刻正在使用鼠标、互联网、视频会议、多窗口的界面（如微软的 Windows 和苹果 Mac OS 系统）、图文编辑软件等，请不要忘记向这个前辈致敬（图 7-16）。1968 年秋，恩格尔巴特首次演示了非线性文本系统（Non-Linear text System），这一系统在以下两方面取得了突破。一是采用位图（bitmap）原则。也就是计算机屏幕上的每个像素被分派给计算机记忆中的一小块，每小块记忆显示为一个点（像素）。如果像素亮起来，点的价值便是 1；如果像素暗下去，点的价值便是 0。整个屏幕因此既是像素构成的栅格，又代表了计算机内存的二维空间。二是鼠标的使用，鼠标是通过图形界面进行直接操作的关键设备。屏幕上与之对应的光标是用户在数据空间的代表。有了它，用户便得以进入虚拟空间，而且实实在在地对空间中的对象加以操纵。1979 年，施乐 PRAC 研究中心的科学家拉瑞·泰斯勒（L.Tesler）演示了窗口、图标、菜单，还有随着鼠标而移动的光标。由此，恩格尔巴特获得了 1997 年 ACM 图灵奖。

恩格尔巴特的发明：
1.鼠标
2.多视窗人机界面
3.文字处理系统
4.在线呼叫集成系统
5.视频会议
6.超媒体
7.关键字搜索
8.群件
9.可分享数据和文本

图 7-16　著名发明家恩格尔巴特是一系列数字产品的创始人之一

1965 年，计算机信息技术专家泰德·纳尔逊（Ted Nelson，图 7-17，上）在恩格尔巴特的实验基础上提出了基于计算机的“超文本”（hypertext）和“超媒体”（hypermedia）的概念。超文本以非线性方式组织文本，使计算机能够进行信息共享，这个想象的系统正是现在互联网的雏形。因特网起源于美国军方（国防部高级研究规划署，ARPA）的 ARPANet 研究计划，其初衷在于探索利用分时计算机的优势解决运算瓶颈的问题，同时也避免战争时期由于主机瘫痪所造成的损失。麻省理工学院高级研究员拉里·罗伯茨（Lawrence G. Roberts）负责主持该项目。随着计划的不断改进和完善，ARPANet 框架结构逐渐成熟。1968 年 6 月，罗伯茨正式向 ARPA 提交了一份题为“资源共享的计算机网络”的报告，提出首先在美国西海岸选择 4 个点进行试验，包括加州大学洛杉矶分校（UCLA）、斯坦福研究院（SRI）、加州大学圣巴巴拉分校（UCSB）和犹他大学（UTAH）。1969 年 10 月 29 日 ARPANet 实验成功。具有 4 个结点的 ARPANet 正式启用。1989 年，英国年轻的科学家蒂姆·伯纳斯 - 李（Tim Berners-Lee，图 7-17，下），在欧洲粒子物理实验室工作时提议用超文本技术建立一个全球范围内的多媒体信息网，即后来的万维网（WWW），并在次年成功开发出世界上第一个 Web 服务器和 Web 客户。

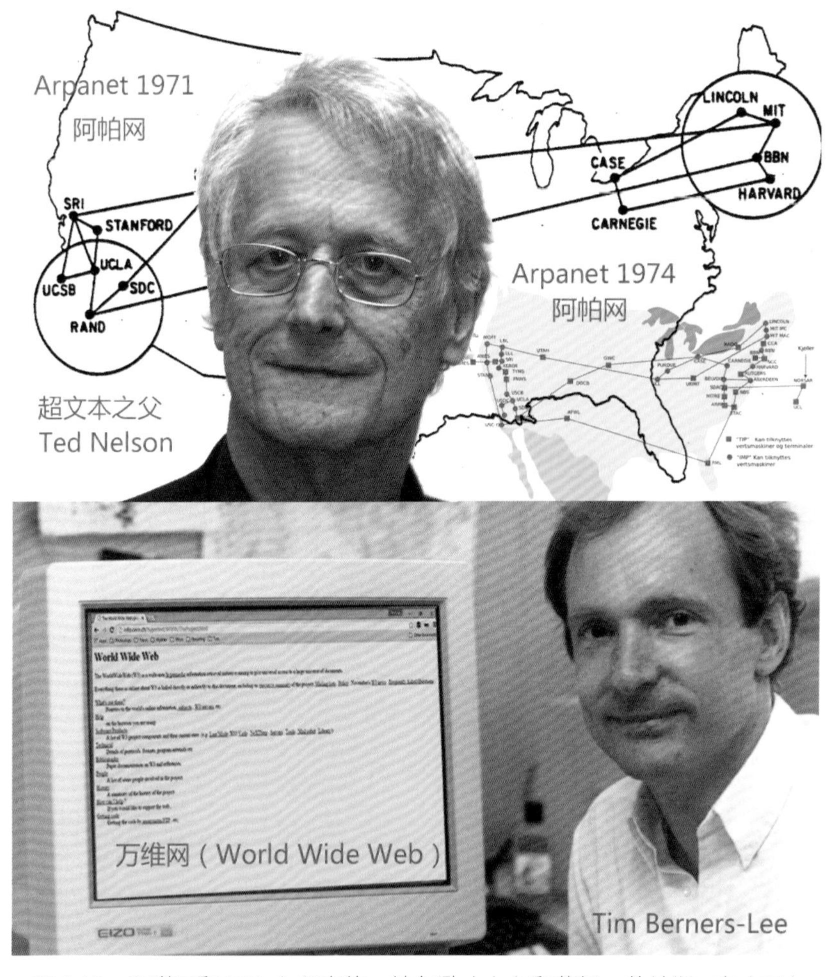

图 7-17　互联网和 Web 之父泰德·纳尔逊（上）和蒂姆·伯纳斯 - 李（下）

7.6 交互设计里程碑

美国著名学者思想家丹尼尔・贝尔（Daniel Bell）把技术作为中轴，将人类社会划分为：前工业社会、工业社会、后工业社会三种形态。从产品生产型经济到服务型经济，恰恰是后工业时代社会、经济与科技快速融合的趋势，并由此导致了设计范式的变迁（图 7-18）。用户至上与设计思维推动了交互设计与服务设计语境的建立，物联网与共享经济推动了信息与物流的革命。人们对生活品质的追求不断提高，对于交互设计，单单的“有用”和“可用”已经不能满足人们的需求，更多地需要满足“好用”“常用”和“乐用”的需求，消费者更加注重服务的环境、品味、体验、人性等软件建设。因此，21 世纪交互设计的出现并不是一个偶然的事件，而是以互联网为代表的技术革命、全球化和服务贸易的必然产物。

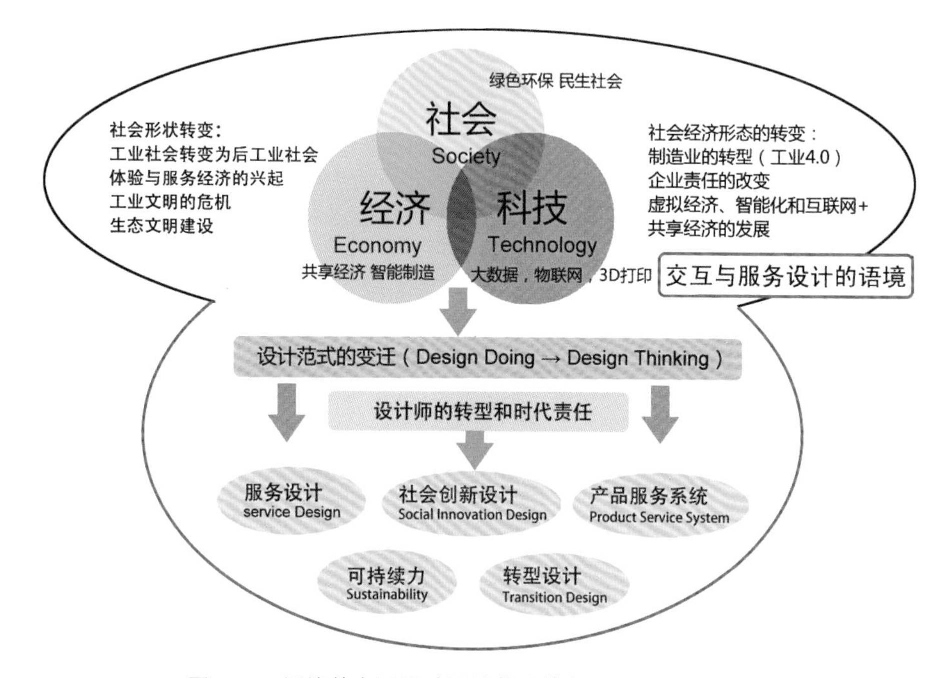

图 7-18　语境的变迁导致设计范式的变迁和设计师的转型

自 20 世纪 30 年代以来，交互设计经历了人机界面到人机交互的发展历史。其主要发展阶段包括以下多个阶段。

（1）初创期（1959—1970 年）：1960 年，MIT 的心理学教授、美国计算机科学家约瑟夫・利克莱德（J. Liklider）在其出版的《人与计算机共生》一书中，首次提出“人机紧密共栖”（Human-Computer Close Symbiosis）的概念，被视为人机界面学的启蒙观点。利克莱德在担任美国高级研究规划署（ARPA）信息处理技术处（IPTO）负责人期间，还负责建立了最早的计算机局域网，将范内瓦・布什的思想转化为现实，并由此奠定了互联网的基础。1969 年在英国剑桥大学召开了第一次人机系统国际大会，同年第一份专业杂志“国际人机研究”（IJMMS）创刊。可以说，1969 年是人机界面学发展史的里程碑。

（2）奠基期（1970—1979 年）：此时期出现了如下两件重要的事件。①从 1970 年到 1973 年出版了 4 种与计算机相关的人机工程学专著，为人机交互界面的发展指明了方向。②在 1970 年成立了两个人机界面（HCI）研究中心，一个是位于英国的拉夫堡大学（Loughbocough）的 HUSAT 研究中心，另一个就是美国硅谷帕洛·阿尔托研究中心（PARC）。其中，PARC 不仅拥有一流的研究设备，而且几乎所有人都是博士或是各自领域中最好的专家。因此 PARC 拿出了包括操作系统 GUI 界面在内的大量成果（图 7-19，上）。如激光打印、局域网和桌面出版软件都是首先由 PARC 开发的。很多在计算机界有影响的公司，如 3COM、Adobe 和苹果公司都是由于有了 PARC 的发明才建立起来。在 1970 年代，PARC 的计算机科学家艾伦·凯（AlanKay）及同事们发展了恩格尔巴特和计算机图形之父伊凡·苏泽兰（Ivan Sutherland）所提出关于人机界面的构想，并由此创建了著名的图形用户界面（GUI）和“桌面隐喻”等人机交互操控技术。随后，苹果公司总裁史蒂夫·乔布斯在 1983 年正式推出了 Macintosh 并成为全球最早的 GUI 界面家用计算机（图 7-19，下）。

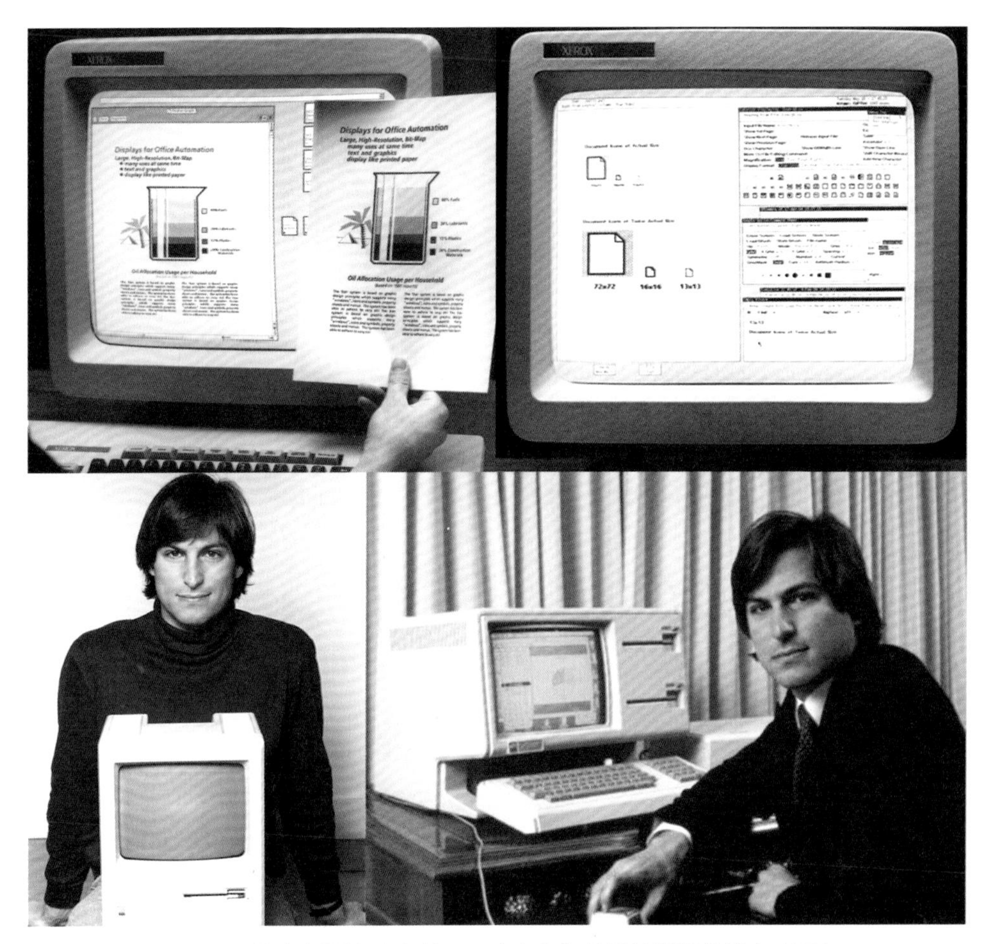

图 7-19　阿尔托研究中心的 GUI（上）和苹果计算机的诞生（下）

（3）发展期（1980—1995 年）:20 世纪 80 年代中期代表了“个人计算机时代”的开始。此时，第四代以大规模集成电路为特征的计算机终于跨越了字符交互界面进入了 GUI（图形交互界面）时代，个人计算机开始走入千家万户，成为人们办公、娱乐和教育的新的形式。软件的剧增、计算机功能的复杂化和大量非专业用户的需求与抱怨交织在一起，这些成为交互设计最初的动力。与此同时，人机工程学、工业设计、人机界面设计和用户体验研究等领域也取得重要的进展并为交互设计思想的诞生提供了基础。特别是基于人类信息加工理论的认知心理学的研究成果，如学习、记忆、疲劳、注意、情感和视觉的生理心理机制的研究为交互设计提供了重要依据。20 世纪 80 年代初期，在美国旧金山的湾区有一群由研究学者、工程师和设计师组成的梦想家们在设计未来人们如何与计算机交互，这直接导致了交互设计的诞生。

（4）深入期（1995—2015 年）：20 世纪 90 年代后期至今的 20 年，是互联网、宽带网和移动媒体高速发展的时期。在这一时期，交互设计成长为综合了视觉设计、心理学、计算机科学、工业设计、图书馆学、人类学、行为经济学、市场学、工业设计和建筑学等多个领域的跨界学科；交互设计的理论、思想、方法和各领域的实践日趋成熟，人们对交互设计的认识也日趋深化。特别是 2005 年 iPhone 智能手机的横空出世代表了人类世界从“鼠标交互”进入了“指尖滑动交互”的新时代。智能手机带给 UI 界面设计新的思维。扁平化、简约化成为移动媒体（手机、iPad、平板电脑）所依赖的美学形式。智能手机时代，明亮的色彩、几何卡片式布局、手指的触感、流动的窗口和跳跃的文字已成为 UI 设计规范的新标准（图 7-20）。

图 7-20　微软 Window8Metro（城市地铁标识）的 UI 风格

7.7 莫格里奇与IDEO

比尔·莫格里奇（Bill Moggridge）不仅是交互设计理论和实践的奠基人，而且也是一名卓越的工业设计师。莫格里奇 1943 年出生于英国伦敦，其父亲是一位公务员而母亲则是艺术家。莫格里奇在中央圣马丁艺术学院学习工业设计后，曾经在美国从事医疗设备的设计工作。他于 1969 年在伦敦成立了自己的设计公司：莫格里奇设计事务所（Moggridge Associates）。10 年后，当他在加利福尼亚州建立他的美国工作室 IDTwo 时，莫格里奇发现自己正赶上硅谷计算机革命的浪潮，其中最重要的就是便携式计算机概念的提出。虽然当时便携式计算机已经存在，但因为这些机器重量超过了 10kg，所以几乎没有市场。莫格里奇与 GRiD 公司创始人约翰·埃伦贝（John Ellenby）的一次偶然会面改变了莫格里奇的人生。他受邀参与设计一种面向旅行商务人士的轻型的便携式计算机。他设计了一种可折叠的计算机概念，使屏幕和键盘像蛤壳一样彼此面对。1981 年推出的 GRiD Compass 笔记本是第一款基于此设计的计算机（图 7-21，左），该计算机采用镁合金外壳，黄色黑色平板等离子显示屏，价格超过 8000 美元。莫格里奇不仅是世界第一台笔记本计算机的设计者，而且也是便携式计算领域众多创新概念的先驱，其中“翻盖”概念的提出为笔记本节省空间、保护屏幕和键盘提供了实用的解决方案，因此后来被广泛用于笔记本计算机和手机的设计。

图 7-21　莫格里奇（右）参与设计的 GRiD Compass 笔记本（左）

正是在 GRiD Compass 笔记本的设计过程中，莫格里奇发现了交互设计的重要性。正是由于他开始不仅参与硬件设计，而且还参与软件设计，他敏锐地感到这个工作充满挑战性。但很长一段时间，这些工作都是由那些不太了解人体工程学和设计中涉及的“人的因素”的工程师创造的。因此，用他的话说，“我必须学会设计交互技术而不仅仅是面向物理对象。”通过出版《设计交互》一书，莫格里奇系统介绍了交互设计发展的历史、方法以及如何设计交互体验原型。莫格里奇指出：只有通过交互设计创建的产品才能更易于为人类使用，而避免仅仅是由工程师为执行某项任务而构建的机器所导致的一系列问题。由此，莫格里奇把工业设计、人体工程学的思想推进到软件与硬件设计的领域，也成为用户体验设计的基础。

1991 年，莫格里奇将自己的 IDTwo 和毕业于斯坦福大学产品设计系的戴维·凯利（David

Kelley）的设计室（DKD）以及 Matrix Product Design 合并后成立了 IDEO。莫格里奇从单词“思想”（ideology）中取名 IDEO，意味着该公司主要以“概念设计”和“创意”为根本。作为电子工程师，戴维·凯利曾在波音公司和 NCR 工作，但大公司各部门之间壁垒重重的工作环境使他感到郁闷，于是辞职攻读斯坦福大学产品设计硕士学位。IDEO 已成为全球最大的设计咨询机构之一。目前员工 600 余人，在纽约、伦敦、上海、慕尼黑和东京等地均设有办公室。它的客户包括一些全球最大的企业，如消费产品巨擘可口可乐、宝洁、麦当劳、福特、三星、BBC、美国国家航空航天局（NASA）和沃达丰（Vodafone）等。2010 年，莫格里奇编著了《设计交互》的姊妹篇——《设计媒体》（*Design Media*）”（图 7-22）。他通过采访 Facebook 的马克·扎克伯格等人，在书中详细研究了新媒体的发展历史，特别是相关当事人在媒体产品开发过程中的重要作用和影响。

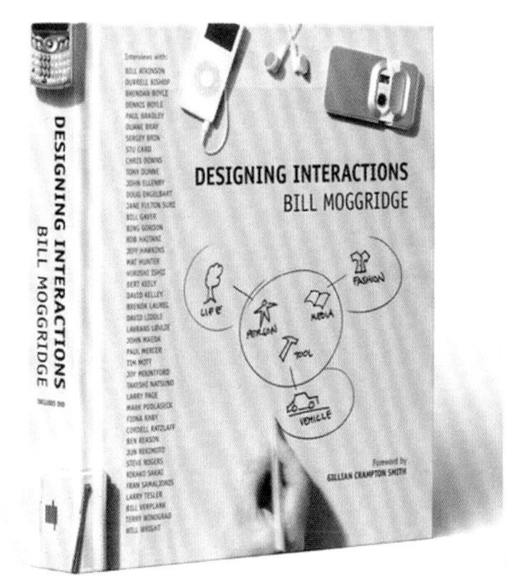

图 7-22　莫格里奇（上）和他编著的《设计交互》以及《设计媒体》（下）

2009 年，美国总统夫人米歇尔·奥巴马向莫格里奇颁发了“美国全国设计奖：终身成就奖”。2010 年，他获得了爱丁堡公爵颁发的“菲利普王子设计师奖”。英国皇家艺术学会在公布该提名时写道：“莫格里奇的突出贡献在于他不仅具有一个工业设计师的创意及可视化的表现能力，而且能够将无形的数据以及人类的感受进一步形象化。”同年，莫格里奇受聘成为纽约库珀·休伊特（Cooper Hewitt）国家设计博物馆的馆长，该博物馆是史密森学会的一部分，是该博物馆历史上第一位担任这一角色的专业设计师。莫格里奇非常喜欢这份新工作，他的理念是："为有意义的生活和更美好的世界而设计。"通过这个设计博物馆，莫格里奇将设计思想传达给观众，使设计能够进入人们的日常生活。他不仅将新材料、工业设计、文化遗产和设计历史重新结合（图 7-23），而且让这个博物馆成为面向未来设计的一把钥匙，正如欧洲工业革命的最初几十年里，伦敦的维多利亚和阿尔伯特等博物馆所发挥的重要作用一样。

图 7-23　纽约库珀·休伊特国家设计博物馆展品

IDEO 曾经参与设计了诸多传奇产品，如苹果的第一款鼠标、第一代笔记本计算机，Palm V 的个人数字助理（PDA）和宝丽来（Polaroid）一次性相机等，成为硅谷的传奇公司（图 7-24）。作为 IDEO 联合创始人，莫格里奇花费了大量的时间深入公司的管理与运营，并将自己对交互设计与交互媒体理论、方法和实践的探索融汇在该企业的各种创新设计的思考之中。莫格里奇曾经指出："很少有人会意识到这一点：如果离开了设计思考和决策，人类几乎无法制作任何东西。"因此，他特别重视设计方法论以及设计创新理论，并为 IDEO 公司在新媒体时代的转型制定了规划。其中，设计思维就是他为 IDEO 从传统的工业设计走向交互设计、服务设计、整合设计和设计咨询领域所提出的战略方针。IDEO 现任总裁兼首席执行官蒂姆·布朗就曾明确说道："设计思维是一种以人为本的创新方式，它提炼自设计师积累的方法和工具，将人的需求、技术可能性以及对商业成功的需求整合在一起。" 创新的关注点是商业的可持续性、技术的可行性以及用户的需求这三个领域的交集。由此出发，IDEO 的设计团队发挥同理心的作用，为数千位客户设计出了无数产品，从易于使用、可挽救生命的心脏除颤器，到帮助消费者为退休储蓄准备的借记卡。IDEO 认为，成功的创新源自以人为本的设计调研（人的因素），并且平衡了另外两种因素。在考虑消费者真正的需要与期望时，寻找技术可行性、商业可行性和人的需求之间的"甜蜜地带"，这就是 IDEO 所说的设计思维，即为了创意与创新所经过的流程。从设计思维与设计创新出发，IDEO 成功在业界建立了自己的品牌和影响力，成为新型的设计服务型企业。

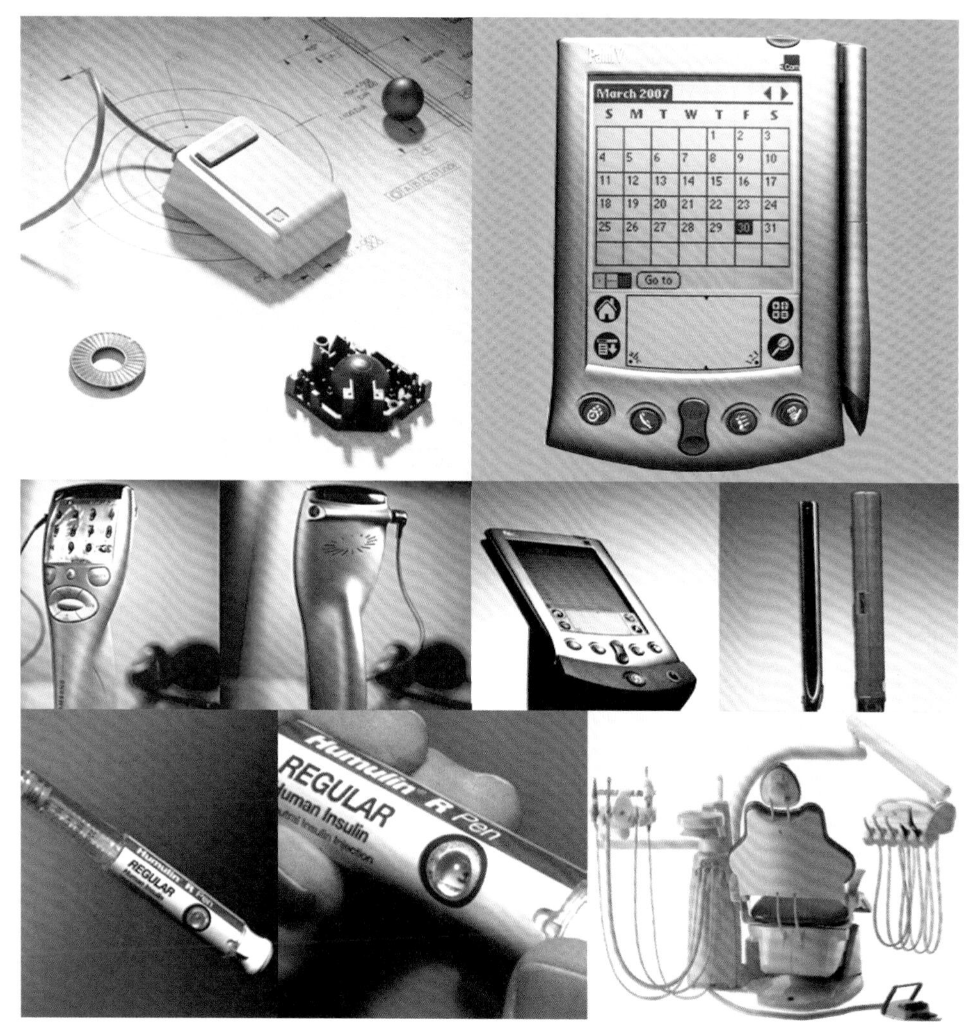

图 7-24　IDEO 公司参与设计的诸多工业产品

通过观察 IDEO 为代表的全球顶尖设计公司的工作流程，欧洲工商管理学院的曼纽·苏萨（Manuel Sosa）教授总结了这些公司成功创新的三步流程，同时也是三项核心的组织创新技能（简称为 3I 原则）：以用户为中心的需求洞察（Insighting）、深层而多样的创意激发（Ideating）、快速且低成本的反复验证（Iterating）。如何从复杂的用户体验中发现需求并提炼出有价值的信息是关键。虽然用户调查和焦点小组通常有助于简化这一流程，但这些举措往往掩盖了人们对市场的真实反应。相比之下，设计师们更喜欢采用观察和询问的方式，通过同理心来辨识那些用户没有阐明，甚至是没有意识到的潜在需求。乔布斯曾经指出："设计 = 产品 + 服务。设计是人类发明创造的灵魂所在，它的最终体现则是对产品或服务的层层思考。" IDEO "创新设计" 的理论与实践延续了乔布斯的设计理念。通过聚集商业的可持续性、技术的可行性以及用户的需求这三个领域的交集，IDEO 将 "最小可用性产品" 的概念（图 7-250）发挥到了极致，也引导了该公司成为设计战略、设计咨询和设计教育领域的启蒙者。今天，IDEO 已经将创新设计方法拓展至各个商业领域，包括零售业、食品业、消费电子行业、医疗、高科技行业。IDEO 还在全球开办 "创新型学校"（Innova School）为学生传授设计思维。IDEO 也为初创公司、商业组织、社会企业等机构等设计商业模式，并且在项目孵化过程中进行指导。2009 年，美国奥巴马总统上任之初，即派人赴三家公司学习创新思想，其中就包括 IDEO，另外两家是谷歌和 Facebook。它不仅影响着美国的商界和政府机构，也将创新思维推向全球。

图 7-25　技术条件、用户需求与商业可行性的结合是可用性产品的基础

莫格里奇对设计战略和设计方法的探索也启发了 IDEO 公司的其他思想者，其中，VB 之父、库珀（Cooper）交互设计公司总裁艾伦 · 库珀（Alan Cooper）就是交互设计领域的另一位旗手和布道者。库珀早期曾在 IDEO 设计公司工作，并归纳总结了 "目标导向设计"（goal-directed design）的设计方法，给交互设计师提供了一个重视用户体验的操作指南。另外，他还开发了模拟用户需求的人物角色（personas）的设计流程和方法。1988 年，他发明了一种动态可扩展视觉化编程工具，随后卖给了微软总裁比尔 · 盖茨。盖茨把这套工具向全世界发布，就是 Visual Basic。这一成就为艾伦赢得了 "Visual Basic 之父" 的称号。1993 年，库珀出版了《交互设计之路——让高科技回归人性》一书，首次诠释了交互设计方法和流程（图 7-26）。1995 年，库珀出版的《交互设计精髓》（*About Face*）已成为

交互设计的启蒙读物。2003 年，库珀和罗伯特·莱曼（Robert Reimann）合著的《软件观念革命——交互设计精髓》（*About Face 2.0*）则将交互设计的理论和原则阐述得更为完整。2017 年，库珀和几个同事将该书升级为第 4 版，该书不仅更加精练和易用；同时该书还增加了更多目标导向设计过程的细节，特别是增加了移动和触屏平台的设计，使之更符合当下的设计环境。IDEO 公司在交互设计领域取得的一切成就与当年莫格里奇的战略眼光与思考是分不开的。他是一位理想主义的战士，将自己对设计与生活的探索发展成一项伟大的事业。

图 7-26　艾伦·库珀（左上）和其撰写的几部交互设计专著

7.8 走向时尚的交互

著名工业设计师、斯坦福大学音乐系的访问学者比尔·维普兰克（Bill Verplank）是“交互设计”思想和概念的重要发明人之一。从 1978 年至 1986 年，他作为软件工程师加入了施乐公司。在此期间，他参与测试和完善第一个 GUI 界面——施乐星（Xerox Star）图形用户界面的工作。从 1986 年到 1992 年，比尔·维普兰克还担任了 IDEO 公司专职设计顾问并和比尔·莫格里奇一起将 GUI 拓展到产品设计。作为工业设计师，比尔·维普兰克对于图形和手绘草图有一种惊人的表现能力，他可以在谈话的同时，随时用手绘的方法勾勒出草图来说明其观点。他用简洁的图表来表示交互设计的发展模式，并提出了交互设计“从工具走向时尚”的发展目标（图 7-27）。

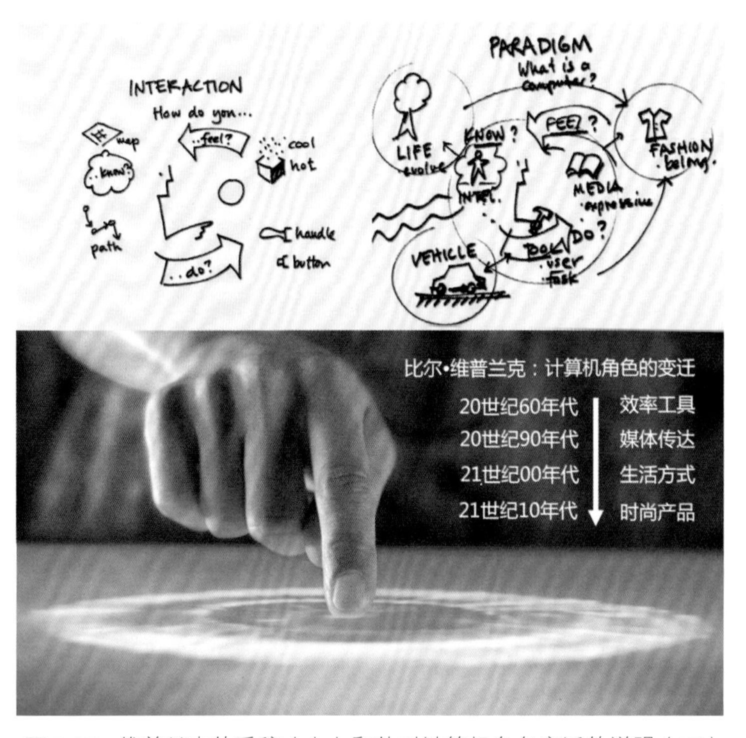

图 7-27　维普兰克的手稿（上）和他对计算机角色变迁的说明（下）

维普兰克指出：计算机最早是作为人类提高工作效率的工具出现的。如早期为了完成大规模人口统计而出现的计算工具。20 世纪 60 年代，美国科学家道格拉斯·恩格尔巴特制作了第一个鼠标器。它只有一个按键，外壳用木头精心雕刻而成，底部有金属滚轮，但当时并不被重视。恩格尔巴特认为计算机不过是一种工具。计算机通过人机交互来实现其计算。对于计算机关注的重点是其工作效率和能力。这是 20 世纪 60 年代人们对计算机的普遍感觉。1990 年代，随着计算机和互联网大量介入社会生活，设计师开始将计算机视为“新媒体”并由此提出了一系列新问题：这种媒体是如何表现的，它是如何影响人类生活的，该时期的人们关注的重点是“媒体的表现”而不是“交互性”。从 20 世纪 90 年代中期到新世纪初，随着尼古拉·尼葛洛庞帝（Nicholas Negroponte）的《数字化生存》红遍全球，人们开始关注“数字化生存”对人类的影响。随着手机、iPad、小型笔记本和各种智能数字移动产品的流行，计算机开始从一种技术转变为文化。当前很多数字产品都是时髦产品，人们希望从计算机或手机产品的外观和操作上得到品味、归属感和成就感。美学成为人们关注数字产品的另一个着眼点。漂亮的外观、炫动的设计和独特的操控方式正是这个时尚世界的主导，它让人们像追逐服装服饰一样，从这个时尚追逐到那个时尚，从这个交互方式追逐到另一个交互方式。维普兰克认为：海纳百川、九九归一，将计算融入时尚的目标可以说未来交互设计的发展方向。例如，将可控芯片、LED 光元素与生活时尚接轨成为可穿戴服饰的新宠。2015 年，一家总部位于伦敦的科技 / 时尚公司 Studio XO 就设计了一款能够根据穿着者的情绪改变颜色的 LED 服饰“布列尔”（Bubelle，图 7-28，左）。受数字一代启发，该公司推出了一系列创新性的科技时尚品牌。总裁马尔斯认为，服装时尚产业的未来在于科技创新，21 世纪的身体是媒介与科技的舞台，科技会推动时尚走向一场新的革命，这不仅可以帮助创造未来的生活方式，而且将有利于催生新一代的创新者，把科技、艺术与时尚紧密相连。

图 7-28　情绪改变颜色的服饰 Bubelle（左）和柔性 LED 发光服饰（右）

穿戴式智能产品是交互设计从技术走向生活的重要标志，也是技术“时尚化”最明显的特征。目前可穿戴技术与产品已成为继智能手机、平板计算机之后 IT 产业的新增长点。它不仅是连接人与物之间的钥匙，而且将会开启未来新的商业模式以及新的生活方式。目前可穿戴设备集中在以下几个领域。

（1）智能眼镜：功能包括监控、导航、通信、声控拍照和视频通话等。谷歌眼镜无疑是智能眼镜的代表，未来的发展会更加时尚和人性化。

（2）智能手环：目前主要功能包括计步，测量距离，卡路里、脂肪测定，还具有活动、锻炼、睡眠等模式，可以记录营养情况，拥有智能闹钟、健康提醒等功能。一些更智能的手环还支持心率检测、汗液感知和皮肤温度等多种数据的分析。针对女性设计的智能手环还具有时尚服饰的功能。例如，美国 Liber8 公司就推出了一款 Tago Arc 智能手镯，它使用弧形电子墨水显示屏，可以随时改变手镯上显示的图案样式（图 7-29）。除了通过手机 App 可以下载新图案外，用户还可以利用 Illustrator CS 5 设计自己喜欢的图案。由于采用了电子墨水显示屏，所以该屏幕耗电量极低，续航时间长达一年。这款手镯运用了一种名为“近场通信”（NFC）的技术，通常在无线支付和旅游通行中会使用这一技术传输信息和图片，这样的好处是避开了蓝牙的干扰，使得该产品更方便。

（3）智能手表：功能包括电话、短信、邮件、照片、音乐等。智能手表目前正朝着时尚化、性感化的方向发展（图 7-30）。

（4）智能监测器：具有多种形态，往往和配饰结合在一起。它主要用于身体各项生理指标的检测，如血压、脉搏、呼吸和睡眠等。在医疗、婴儿和儿童照顾领域应用较多。

（5）智能鞋：功能主要包括导航、GPS 定位、盲人辅助系统、运动提醒和身体监测等。

（6）智能服装：包括生物测定功能，能够追踪从心率到呼吸频率的各项生理指标。其中，最疯狂的可穿戴智能服装要数可随你的思绪变化而变色的纺织品。

图 7-29　Liber8 公司的可改变图案的智能手镯（2014）

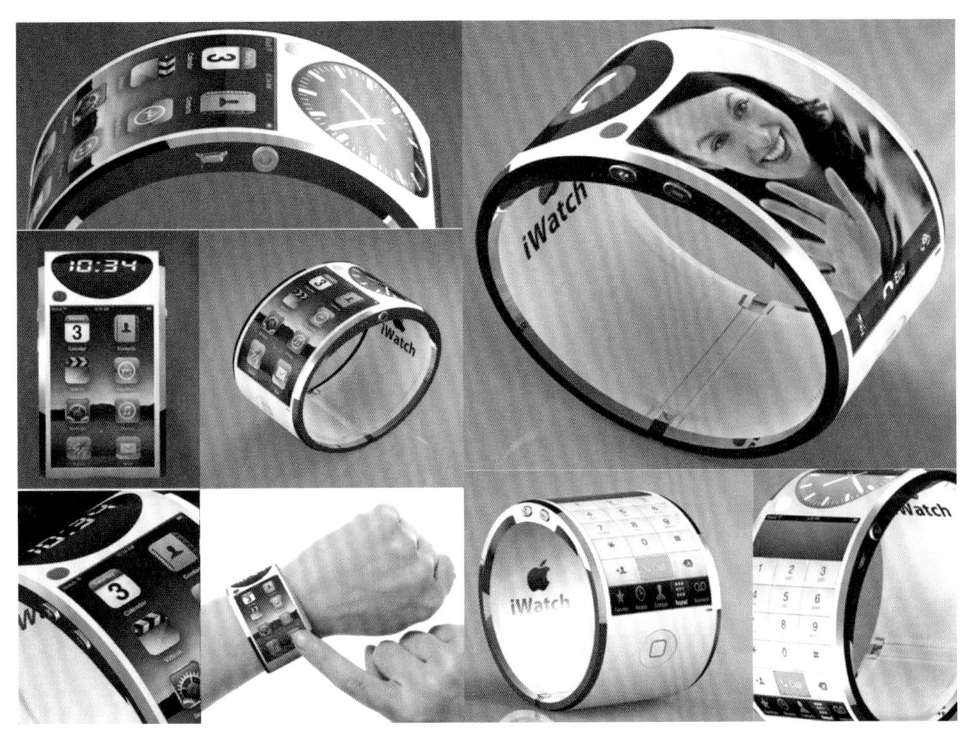

图 7-30　未来智能手环结合腕表的概念模型

7.9　普适计算的未来

交互设计的产生和发展与“普适计算”的思想有密不可分的关系。20 世纪 80—90 年代，美国施乐（Xerox）公司帕罗 · 阿尔托研究中心（PARC）的首席科学家马克 · 魏瑟（Mark Weiser，1952—1999，图 7-31 左）首先提出“无所不在计算”（ubiquitous computing）思想，并在此领域做了大量开拓性的工作，由此成为人机界面与人机交互研究领域的里程碑。早在 1988 年，他就提出了“普适计算”的概念并创造了 Ubicomp 这个新术语。1987 年，当时的施乐 PARC 主任兼首席科学家布朗将马克 · 魏瑟从马里兰大学挖到了硅谷。这位年轻的计算机教授为 PARC 注入了新的灵感和活力。他将 PARC 这一 PC 革命的摇篮重新聚焦于一个他称为“后 PC 时代”的愿景上。他一反“更快、更好、更强”的主流思想，提出了“更小、更轻、更易用”的理念。这位技术界的文艺复兴大师比这个时代整整提前了十年勾画出了信息技术的新蓝图：“我们与计算机的关系需要一个根本性的范式转换。”

十多年来，马克 · 魏瑟发表了大量的论文宣扬这个理念，并从技术和哲学上论述目前存在的困难和突破点。马克 · 魏瑟认为必须把理念转化为实际产品。这位施乐 PARC 研究中心的首席技术官带领其研究团队，进行了长达十多年的造梦工作，他的办公室堆满了各式各样的原型。这些计算机可嵌入到各种日常用具当中，可嵌入墙壁、桌子、钱包中，也有各种发布信息的袖珍装置。这些产品的核心在于：将人们从桌面的屏幕上解放出来，随时随地可以收集、发送、检索信息。在马克 · 魏瑟的视野中，这是信息技术的全新革命，其终极目标就是“宁静技术”（calm technology），是技术无缝地融入我们的生活，而不是让我们时时感受到技术的颤栗和恐惧。马克・魏瑟认为，真正可怕的技术是看不见的技术，我们无法把这种技术与自然或生活本身加以区别，就像电影《007》中的非凡特工杰姆斯・邦德所采用的一系列出神入化的技巧。

图 7-31　PARC 首席科学家马克・魏瑟（左）和普适计算（右）

马克・魏瑟指出："最伟大的计算技术是那些消失了的技术，它们将自己融入到日常生活用品中，以至于它们从人们的视线中消失。""普适计算为每个办公室每个人提供成百上千的无线计算设备。这在用户界面、网络、无线、显示以及其他许多方面对操作系统提出了新要求。我们称我们的工作为'无所不在计算'，它不同于个人数字助理（PDA）、便携式笔记本计算机（Dyna books）或是掌上计算机信息。它是不可见的，是一种无处不在的计算并且不依赖于任何形式的人工设备。"马克・魏瑟认为普适计算具有两个关键特性：一是无所不在性，即随时随地访问信息的能力；二是透明性。通过在物理环境中提供多个传感器、嵌入式设备、移动设备和其他任何有计算能力的设备，从而在用户察觉不到的情况下进行计算、通信并提供各种服务并最大限度地减少用户的介入。英年早逝的马克・魏瑟还富于预见性的指出："将近三十年的界面设计，计算机已经成为一种非常'戏剧性的'机器。它的最高理想是使计算机的存在完美而有趣以至于我们不能没有它。最低程度我称之为'不可见的'，而它的最高目标则是深埋的、合适的与自然的，以至于我们在使用时并不考虑它的存在。我叫它'普适计算'并将它的起源归类于后现代主义。我相信在未来的二十年它将成为主流。"今天，包括眼镜、手环、手表、珠宝、配饰、耳环、智能服装、智能头盔等都已经可以"智能化"（图 7-32），数字科技的高速发展使得马克・魏瑟当年的预言成为现实。这些成就也足以告慰这个英年早逝的奇才。麦克卢汉曾经指出："媒介定律说明：人的技术是人身上最富有人性的东西。"向着人性化、自然化和高度智能化发展是交互设计的方向。

1960 年，美国计算机科学家、哲学家约瑟夫・利克莱德（J. C. R. Licklider）在其编著的《人与计算机共生》一书中写道："我们希望，在不久的将来，人脑和计算机能够紧密结合在一起，这种合作关系所进行的思考，将超过任何人脑的思考。"今天的世界正在朝着物联网＋

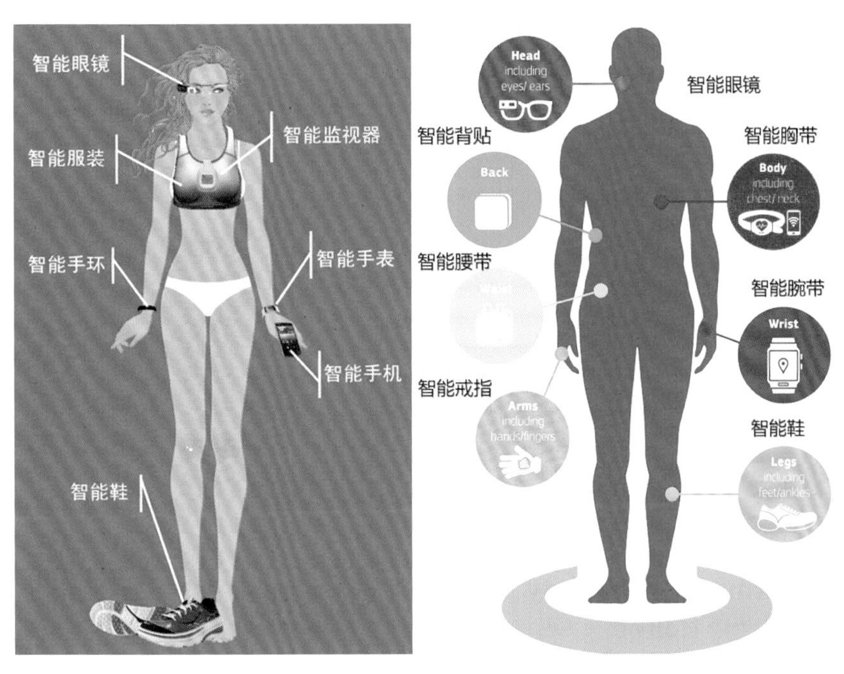

图 7-32　智能可穿戴设计的产品类型和范围

智能环境的方向发展。在可预见的未来，高度智能化的可穿戴设备会知道我们身处何方，我们是谁以及我们的感受，然后向我们适时地推送通知或提醒。这种“免提”的功能将是可穿戴设备最具价值的特征。无论是智能服饰、智能配饰以及智能家电，让所有事物都联网无疑是大势所趋，是数字科技行业不断创新的想象空间。早在 2014 年，谷歌公司就开始研究通过在隐形眼镜上植入芯片，来探测视网膜血管的颜色、密度的变化。这项技术的研究成果不仅将成为人类无损检测糖尿病的里程碑，也为未来实时检测血液多项指标提供了一个安全、便捷的手段，带有芯片的隐形眼镜还有不易被察觉的特点，更方便地用于社交场合，成为智能化无障碍交流的工具。除此以外，通过皮肤的贴片、文身等方式实现的智能传感器也有快速、便捷、廉价和随身等优点，通过进一步配合智能手机的监测，这些即时贴式的传感器将会在生活中发挥越来越大的作用。

国际可穿戴技术协会的 CEO 克里斯丁・斯泰莫尔（Christian Stammel）在 2016 年的一个国际论坛上发表演讲时，曾给出了一个未来 10 年可穿戴技术发展的路线图（图 7-33）。根据他的预测，未来几年，可穿戴技术将在低耗能互联网、环境智能化、智能贴片、智能耳蜗和智慧服装等领域取得重大进展，而远期目标，如智能药物、智能植入和基因诊断等领域的发展也会越来越清晰，这会使得人类在朝向“媒介化”前进的步伐越来越明确。被誉为“可穿戴设备之父”的美国科学家阿莱克斯・彭特兰（Alex Pentland）认为，可穿戴与社交密不可分，无论是重塑企业生产方式，还是创新医生病人关系、情侣约会模式，或者陌生人的社交流程，可穿戴技术最终还是要映射到与“人”有关的领域。彭特兰指出：从桌面计算机到笔记本计算机，从平板计算机到智能手机，从可穿戴到可移植，人与媒体（技术）的关系逐渐从形式上的延伸到真正的融合，最终会实现人机一体化（图 7-34）。从这个角度上看，可穿戴、大数据、智能环境的发展带有更多的哲学含义。

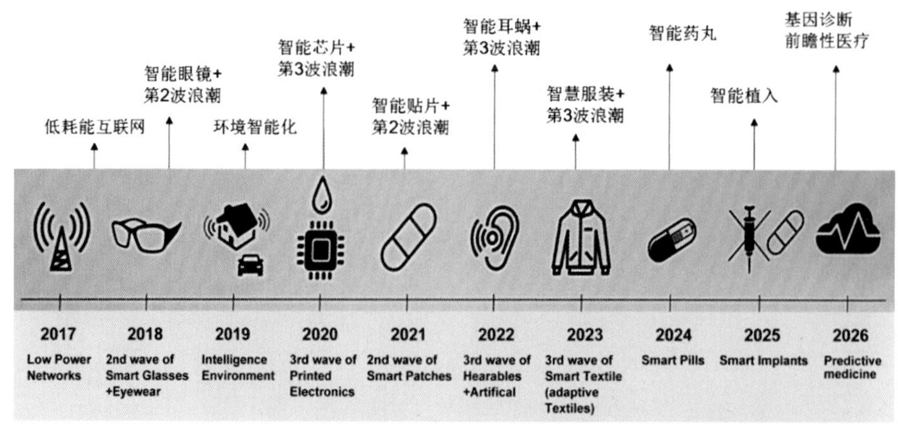

图 7-33　斯泰莫尔给出的未来 10 年可穿戴技术的发展蓝图

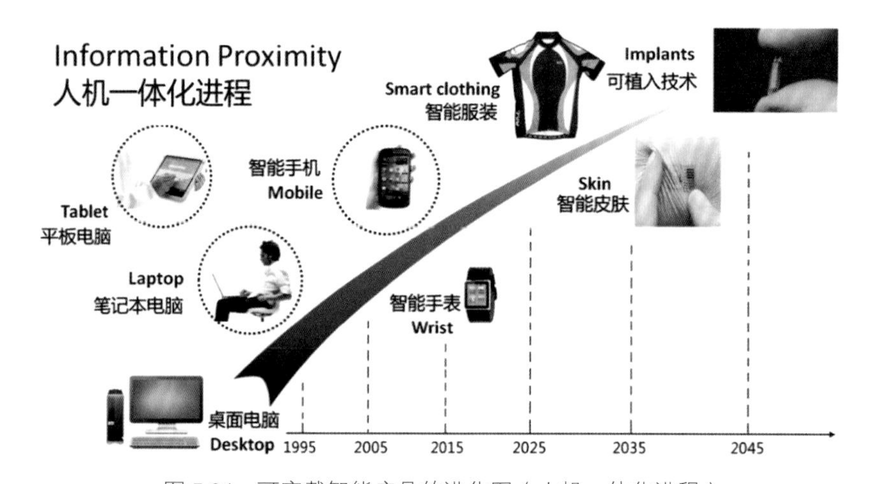

图 7-34　可穿戴智能产品的进化图（人机一体化进程）

思考与实践7

思考题

1. 交互设计的观念、技术与方法是源于哪些学科?

2. 德雷夫斯“为人而设计”的观念对交互设计有何启示?

3. 从 GUI 界面的发展历史说明人机交互的趋势是什么?

4. 莫格里奇对于交互设计最大的贡献是什么?

5. 交互设计理论从横向和纵向研究有哪些可探索的领域?

6. 交互设计发展可以分为几个阶段? 其代表性产品有哪些?

7. 什么是普适计算? 普适计算的发展方向是什么?

8. 交互设计与时尚有何联系？什么是数字生活设计？

9. 交互设计和服务设计之间的共同点有哪些？

实践题

1. 由日本 Teamlab 新媒体艺术家团体打造的全球首家数字艺术博物馆将自然互动的娱乐体验发挥到了极致。这个可以触摸改变颜色和声音，并能够相互“传染”的气球吸引了众多的游客（图 7-35）。这也代表了交互设计在数字娱乐领域的巨大发展潜力。请调研当地的游乐园、主题公园或者休闲购物中心，并以多人共同体验的互动娱乐为主题，提出一个基于创新交互设计的数字娱乐方案。

图 7-35　日本 Teamlab 设计师打造的智能气球互动娱乐体验项目

2. 柳冠中教授认为设计应该从“物”转到“事”，即关注人 - 环境 - 事件。请针对游泳的互动体验展开联想，设计一个探索、健身和游戏一体化游乐项目（产品和服务），如冰桶挑战、与鱼同乐、水下探险、美人鱼和双人冲浪等。

- 8.1 情感化设计
- 8.2 加拿大“鹅”的启示
- 8.3 情感化设计的意义
- 8.4 大脑与情感设计
- 8.5 情感化设计模型
- 8.6 注意力与设计
- 8.7 色彩与设计
- 8.8 功能可见性
- 8.9 视错觉与设计

第8课 交互设计心理学

创意不是魔法而是技巧。基于情感化的设计才是真正能够打动人心的设计。本课聚焦于情感化设计、创意心理学以及色彩设计等内容。这些内容从心理学角度对产品设计、情感与设计、色彩与注意力、功能可见性和视错觉进行了深入的讲解，为交互设计、UI设计和功能设计提供参考。

8.1 情感化设计

情感是人们对外界事物作用于自身时的一种生理的反应，是由需要和期望决定的。当这种需求和期望得到满足时会产生愉快、喜爱的情感，反之则会产生苦恼、厌恶的情绪。人类情感可分类为很多种，心理学以二分法将情绪分为正向情绪与负向情绪，其中最著名的就是美国南佛罗里达大学教授、心理学家罗伯特·普鲁钦科（Robert Plutchik）的倒锥体形立体情感轮盘。在这个色彩情感轮盘上，普鲁钦科确定了 8 个主要情感区域，这些区域的色彩恰恰是处于轮盘的相对位置：快乐与悲伤、信任与厌恶、恐惧与愤怒、期望与惊喜（图 8-1）。倒圆锥体的垂直高度代表情感变化的强度。如果展开来看，该色盘从外到内，色彩逐渐加深，表示情感的逐渐加强与色彩深化之间的关系。例如，从顺从、接受过渡到恐惧、恐怖，颜色也逐步由淡绿变成深绿。同样，该色盘的相邻色也代表了情感和情绪的相关性：如从暖色系的正面情感（乐观、信任、兴趣）转变为冷色系的负面情感（忧郁、烦躁、忧虑），之间也包含如平静、接受、乏味、讨厌等相关的情感。

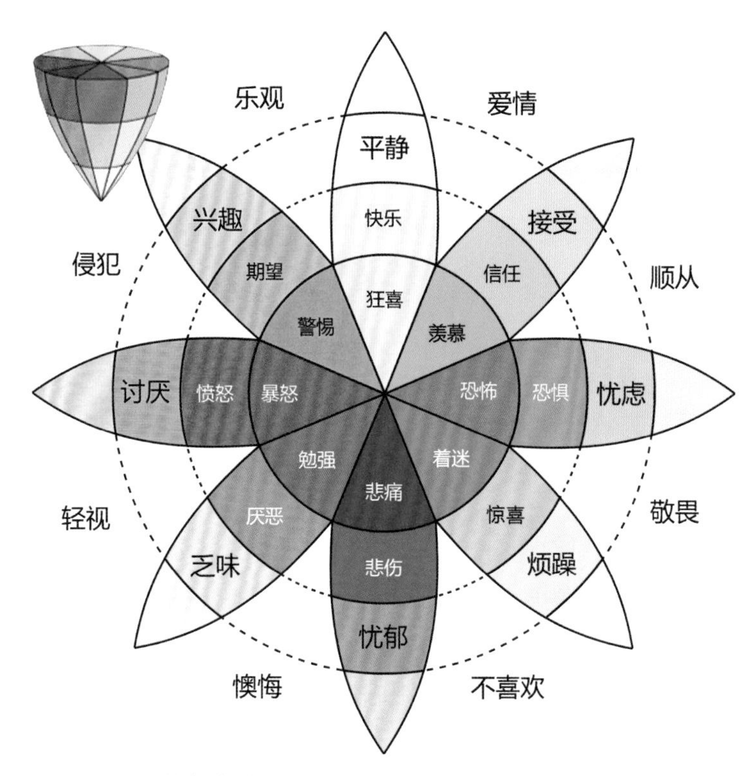

图 8-1　普鲁钦科颜色轮盘可以用来表达色彩与情绪的关系

普鲁钦科模型描述了情感之间的内在联系，这与色轮上的颜色是相对应的。8 个部分被设计来诠释 8 种情感的维度。在这一爆炸模型中，位于空白部分的情感是两种基本情感的混合情绪。普鲁钦科提出，这些情感是生理上的原始元素，为了提高动物的生存与繁衍价值而保持下来。随着生物的不断进化过程，这些情感元素已经成为人类的本能，例如由害怕而激发的“战斗或逃跑”反应。从 20 世纪 80 年代以来，设计师和心理学专家们就已经开始探索情感对于产品设计的意义。设计师要能够从使用者的心理角度出发和考虑，让产品在心理上符合人们的欲望，情感上满足人们的需求。“情感化设计”（emotional design）一词由美国认

知心理学家唐纳德 · 诺曼（Donald Norman）在其 2004 年的同名著作中提出（图 8-2）。诺曼认为情感是与价值判断相关的，而认知则与理解相关，二者紧密相连不可分割。他还将情感化设计与马斯洛的人类需求层次理论联系了起来。正如人类的生理、安全、爱与归属、自尊和自我实现 5 个层次的需求，产品特质也可以被划分为功能性、可依赖性、可用性和愉悦性 4 个从低到高的层面，而情感化设计则处于其中最上层的“愉悦性”层面。《情感化设计》一书着眼于产品从可用性到美学的过渡，并强调一个完好开发的、有凝聚力的产品不仅仅应该看上去美观而且使用起来舒心，并且人们应该以拥有它为自豪。也就是说，快乐地拥有和快乐地使用。

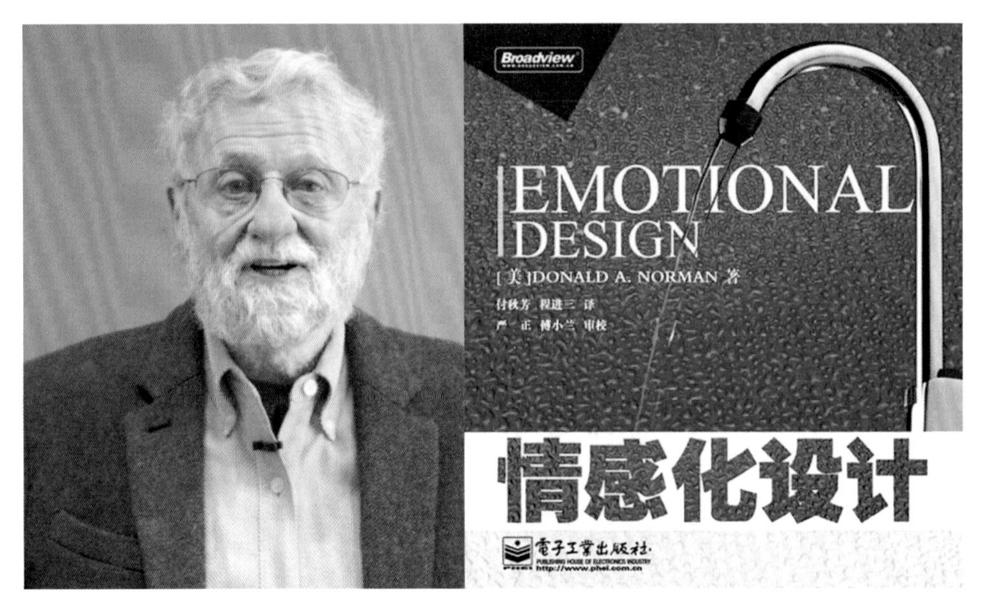

图 8-2　唐纳德 · 诺曼（左）与《情感化设计》（右）

《情感化设计》一书中将设计分三个层次：本能层、行为层和反思层。所谓本能层，就是能给人带来感官刺激的活色生香。人是视觉动物，对外形的观察和理解是出自本能的。如果视觉设计越是符合本能水平的思维，就越可能让人接受并且喜欢。行为层是指用户必须学习掌握技能，并使用技能去解决问题，并从这个动态过程中获得成就感和愉悦感。行为水平的设计可能是我们应该关注最多的，特别对功能性的产品来说重要的是性能。是否能有效地完成任务，是否是一种有乐趣的操作体验，这些是行为设计需要解决的问题，即功能、易学性、可用性和物理感觉。

反思层是指由于前两个层次的作用，而在用户内心中产生的更深度的情感体验。反思水平的设计不仅与物品的意义有关，而且与顾客的长期感受有关。只有在产品 / 服务和用户之间建立起情感的纽带，通过互动影响了自我形象、满意度、记忆等，才能形成对顾客品牌的认知。换句话说，本能层关注的是外观界面设计，行为层关注的是操作行为设计，反思层则关注的是长期印象和品牌形象的建立。这三者相互作用，彼此影响。本能水平的设计是感官的、感觉的、直观的、感性的设计（外形、质地和手感等）；行为水平的设计是思考的、易懂性的、可用性的、逻辑的设计；而反思水平的设计则是感情、意识、情绪和认知的设计，关注产品信息、文化或者产品效用的意义。一个优秀的产品应该在这三个层次上都做到优秀（图 8-3）。

用户行为模式	用户体验目标	交互设计方向
本能层 感觉的、安全的、直觉的、瞬时和本能…	**感官目标** 感性的、感官的、酷、时尚、活色生香的体验…	**外观设计、视觉设计** 吸引人的、感兴趣的美观的、愉悦的、外观的…
行为层 情感的、认知的、直觉的、短期记忆…	**任务目标** 完成作业、完成作品、现在时的阶段目标…	**行为设计、功能设计** 思考的、易懂性的、可用性的、逻辑性的设计…
反思层 文化、教育、意志、思考、理解、长期记忆…	**人生目标** 成就自我、名誉地位、受尊重、成就感…	**深层设计、品牌设计** 自我形象、满意、品牌、记忆、认知和情感的…

图 8-3　情感化设计的三个层次与不同的目标及方向

8.2　加拿大“鹅”的启示

2019 年元旦小长假首日，北京的最高温度不超过零度。在凛冽的寒风中，三里屯“加拿大鹅”（Canada Goose）羽绒服专卖店门前却出现了难得一见的顾客爆棚的火热抢购盛景。对于许多品牌来说，迅速赢得市场是成功的圣杯，然而如果后期经营不善，这个圣杯也有可能会成为死亡之吻。创业易守成难，当一个品牌迅速蹿红之后，如何能够依然保证稳步前进，获得消费者不断地青睐？这个问题，加拿大羽绒服制造商“加拿大鹅”CEO 丹尼·瑞斯（Dani Reiss）绝对有资格回答。他将一件羽绒服卖到了 1000 美元，虽然他从不请明星代言，但贝克汉姆等大牌明星都爱穿他的羽绒服。他的故事不仅成为商业品牌缔造者的典范，而且也是情感化设计的经典。

“加拿大鹅”羽绒服是享誉全球的著名品牌，虽然价格不菲，但仍受到了诸如俄罗斯总统普京等全球知名人士的喜爱。“加拿大鹅”羽绒服由于受到热捧，销量不断增加，股价也是一路走高。这个品牌已经有 60 年的历史，早在 20 世纪 50 年代，一个叫萨姆·迪克（Sam Tick）的第一代移民，在多伦多的一个小仓库创立了专注于羊毛背心、雨衣和滑雪装的都市运动服装公司。到了 20 世纪 70 年代，他的女婿大卫·瑞伊斯（David Reiss）研发的绒毛填装机将公司带入了全新的时代。大卫同时采用加拿大雪鹅（Snow Goose）作为商标，这就是现在鼎鼎大名的国民品牌。随后的每一个十年，“加拿大鹅”都经历着里程碑式的飞跃，20 世纪 80 年代为南极科考队定制御寒服，同时为加拿大国家安全警卫队、护林员和环境勘察官员定制工作服。

但该品牌真正大放异彩是在 20 世纪 90 年代和 21 世纪初。2001 年，家族的第 3 代，28 岁的文学青年丹尼·瑞斯（Dani Reiss）正式接班，成为公司总裁兼 CEO。丹尼将目光着眼于全球，他大胆改革，在北京、伦敦、纽约、东京等 12 个城市开设旗舰店。同时加拿大鹅也出现在全球上映的各种大片中，如《后天》《国家宝藏》和《超人》等，使品牌知名度急速飙升。要打响品牌就要给其更清晰的定位。在一次北欧旅行时，丹尼发现自家的御寒羽绒服不仅科考人员在穿，日常的上班族，包括不少女性也都在穿加拿大鹅的羽绒服。这让他意识到，也许公司一直以来的定位太过狭窄。于是，丹尼决定将公司产品由原本只针对户外科考人员的专业装备，转型成为面向所有大众的时尚消费品（图 8-4）。

图 8-4　加拿大鹅品牌的成功带给设计师的启示

但在这一切的背后，是该公司对产品质量的精益求精和严格把控。用的是最优质的鸭绒和鹅绒及郊狼毛。虽然该品牌叫鹅（Goose），但官方标明的填充物是加拿大特产的白鸭绒，也是业界公认的最稀有最保暖的羽绒之一。该羽绒服帽子边缘的一圈毛，来自加拿大西北地区的郊狼毛，既时尚又保暖。此外，该服装做工考究，缝制精美，几乎代表北美最高水准的工艺，其独特的科技防寒面料，能够使羽绒服在 -40℃还能让人活动自如。该品牌还会在加拿大北极地区测试服装的防水和防寒性能，成为适应极端环境和气候的唯一品牌。由此来看，这个品牌正是通过实用、时尚与口碑的结合成为外观设计、功能设计及品牌设计的典范。“加拿大鹅”的例子说明了情感与信任必须建立在长期的品牌认知的基础上，才能深入人心并打动消费者。真正的设计是要打动人的，它要能传递感情、勾起回忆并给人们带来惊喜。产品是生活的情感与记忆。只有在产品 / 服务和用户之间建立起情感的纽带，通过长期互动建立自我形象、满意度和记忆等，才能形成对大众对品牌的认知，这正是“加拿大鹅”的启示。

8.3　情感化设计的意义

自 20 世纪 80 年代开始，设计师和心理学专家们就已经开始探索情感对于产品设计的意义。产品发展到现在，不再是一种单纯的物质的形态，应当看作是与人交流的媒介。所以设计师应当把产品当作“人”来看待，当作人类的朋友。设计师要能够从使用者的心理角度出发和考虑，让产品在心理上符合人们的欲望，情感上满足人们的需求。想要为客户及他们的顾客创造更大的价值，就要在产品设计过程中将用户的情感反应考虑进去。图 8-5 总结了情感化设计的目标、对象与深层的原因。为何情感会对一项设计是否成功产生如此深刻的影响？因为从心理学上看，以下这 3 个原因最关键。首先，情感即体验，所有的设计都是情感设计；其次，情感主导决策，情感控制注意力 , 影响记忆力；最后，情感还能够传达个性、建立关系并创造意义。

图 8-5　情感化设计的目标、对象与深层的原因

今天，无论是工业设计还是交互设计，设计师都需要关注产品与用户的关系。薄荷（MINT IN）公司创意陶瓷调味罐系列就通过黑白两个幽灵造型表现了情感设计（图 8-6）。两个卡通人物拥抱时协调自然，可爱又富有愉悦感，承载着感激、温暖、愧疚、安慰、友谊和爱情。该公司另一个情感化设计的例子就是"破碎的心"（图 8-7）。该产品为一个心形的容器，你可以把对恋人的祝福或表白的纸条放在里面，如果他（她）要看，就必须要打碎"这颗心"，这件作品利用了人们对拟人化器皿的"移情"心理进行设计，并通过操作的情感化给人留下深刻的印象。这种构思巧妙的产品和使用方式会给人们的生活带来愉悦感，从而排解了人们的压力。对

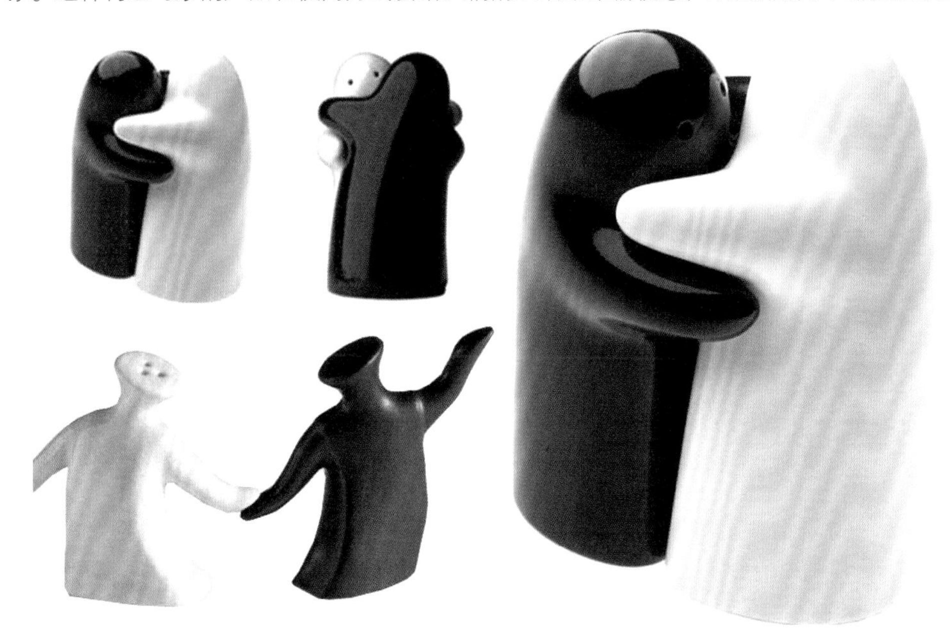

图 8-6　情感化设计范例：可爱的创意陶瓷调味罐系列

于设计师来说，感官层面在全世界都是相同的，因为它是人性的一部分。行为层面上的东西是学来的，因此在全世界有着类似的标准，但不同的人还是会学到不同的东西。反思层面上则有非常大的差异，它与文化密切相关。不单是中国文化不同于日本文化，不同于美国文化，就是同在中国，年轻女孩也不同于商业人士，不同于大学生，不同于农民，这中间存在着微观文化因素。因此，设计师一定要了解自己的目标客户，这其中最难的就是文化因素。就情感化设计而言，如果能够在感官和行为层面理解人的普遍需求，借助隐喻、符号、挪用、拼贴、象征和拟人化等多种表现手段，往往就可以出奇制胜，设计出令人耳目一新的产品（图 8-8）。

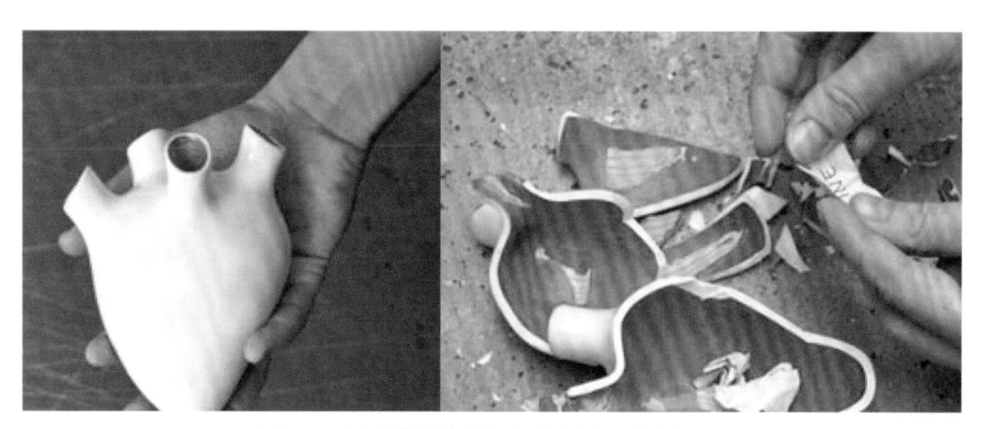

图 8-7　情感化设计创意陶瓷产品：破碎的心

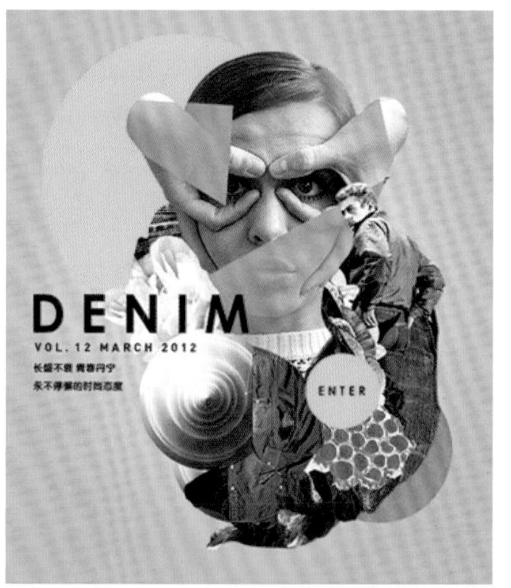

图 8-8　针对女性用户的图形与色彩偏好设计的海报

8.4 大脑与情感设计

情感化设计是否具有神经生理学的依据呢？唐纳德·诺曼认为：人类大脑结构机能进化的三层结构（丘脑、间脑和大脑皮层）就是“情感化设计”的理论基础。这个“三位一体的大脑”假说是美国著名生理和神经科学家保罗麦·克莱恩（Paul Mac Lean，1913—2007）提出的理论（图 8-9）。此理论根据大脑在进化史上出现的先后顺序，将人类大脑分成“爬行动物脑”（reptilian brain）、“古哺乳动物脑”（paleomammalian brain）和“新哺乳动物脑”（neomammalian brain）三大部分。每个“脑”通过神经纤维与其他二者相连。在这个模型中，爬行动物脑控制基本的生存和交配本能。这个脑对外界信息的处理过程几乎是即时的、无意识的或直觉的。这就解释了为什么审美特性可以不假思索地产生吸引力。你不需要去思考某样事物的外观是否具有吸引力——要么有，要么就没有！在爬行动物脑的层次上，所有的模型专注于事物本身的审美特性或外观特性。如果产品的审美和感官特性颇具感染力，用户就会产生愉快的反应并受其吸引。在古哺乳动物脑中，重点在于产品怎样与用户互动、怎样执行功能，产品所带来的利益，以及是否达到标准。在这个层次上，产品通过社交互动把用户吸引过来；所有的模型专注于产品的互动特性和评判产品所带来的实用利益。在新哺乳动物脑或人类的大脑中，关键在于产品怎样表现出设计者的特点以及产品留下的记忆、带来的情感利益，产品是否有助于实现设计者的目标。在这个层次上，我们可以了解用户和产品之间的交流，怎样传达出产品或服务的个性或品牌形象。

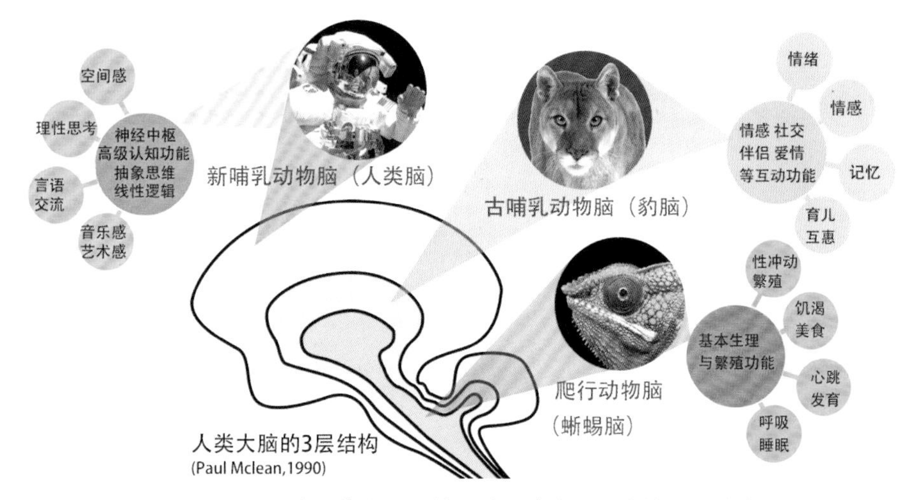

图 8-9 “三位一体大脑”的假说是情感化设计的生理基础

8.5 情感化设计模型

曾经撰写了《怦然心动：情感化交互设计指南》的美国著名交互设计顾问、心理学家斯蒂芬·安德森（Stephen P. Anderson）认为，设计中的一切都很适合用约会来比喻：最初的吸引力、浪漫和兴趣。“想象一下初次与某个人会面时，对于这个人的很多判断完全是基于外表形成的。使用在线工具时也是一样。研究表明，有吸引力的视觉设计可以影响各个方面，包括信任、感知到的（甚至实际上的）效率。随后你们开始互动。在约会场景中，与充满魅力的人对话意义非凡而且毫不费力。非对抗性的语言、赞美、幽默的笑话、一点点奉承、调情的举动——这一切都很容易使人放松下来并解除戒心，而这与大多数商业应用程序形成了明显的对比。

因此，他认为如果要设计出令人“怦然心动”的产品，就应该理解产品“魅力”产生的原因，由此做到“情感化设计”。那么，什么才是优秀产品设计的特征呢？《情感与设计》一书的作者托夫·范·戈普（Trevor van Gorp）和艾迪·爱德玛斯（Edie Adama）给出了标准：如果产品能够表现始终如一的个性，人们才会更喜欢、更信任它。基于进化心理学，人们在产品中和伴侣身上能够寻找到 7 种特质：①吸引力（性感、可爱、美丽、优雅）；②社会地位（生活方式、社会阶层、价值体系）；③智慧（聪明、适应性、直观、功能完善）；④诚信度（忠诚、安全、信任）；⑤共鸣（理解、配合、沟通）；⑥理想与追求（创新性、前瞻性、有抱负、积极性）；⑦唤醒与激动（良好的幽默感、惊喜、创造性）。其中，吸引力无论对于人类还是产品都非常重要，是“一见钟情”的基础。例如，对男性选择伴侣来说，女性的外貌吸引力往往是最重要的特征，审美特性会引起自动的、无意识的情感反应。女性特定的腰围 / 臀围比可以产生较高的吸引力和生育能力。实际上，从进化的角度来看，吸引力和对称性都与生育能力有关。例如，2017 年，韩国 Marquardt 美容分析机构的研究人员通过面孔大数据采集，并结合计算机建模，得到了一个“最完美亚洲女性面孔”的形象（图 8-10）。该面孔眼睛的位置比例都非常接近于黄金比例（1.618）并由此产生了女性“普遍美丽的面部特征”。实际上 1.618 和对称性也是古典绘画艺术的基础，历史上最著名的绘画和建筑都是以此为基础设计出来的。因此，绝大多数产品也都是对称的。

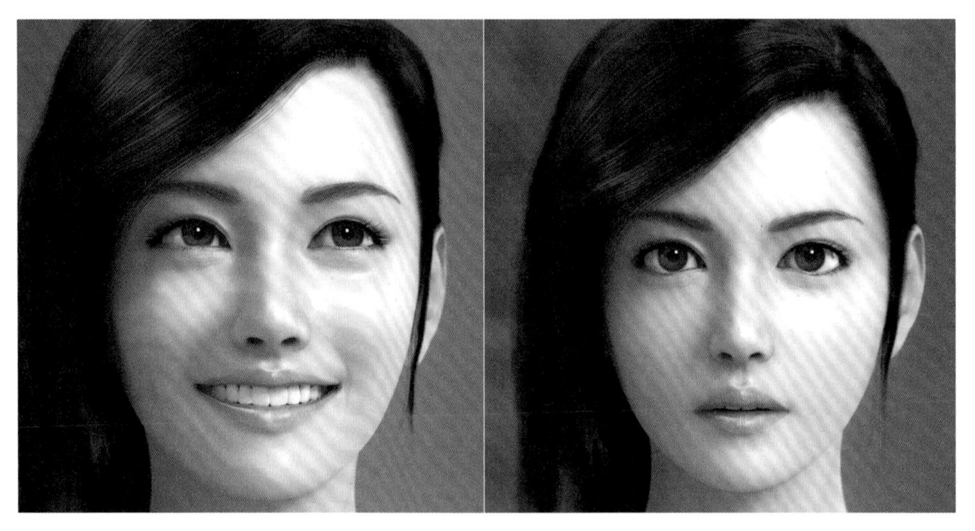

图 8-10　韩国美容机构根据大数据得到的“最完美亚洲女性面孔”

同样，许多女性在寻找生活伴侣时，不仅关注年龄与外貌，而且也会将社会地位视为最重要的方面。“社会地位”这个词代表了一个人受尊重的程度。从进化的意义上来说，地位更高的交配对象能够获得更多的资源，因此有助于保证后代的生存。同样，在产品设计中，社会地位是一个重要的考虑因素。人们看到的任何产品都被视为社会地位的象征。社会地位不仅是物质上的，还有文化的。例如，如果一种产品的品味高雅，而且用户也知道哪些产品更优雅或更时尚，他们自然就会追随这些产品或品牌。例如，苹果公司一贯标榜自己产品与众不同，并在外观设计、材料与触感等方面下足了功夫（图 8-11），虽然价格不菲，但粉丝众多。由此，苹果的产品和品牌就被追随者赋予了文化地位。

图 8-11　苹果计算机通过质量和个性化设计打造了品牌形象

基于进化心理学，人们在产品中和伴侣身上，除了吸引力（性感、可爱、美丽、优雅）与社会地位（生活方式、社会阶层、价值体系）外，包括智慧（聪明、适应性、直观、功能完善）、诚信度（忠诚、安全、信任）、共鸣（理解、配合、沟通）、理想与追求（创新性、前瞻性、有抱负、积极性）和唤醒与激动（良好的幽默感、惊喜、创造性）也是必不可少的要素。例如，电商网站通过用户购买商品后为店铺打分的方式，来暗示该店铺的好评度、可信度以及商品与服务的质量。因此，从用户的角度换位思考，就是传达出一种共鸣感，这种同理心有助于使用户感觉自己的问题获得了认可和理解。同样，商家在顾客购买产品后附赠小礼品或者抽奖环节，也会大大提升商家和产品的好感度。例如，浪漫的爱情故事中充满了意外惊喜和鲜花、珠宝等礼物。在产品与服务设计中，惊喜是一种有效的策略，不仅能够快速吸引注意力，而且也会加强正面记忆。

如何将情感和进化心理学的成果应用到产品设计中呢？《情感与设计》一书的作者提出了一个名为 A.C.T 的情感设计模型（吸引，Attract；对话，Converse；契约，Transact）。该模型描述了如何借助“三位一体大脑”的假说（蓝色部分）设计出有用的、可用的和令人满意的用户体验（图 8-12）。此外，该模型还以情侣之间的约会交往历程（激情 - 亲密 - 互动 - 信任 - 契约）为借鉴（绿色部分），进一步隐喻和说明了如何通过产品的情感化设计来达到说服别人的技巧。

设计要素	吸引（A）	对话（交谈 C）	契约（交易 T）
设计导向	审美导向	互动导向	个性导向
设计目标	满意度	易用性	可用性
产品要素	审美	互动	功能
爱的形式	激情（爬行类脑）	亲密（古哺乳类脑）	承诺（人类新皮层）
利益类型	享乐利益	实用利益	情感利益
处理层次	本能层面	行为层面	反思层面
反应类型	自动，直觉，本能	互动、对话、感受	关系、记忆
大脑类型	爬行动物脑	古哺乳动物脑	新哺乳动物脑

图 8-12　A.C.T 的情感设计模型

当应用于产品设计时，A.C.T 模型可以帮助你了解用户的需求以及产品本身怎样与用户互动，继而实现这些需求。A.C.T 模型在设计过程中易于理解和使用，有助于预测设计成果，传达设计理念。这个模型的关键是以下 3 点。

（1）吸引：产品的审美特性（例如视觉、声音、气味、触觉、运动和颜色）。用户是否发现审美吸引力？审美特性带来的愉悦感和激情。

（2）对话：产品交互和行为方式（易用性）。产品是否符合用户的标准？通过使用和完成任务获得的益处、亲密感和关联感。

（3）交易或契约：这部分属于理性的认知，如自我形象、理想、目标、品牌、忠诚等可以压倒情感或者本能。

如果设计师能够在设计过程中综合上述这 3 个方面的思考，就能达到"情感设计模型"的目的：通过一步步情感化设计，来建立理想的产品与用户之间的联系（图 8-13）。

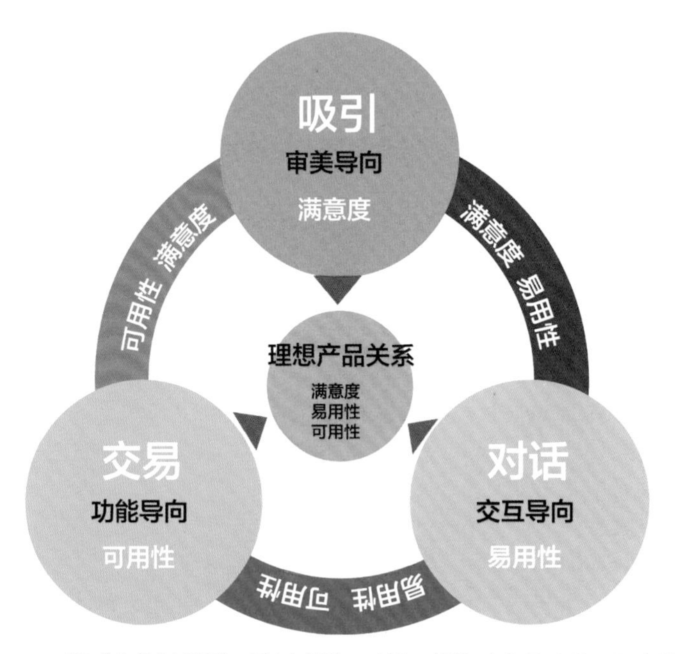

图 8-13　情感化设计模型：通过吸引 - 对话 - 契约建立的产品 / 用户关系

8.6 注意力与设计

19 世纪美国著名心理学家威廉・詹姆斯对注意的解释是“心理以清晰而又生动的形式对若干种似乎同时可能的对象，或连续不断的思想中的一种的占有。它的本质是意识的聚集。它意指离开某些事物以便有效地处理其他事物。”注意是指心理活动对一定事物或活动的指向和集中。注意并不是一种独立的心理过程，它是感觉、知觉、记忆、思维、想象等心理过程的一种特性，注意贯穿于它们的始终。注意维持着记忆、思维等心理过程并使其不断深入。能够引起用户的关注，或者说能够吸引住用户眼球，是所有产品成功的第一步。

从进化角度看，注意力的形成是人类与自然环境的不断抗争与适应的过程。例如，美味的食物（色彩和形状，图 8-14）、婴儿或儿童的笑容（图 8-15）、少女的妩媚还有春天的绿色，这些与生命、青春、后代和健康相联系的事物，无疑会带来人体愉悦感与持续的关注。同样，与危险、灾难和恐怖相关的新闻也会引起人们极大的兴趣。为什么路边的事故会让来往车辆减速？这是因为你的旧脑在提醒你注意。恐怖的东西会带来人体本能的抗拒，同样也会使得注意力高度集中。人们在遇到特殊情况，如地震、火灾、抢劫或其他危险环境时，往往会产生肾上腺素分泌、血流加快、心跳剧烈、肌肉紧张等一系列应激反应。因此，和食物、性、后代或是危险相关的图片往往会吸引注意力并引发本身的反映（逃避、紧张和好奇心）。同样，任何移动的物体如影像或动画也会吸引眼球，这可以作为一种危险来临的预警信号。

图 8-14　水果的鲜艳色彩不仅会引发食欲，也会带来美感

图 8-15　婴儿或儿童的笑容会带来美感和吸引力

心理学研究表明：人脸图片，尤其是正面照片是最容易吸引人注意力的内容，甚至在人类的大脑皮层有专门的人脸识别区域。从古至今，从波提切利到达·芬奇，很多艺术大师都知道这个奥秘：脸部特征，特别是少女和儿童，是最能够吸引观众视线的题材。因此，使用近景人脸图片确实可以吸引注意力，这在广告界已经是一个尽人皆知的原理，即黄金和白银法则。所谓黄金法则即 3B 法则，指美女（Beauty）、动物（Beast）和婴儿（Baby）；而白银法则是指名人效应。广告中几乎 50% 以上都是美女面孔。例如，百度贴吧的“神龙妹子团”就策划了一个引爆了朋友圈的创意 H5 广告《一个陌生妹子的来电》（图 8-16）。这个高颜值的广告借助选择题和动图的切换来推动故事情节的发展，成为大家分享和疯狂转发的互动游戏。

图 8-16　百度贴吧的 H5 创意广告《一个陌生妹子的来电》

注意是具有选择性的。在大千世界中，我们每时每刻都接收着数不胜数的视听信息。但是人类的神经加工能力却是极有限的，无法对这些信息做全面的处理。日常经验告诉我们，对某些事物的注意往往会导致人们对周围事物的“视而不见”。例如，在路上沉迷于低头看手机的人往往会忽视过往交通的危险信号。我们的感觉系统就像计算机一样，如果处理的信息量在其容量之内，还能完好地发挥作用，一旦超负荷就不能正常运作了。因此，对于交互设计师来说，如何降低 UI 界面的信噪比（signal to noise ratio）就成为提高用户注意力、减轻视觉疲劳的重要手段，这也成为近年来手机 UI 界面简约设计的大趋势。例如，苹果 iOS

早期设计的 UI 界面（iPhone 4，2010 年，图 8-17，左）采用视觉效果丰富的拟物化设计，在图标内容传递的同时加入了光感、色彩和质感等效果。随着手机功能和内容的不断增多，拟物化设计带给用户更多的记忆困扰，随后在 2015 年推出 iPhone8 就采用了扁平化的风格，显著降低了信噪比（图 8-17，中）。在 2017 年推出的 iPhone X 中，这种简约型 UI 界面的设计风格进一步增强（图 8-17，右）。这种设计趋势在安卓系统中同样存在。

图 8-17　手机 UI 界面简约设计趋势（2 代 iPhone 的 UI 界面）

研究表明：认知疲劳往往与大量的冗余信息加重了记忆负荷有关。因此，设计师千万不要为了造型而无谓地增加信息，如莫名其妙的各种符号、文字、线条或构图等。应该仔细研究产品的功能性，需要什么信息、关注什么信息、关注信息的持续时间以及信息容量等问题。特别是需要尽量减少注意的负荷：如采用生动的语言、减少专业语言来减轻用户的思维负担；在交互行为设计过程中尽量减少操作步骤，减少动作复杂性、动作持续时间、动作速度、动作精度要求；通常操作过程越长越复杂，对注意的要求也越高，也往往更容易引起疲劳。人类适合从事探索性的、有创意的、有兴趣的和灵活性的工作；机器则更擅长于从事枯燥、单调或笨重的作业以及需要高精度或程序固定的工作；针对人类易疲劳、容易出错或判断失误等问题，在交互设计中应该特别注意易学、易用、舒适、操作简便、反馈迅速等原则的应用，真正实现“以人为本”和“体贴关怀”的设计理念。

8.7　色彩与设计

色彩心理学实验证明：色彩具有干扰时间感觉的能力。一个人进入到粉红色壁纸深红色地毯房间，另一个人进入蓝色壁纸蓝色地毯的房间，让他们凭感觉一个小时后从房间里出来，结果在红色房间的人 40~50 分钟就出来了，而蓝色房间的人 70~80 分钟后还没有出来。由此说明人的时间感被颜色扰乱了。蓝色有镇定、安神、提高注意力的作用；而红色有醒目的作用，可以使血压升高，有时可增加精神紧张。颜色不仅可以影响时间，还可以影响人的空间感。颜色可以前进或后退，前进色看起来醒目和突出。特别是两种以上的颜色组合后，由于色相差别而形成的色彩对比效果，称为色相对比，其对比强弱取决于色相环的角度，角度越大对比越强烈（图 8-18）。国外有人统计，发生事故最多的汽车是蓝色的。然后依次为绿色、灰色、白色、红色和黑色。蓝色属于后退色，因而在行驶的过程中蓝色的汽车看上去比实际距离远。汽车颜色的前进色和后退色等与事故是有一定关联的。

图 8-18　色相环对应的颜色（对比色）在一起会产生更醒目的感觉

色彩是与大自然密切联系的，四季轮回成为人们对色彩的直接体验。暖色系是秋天的主色调，无论是层林尽染的枫叶，还是姹紫嫣红的葡萄、苹果，无不使人垂涎欲滴、胃口大开。橙色代表了温暖、阳光、沙滩和快乐，而且橙色创造出的活跃气氛更自然。橙色可以与一些健康产品搭上关系，例如橙子里也有很多维生素 C。黄色经常可以联想到太阳和温暖，黄色则带给人口渴的感觉，所以经常可以在卖饮料的地方看到黄色的装饰，黄色也是欲望的颜色。橙黄色往往和蓝绿色、紫色形成鲜明的对比，并给人带来无限的遐想和温馨的感觉（图 8-19）。

图 8-19 橙黄色往往和蓝绿色、紫色形成鲜明的对比

色彩同样有着象征性与文化的含义。绿色是自然环保色，代表着健康、青春和自然，绿色经常用作一些保健食品的标识，如果搭配上蓝色，通常会给人健康、清洁、生活和天然的感觉。不同明度的蓝色会给人不同的感受。蓝天白云，碧空万里，代表着新鲜和更新，蓝色给人冷静、安详、科技、力量和信心之感。现代工厂墙壁多用清爽的蓝色，起到减少工人疲劳度的效果。同样，医护人员的服装也多采用淡蓝色和绿色（图 8-20），传统的“白大褂”正在逐步退出历史，这也是人们对手术室医护人员和临床病人的心理研究的结论。

图 8-20 现代医护人员的服装也多采用淡蓝色和绿色

星巴克每年都会在不同的节假日推出富有季节特色的限量纸杯。从 1997 年开始，为了庆祝圣诞节，星巴克每年都会在圣诞季推出一款和平时不尽相同的纸杯。因为这些纸杯添加了各种圣诞节符号，如圣诞树、麋鹿和雪花（图 8-21）等，带有浓浓的节日特色，因此受到了消费者的热烈欢迎。2016 年，星巴克一口气推出 13 款不同的圣诞节限量纸杯，而且这一次推出的限量款并不是星巴克自己的设计，而是从 1200 名民间设计师的作品中挑选出来的优胜者。

图 8-21　星巴克在圣诞季推出的带有个性图案的杯子

“杯子经济”可是隐藏在星巴克咖啡业务背后的另一大功臣。数据显示，每到圣诞季，星巴克的销售数字都会大幅增长。虽然不能把成绩完全归功于圣诞限量纸杯，但它对销量的提升作用绝对不可小觑。星巴克虽然是卖咖啡的，但它其实是最懂服务设计的科技公司，将色彩、情感和人们对圣诞节的记忆转化为对商品的喜爱，这成为星巴克从“小事”来挖掘用户深层体验的致胜战略（图 8-22）。

图 8-22　星巴克在 2016 年圣诞节推出的 13 款限量纸杯

星巴克的限量纸杯不只针对圣诞季，例如，复活节时星巴克就会换上具有春天气息的蓝色、黄色和绿色纸杯。除了假日限量纸杯之外，星巴克推出的马克杯、保温杯也是广大星粉们的心头挚爱——季节限定款、城市限定款、联名合作款……当你走进星巴克的杯子世界，有的时候甚至会莫名恍惚——星巴克到底是卖咖啡的还是卖杯子的？最出名的当属星巴克的基础系列——城市限定款马克杯，如日本 2017 年“You Are Here”地方特别限定款和韩国 2016 年“淘气猴”限量版（图 8-23）就受到粉丝追捧。随着星巴克已经将门店开到全球，

图 8-23　星巴克 2017 年特别限定款（上）和韩国“淘气猴”限量版（下）

只要你前往他们位于世界各地的任意一家门店，基本上都可以买到具有本地特色的城市限定杯，也算是一个很有纪念意义的收藏品了。

好的色彩搭配往往会令人赏心悦目，流连忘返。色彩的协调一致无论是对网页和 App 的呈现，还是对商品信息的展示，都是非常重要的因素。色彩设计不仅包括着科学和文化因素，而且还受到兴趣、年龄、性格和知识层次的制约。例如星巴克就针对亚洲女性的审美特点，推出了与 Paul & Joe 联合设计的商品系列，粉嫩色彩搭上了春天樱花季的风潮，成为少女们的最爱（图 8-24）。色彩还有很强的时代感，在一定的时期内会形成某一种流行色。如美国苹果公司标志的演变就代表了不同时期人们对色彩审美的变化。在苹果公司诞生的 20 世纪 70 年代，世界大多数计算机公司标识为拉丁字母的单色标志，而苹果公司却由其“彩虹环”的 6 色标志彰显特色。但是随着社会的审美的发展，年轻人认为金属、玻璃和单色是“酷”的象征。同时，随着手机等移动媒体的流行，扁平化的图标设计成为 20 世纪 90 年代中后期的时尚风潮，于是单色的、具有材料和质感之美的苹果标志出现了，随着时间的推移，甚至很多年轻一代已经忘记了苹果公司最初的多彩标志。与之相反，许多早期标志颜色相对单一的公司，如微软、谷歌和腾讯等，纷纷推出色彩更丰富、更扁平化的设计风格（图 8-25），这也使得这些公司的形象更为多元化和平民化。

图 8-24　针对亚洲女性的 Paul&Joe 联名设计款商品

色彩设计在环境中能够发挥重要的影响。例如，孩子们在学校度过了很多童年时光。这些建筑物对于他们的意义要远远超过他们人生的其他时期。但在过去大多数建筑是灰色的，不符合儿童心理。近年来，随着人本主义设计思想的普及，越来越多的人指出空间色彩在儿童教育学中的重要性，所以对于幼儿园、小学和中学的创新校园设计成为未来的趋势。例如，新加坡南洋小学和幼儿园坐落在一座小山上，因此负责学校规划的建筑事务所充分利用了这个地理条件，将学校的公共空间和户外区域大胆使用了五彩缤纷的颜色（图 8-26）。

图 8-25　谷歌界面以明快自然的色彩与图像搭配为核心

图 8-26　新加坡南洋小学和幼儿园的色彩空间设计

8.8 功能可见性

功能可见性或可承担性（affordance）源于生态心理学，是美国知觉心理学家詹姆斯·吉布森（James Jerome Gibson，1904—1979）1977年提出的一个重要概念。他认为物体的属性是可以被直觉感知的，其信息是直接表现于视觉中的。功能可见性是一种关系属性，它取决于用户与环境之间的关系，而这些关系可以是直观的、易懂的和易学的。例如，溪水边光滑的卵石提示可以坐下歇息；柔软的草坪会让人们有躺下的冲动。生物可以直觉地“知道”环境对于它的各种行为可能，例如人们对椅子、杯子、秋千、门窗等的认知和行为习惯等（图8-27）。这种强调外在环境（物体）与使用者共同依存的概念为可用性的重要设计原则之一。例如，日本著名产品设计大师深泽直人（Naoto Fukasawa）教授所强调的“直觉设计”（功能的直观性）就是来源于功能可见性的思想。无论是手机菜单的滑动方式、图标的隐喻、界面导航的处理等都与功能可见性密切相关。在数字世界中，功能可见性只能通过UI界面传达，因此对于针对不同用户的体验设计来说更具有挑战性。

图8-27 功能可见性（上）和手机UI界面设计（下）

功能可见性的研究探讨了产品与使用者“本质上的相互依存关系”对交互行为的直接影响。在交互设计领域，理解功能可见性将有助于设计师掌握可能会对用户产生认知干扰的元素，从而避免掉入设计的“陷阱”。为了做到这一点，交互设计师在制定、构建和实施数字解决方案时通常会考虑以下4种类型的问题。

1. 明确的提示

功能可见性是通过语言或图标形象清楚地表明用户如何与产品交互，即使用户以前从未接触过它。明显的提示，如“点击这里”“添加到购物车”“结账”等按钮是明确和可靠性的范例。特别是对于初次使用数字App产品的用户来说，任何用户都知道“下一步”该怎么做。特别是当最终用户几乎没有接触过新的App服务或网络模式时，功能可见性是最重要的。例如，北京公交一卡通（北京一卡通）是一个几百万人下载的 App 应用。据说应该可以在地铁、公交等交通工具通过手机扫码的方式可以提高出行效率。但首次安装该 App 的体验却让用户一头雾水：当进入该应用后，系统提示需要开通一张手机一卡通。但点击进入后，第 2 页弹出一个带有公交卡标志的“申请”按钮（图 8-28）。但当用户进一步单击该按钮后，该页面就会自动跳回前一页。不仅如此，该页面未提供任何“帮助”或者“提示”的选项，唯一能点开的“刷卡”按钮不过是一张教你如何过闸机的刷卡姿势提示图片。此外，当笔者试图通过支付宝或者微信为该卡账户充值时，却得到“此业务已经暂时关闭，请耐心等待恢复”的字样。由此可以看出：功能可见性对于用户来说是有多么重要，但困惑的交互和功能设计往往会让用户退避三舍。

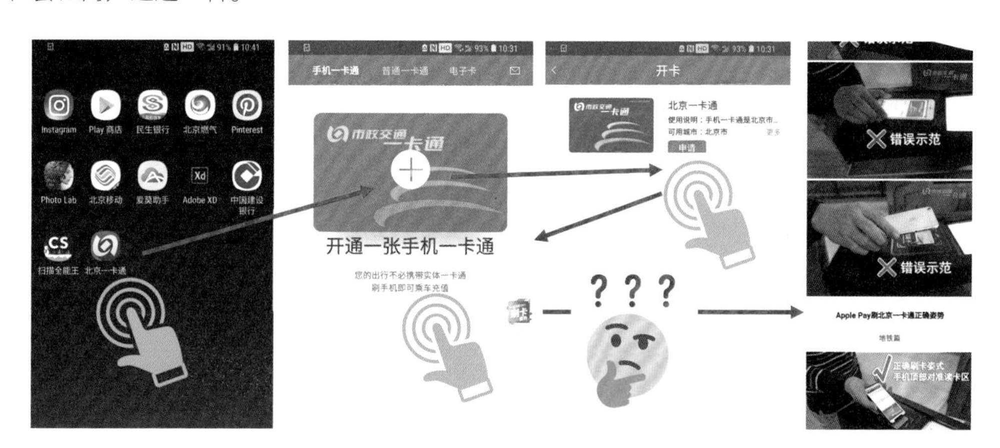

图 8-28　北京公交一卡通在界面设计上暴露的问题

2. UI 设计隐喻

功能可见性是 UI 设计的重要的元素之一。从符号学上讲，图标的功用在于建立起计算机世界与真实世界的一种隐喻或者映射关系。用户通过这种隐喻来理解图标背后的意义，由此跨越了语言的界限，并使用户在满足功能需求的同时获得了情感享受。例如，导航元素几乎总是呈现在屏幕的顶部，并且按重要性顺序从左到右放置。这些约定俗成的规则已经成为用户潜移默化的操作标准。对于设计者来说，图标指向的映射关系应该尽可能直接、简单和清晰，其映射关系应该是唯一的。不要让图标产生歧义。例如，图 8-29 中的两排图标，上面的往往有着更清晰的隐喻，而下排（粉色底纹）的图标往往带有更多的理解歧义。

图 8-29　图标的含义不清会带来用户的困惑与误解

3. 适当的隐藏

无论是桌面程序还是手机 App，简约化、清晰化和智能化是时代发展的大趋势。随着智能化程度的提升，许多软件如 XMind ZEN 为了提供更大的工作空间，而把某些附加功能的菜单或选择暂时隐藏起来，只有在用户需要时才显示出来（图 8-30）。随着手机设备变得越来越小，设计师正在寻找在有限空间内呈现信息的方法，如 iOS 界面中的平移滚动页面 UI 设计就是范例；鼠标悬停信息和滑出菜单也是很多电商的选择。依靠人工智能联想，多数搜索栏都提供了关键词的相关词条的滑动选项；此外，一些手机 UI 的概念设计还通过侧栏的卷页或者滑动翻页的形式来扩大手机的信息容量（图 8-31），这些方法都是将信息设计的原理应用于手机界面，特别是巧用显示与隐藏功能的 UI 设计案例。

图 8-30　XMind ZEN 隐藏的菜单和更简洁的工作区

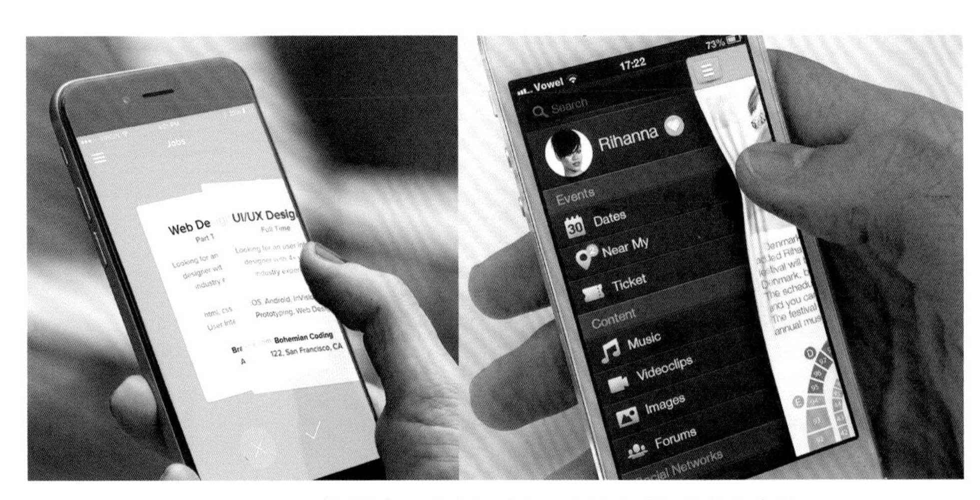

图 8-31　通过侧栏卷页或者滑动翻页来扩大手机的信息容量

人们根据自己在传统行业中积累的知识、信息和认知，构成了他们对事物的“心智模型”或者说是“概念模型”。而功能可见性的意义就是让产品的 UI 界面符合用户心智模型。例如，手机银行用户一旦开始使用手机银行后，就会将查询业务、转账汇款、理财业务、缴费业务等转移到手机银行上办理，逐渐形成使用手机银行的习惯，这就是便捷和简单的心智模型。通常那些比较成功的手机银行 App 基本都对用户群体的心智模型路径和场景做了规划、设计和引导（图 8-32），在用户自然的访问路径途中没有刻意思考，也不会遇到挫折。但目前移动金融的安全性、便捷性和可靠性还远未达到用户期望的目标。例如，指纹识别、语音声纹识别、图案画线识别等方式要比输入 8~10 位数字 + 字母的密码更好，前者不仅减轻了人们的记忆负担，方便快捷操作，其功能可见性也更符合用户的操作习惯。

图 8-32　不同的手机银行的 UI 设计对比：功能相似性

8.9　视错觉与设计

视错觉就是当人观察物体时，基于经验或不当的参照形成的错误的判断和感知。我们日常生活中，所遇到的视错觉的例子有很多。例如，法国国旗红、白、蓝三色的比例为 35∶33∶37，而我们却感觉三种颜色面积相等。这是因为白色给人以扩张感觉，而蓝色则有收缩的感觉，这就是视错觉。同样，两块大小相同的色板，一块是红色一块是蓝色，如果立在同一个地方，红色的板会使人感觉更近更突出一些，而蓝色就感觉远一些，甚至红色会看上去更大，这也是视错觉。保险箱多为黑色或者墨绿色等心理感觉沉重的颜色，可以使人产生无法搬动的感觉。包装纸箱多为环保再生纸，保持了纸浆的原色浅褐色，这和心理重量也是有这紧密联系的。浅褐色可以使人感觉包装纸箱的重量比较轻，可以减轻搬运人员的心理负担。

格式塔心理学认为“知觉选择性”是视错觉产生的原因之一。格式塔心理学还根据视错觉现象总结出了知觉判断的 5 个基本原则（图 8-33）并用于指导设计。许多艺术家，如埃舍尔或设计师福田繁雄等都是巧妙利用视错觉进行艺术创作或图形设计的大家。2007 年，国际新媒体机构 ART+COM 为东京的一座建筑群开发了一个互动的艺术装置《二元性》（*Duality*，图 8-34）。该装置由荷兰交互媒体设计师丹尼斯·科克斯（Dennis Koks）设计。该大型 LED 平面作品被直接安装在水池旁边的，当有人走过作品的透明玻璃时，其脚步会引起 LED 扩散光产生的“虚拟水波涟漪”，这往往会引起行人的犹豫、好奇和愉悦的不同反应。当虚拟水波扩散到作品边缘的水池时，会继续留在水池中并引起真实的水波涟漪，作品从虚拟过渡到现实，这也是就作品名称“二元性”的来缘。也就是寓意液体 / 固体、真实 / 虚拟、水波纹 / 光波之间的对偶性。这是基于视错觉设计的一个范例，说明了空间、环境与人的关系。

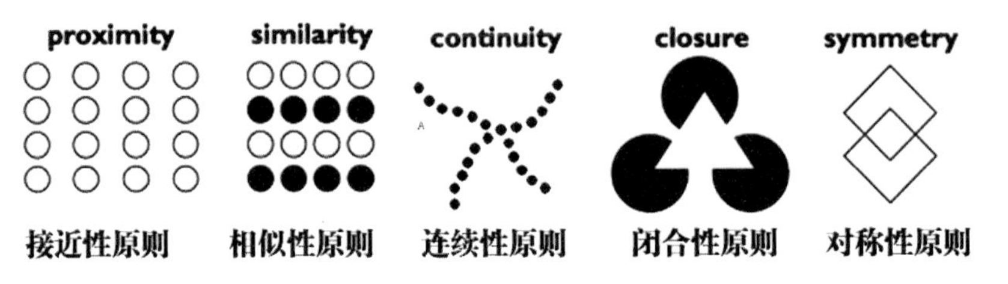

图 8-33　格式塔心理学知觉判断的 5 个基本原则

图 8-34　科克斯的互动艺术装置《二元性》（2007）

视错觉在 UI 设计、图标设计或者插画设计中普遍存在。例如，一套图标里，并非每个都必须对称。有的图标甚至需要手动调整，例如，按照中心对称将一个三角形置于圆角矩形中，但看起来居中位置总是不对（图 8-35，右中）。所以，需要调整三角形重心的位置和几何中点重合（图 8-35，右下）或者调整两边色块的比重（图 8-35，右上）才能看上去更符合用户习惯。例如，“取消”按钮应该用红色，示意警告，而“通过”按钮用绿色，这也是色彩设计必须和认知习惯一致的范例。在需要设计出空间感、层次感的界面中，设计师则可以大胆采用带有凹凸阴影的“假三维”的立体图案（图 8-36），通过视错觉营造出更生动的视觉效果。

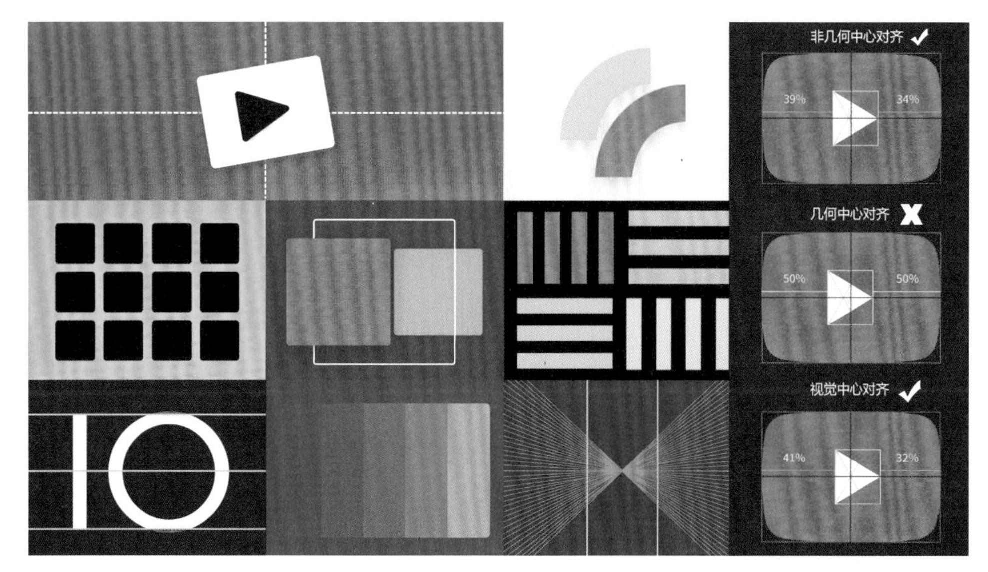

图 8-35　视错觉在 UI 与图标设计中普遍存在

图 8-36　带有凹凸阴影的立体图案会产生视错觉效果

思考与实践8

思考题

1. 什么是情感化设计？情感化设计的目标是什么？

2. 根据三位一体大脑假说提出的情感设计的模型是什么？

3. 加拿大鹅的品牌塑造过程对设计师有何启示？

4. 影响注意力的心理因素有哪些？

5. 举例说明色彩设计与 UI 界面设计之间的关系?

6. 什么是功能可见性? 如何在 UI 设计中应用功能可见性?

7. 什么是视错觉? 设计师如何通过视错觉设计增强产品的交互性?

8. 举例说明什么是反思型设计?

9. 如何通过设计心理学来增强产品的用户黏性?

实践题

1. 通过用户研究与产品定位设计营销方案与网页风格是电商普遍采用的促销策略，例如天猫在“双 11”期间推出的促销网页（图 8-37）。请收集和整理天猫在不同季节和活动期间的电商促销网页，分析其色彩、版式与文字风格的特征，特别是对不同年龄的用户群所采用的网页风格，说明这些网页与情感化设计的联系。

图 8-37　天猫在“双 11”期间推出的促销网页

2. 自助型服务是改善城市低收入群体的一种思路。请设计一款名为“好友用车”的 App，将每天同方向上下班的有车族和乘车族联系在一个 O2O 平台上，通过好友牵线、拼车出行、彼此互助、有偿服务等形式，解决城市上下班交通难的问题。

9.1 理解UI设计

9.2 界面风格发展史

9.3 扁平化设计

9.4 列表与宫格设计

9.5 侧栏与标签设计

9.6 平移或滚动设计

9.7 手机banner设计

9.8 手机H5广告设计

9.9 界面设计原则

9.10 规范设计手册

9.11 页面动效设计

第9课 交互界面设计

简约、高效、扁平化、直觉与回归自然代表了今天的美学潮流。本课聚焦于手机时代的美学风格与UI设计原则，包括版式设计、通栏广告设计、H5广告设计等内容。此外，本课还介绍了谷歌材质设计、动效设计和卡片设计的规范，可以作为读者的参考。

9.1 理解UI设计

用户对软件产品的体验主要是通过用户界面（User Interface，UI）或人机界面（Humn-Computer Interface，HCI）实现的。广义界面是指人与机器（环境）之间相互作用的媒介（图 9-1），这个机器或环境的范围从广义上包括手机、计算机、平面终端、交互屏幕（桌或墙）、可穿戴设备和其他可交互的环境感受器和反馈装置。人通过视听觉等感官接受来自机器的信息，经过大脑的加工决策后做出反应，实现人机之间的信息传递（显示 - 操纵 - 反馈）。人和机器（环境）这个接触层面即我们所说的界面。界面设计包括三个层面：研究界面的呈现形式；研究人与界面的关系；研究使用软件的人。研究和处理界面的人就是指图形设计师（GUI designer）。这些设计师大多有着艺术设计专业的背景。研究人与界面的关系就是交互设计师，其主要工作内容就是设计软件的操作流程、信息构架（树状结构）、交互方式与操作规范等，交互设计师的构成除了设计背景外，一般都是计算机专业的背景。专门研究人（用户）的就是用户测试 / 体验工程师。他们负责测试软件的合理性、可用性、可靠性、易用性以及美观性等。这些工作虽然性质各异，但都是从不同侧面和产品打交道，在小型的 IT 公司，这些岗位往往是重叠的。因此，可以说界面设计师就是软件图形设计师、交互设计师和用户研究工程师的综合体。

图 9-1　界面是指人与机器（环境）之间的相互作用媒介

界面设计包括硬件界面和软件界面（GUI）的设计。前者为实体操作界面，如电视机、空调的遥控器，后者则是通过触控面板实现人机交互。除了这两种界面外，还有根据重力、声音、姿势机器识别技术实现的人机交互（如微信的“摇一摇”）。软件界面是信息交互和用户体验的媒介。早期的 UI 设计主要体现在网页设计上，随着带宽的增加和 4G 移动媒体的流行，界面设计从开始的功能导向向视觉导向转移。苹果 iPhone 智能手机的出现为界面设计打开了新的大门，2000 年前后，一些企业开始意识到 UI 设计的重要性，纷纷把 UI 部门独立出来，图形设计师和交互设计师出现。2010 年以后，iOS 和安卓系统的智能大屏幕手机已经在全球迅速普及，移动互联网、电商、生活服务、网络金融纷纷崛起，界面设计和用户体验成为火爆的词汇，UI 设计也开始被提升到一个新的战略高度。近几年，国内大量的从事移动网络、软件服务、数据服务和增值服务的企业和公司都设立了用户体验部门。还有很多专门从事 UI 设计的公司也应运而生。软件 UI 设计师的待遇和地位也逐渐上升。同时，界面设计的风格也从立体化、拟物化向着简约化、扁平化方向发展（图 9-2）。

图 9-2　界面设计的风格趋向简约化和扁平化

9.2　界面风格发展史

“风格”或者“时尚”代表着一个时代的大众审美。虽然从艺术上看，视觉风格主要与绘画流派相关，但是它却渗透到了生活的方方面面，如衣服的穿搭、周围建筑的设计、人们的生活习惯，甚至思维模式无一不体现着这个时代的风格。拜占庭风格是 7-12 世纪流行于罗马帝国的艺术风格。这种代表贵族品位、华丽风格的建筑外观都是层层叠叠，主建筑旁边通常会有副建筑陪衬。建筑的内饰也是经过精心雕琢，墙面上布满了色彩斑斓的浮雕。现代主义风格建筑的外观更多地运用了直线而非曲线，体现的是一种现代科技感而非富丽堂皇。内饰和家具也更加讲究朴素大方而非繁复夸张（图 9-3）。风格除了具有时代性，还有着地域性，所以产生了各式各样的风格及分支，如古典主义、浪漫主义、洛可可、巴洛克、哥特式、朋克式、达达派、极简主义、现代主义、后现代主义、嬉皮士、超现实主义、立体主义、现实主义和自然主义等。

关于视觉风格，百度百科上给予的解释是，“指艺术家或艺术团体在实践中形成的相对稳定的艺术风貌、特色、作风、格调和气派。”对于风格来说“相对稳定”至关重要，因为一个风格的形成需要时间和文化的积淀，这也导致了风格是具有时代意义的。例如，通过了解建筑、画作、服装等的风格，便能基本判断其所处的年代，例如，维多利亚时代风格就是指 1837 年至 1901 年间，英国维多利亚女王在位期间的风格，如束腰与蕾丝、立领高腰、缎带与蝴蝶结等宫廷款式，还可以联想到蒸汽朋克、人体畸形展、性压抑、死亡崇拜等一系列主题（图 9-4）。

图 9-3　拜占庭（左）、巴洛克（中）和现代主义（右）的建筑风格

图 9-4　英国维多利亚时代的社交与服饰风格

维多利亚时代的文艺运动流派包括古典主义、新古典主义、浪漫主义、印象派艺术以及后印象派等。虽然很多设计师和画家都有着自己的个人风格，但是要想迎合大众的品味而非小众的审美，他们的创作就不能脱离他们所处时代的风格。从百年艺术史上看，风格（时尚）可以总结成两个主要的发展趋势：从复杂到简洁，从具象到抽象。这个规律同样适用于科技产品的界面风格的变化。从大型机时代的人机操控到数字时代的指尖触控，技术的界面越来越智能化，和人的关系也越来越密切。正如媒介大师米歇尔·麦克卢汉（Marshall McLuhan，

1911—1980）所言：媒介（技术）就是人的延伸。UI 最早服务于工业领域，主要体现在一些大型数控机床或重型电子设备的操作器界面上，由于操作界面过于复杂，需要经过专业培训才能操作。20 世纪 70 年代，施乐公司是图形界面最早的倡导者，PARC 的研究人员开发了第一个 GUI 界面，开启了计算机图形界面的新纪元（图 9-5，上）。20 世纪 80 年代以来，操作系统的界面设计经历了众多变迁，包括 OS/2、Macintosh、Windows、Linux、Symbian OS 等各种操作系统将 GUI 设计带进新的时代（图 9-5，下）。

图 9-5　20 世纪 70 年代的 GUI 界面（上）和 20 世纪 90 年代的 GUI 界面（下）

界面设计风格的变化往往与科技的发展密切相关。如 2000 年前后，随着计算机硬件的发展，处理图形图像的速度加快，网页界面的丰富性和可视化成为设计师的追求。同时，JavaScript、JavaApplet、JSP、DHTML、XML、CSS、Photoshop 和 Flash 等 RIA（Rich Internet Application）富媒体技术或工具也成为改善客户体验的利器。到 2005 年，一批更仿真、更拟物化网页开始出现，并成为界面设计的新潮（图 9-6）。网页设计师喜欢使用 PS 切图制作个性的 UI 效果，如 Winamp、超级解霸的外观皮肤，甚至于百变主题的 Windows XP 都是该时期的经典。设计师通过 Photoshop、JavaScript 和 Flash 等技术让 Web UI 更像是一件实物，为用户带来一种更为生动的感觉，希望能借此消除科技产品与生活的距离感。此时各种仿真 UI 和图标设计（图 9-7）生动细致，栩栩如生，成为 21 世纪前 10 年大家所青睐的界面视觉风格。

图 9-6　曾经在网页设计中流行的仿真拟物的风格

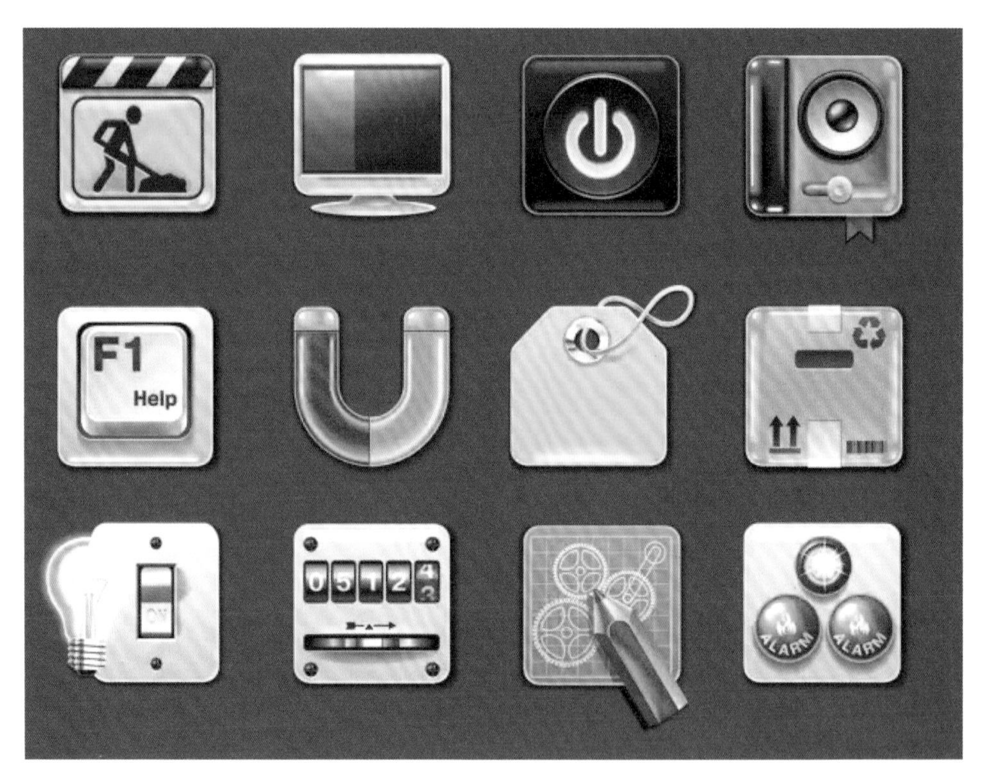

图 9-7　网页中曾经流行过的仿真图标（2005）

2007 年，苹果公司推出的 iPhone 手机代表了一个新的移动媒体时代的来临。此后多年，苹果公司的 iOS 界面风格主要采用模仿实物纹理（Skeuomorphism）的设计风格（图 9-8）。iPhone 手机界面延续了苹果公司在桌面 MacOS 的设计思路：丰富视觉的设计美学与简约可用性的统一。苹果手机的组件：钟表、计算器、地图、天气、视频等都是对现实世界的模拟与隐喻。这种风格无疑是当时最受欢迎的样式，也成为包括 Android 手机在内的众多商家和软件 App 所追捧的对象（图 9-9）。

图 9-8　苹果手机界面的模仿实物纹理（Skeuomorphism）风格

图 9-9　早期 Android 系统（左）和锤子手机的拟物化界面（右）

虽然广受欢迎，但使用拟物设计也带来不少问题。由于一直使用与电子形式无关的设计标准，拟物化设计限制了创造力和功能性。特别是语义和视觉的模糊性，拟物化图标在表达诸如“系统”“安全”“交友”“浏览器”或“商店”等概念时，无法找到普遍认可的现实对应物。拟物化元素以无功能的装饰占用了宝贵的屏幕空间和载入时间，不能适应信息化社会的快节奏。信息越简洁，对于现代人就越具有亲和力，因为他们需要做的筛选工作量大大减少了。同时，对于设计者来说，运用简洁风格也能节省大量的设计和制作时间，因此，简洁的风格更受到设计师的青睐（图 9-10）。以 Window 8 和 iOS 7 为代表，人们已经开始逐渐远离曾经流行的仿实物纹理的设计风格。Android 5 的推出，进一步引入了材质设计（Material Design，MD）的思想，使得 UI 风格朝向简约化、多色彩、扁平图标、微投影、控制动画的方向发展（图 9-11）。对物理世界的隐喻，特别是光、影、运动、字体、留白和质感，是材质设计的核心，这些规则使得手机界面更加和谐和整洁。

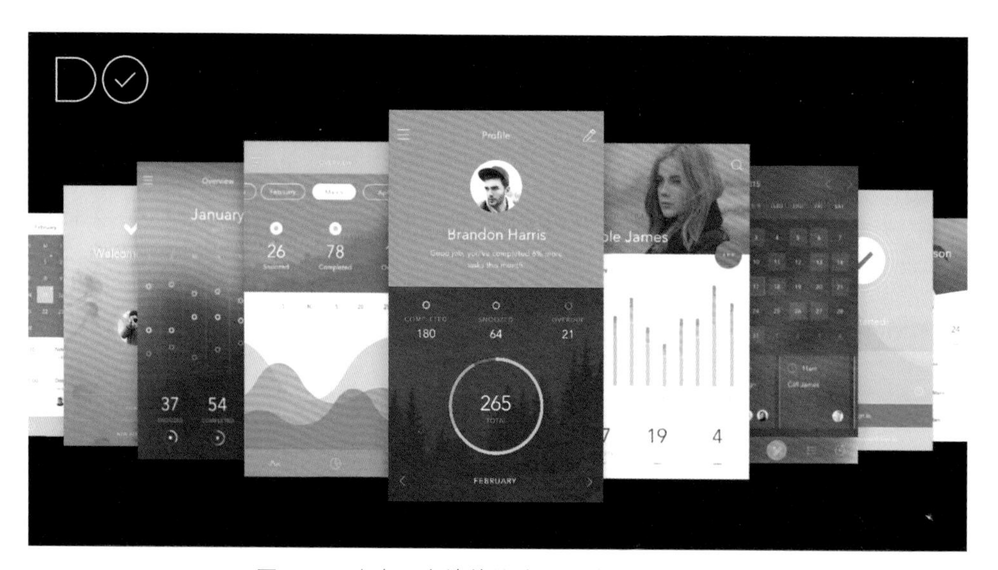

图 9-10　省事、高效的简洁风格的手机 UI 设计

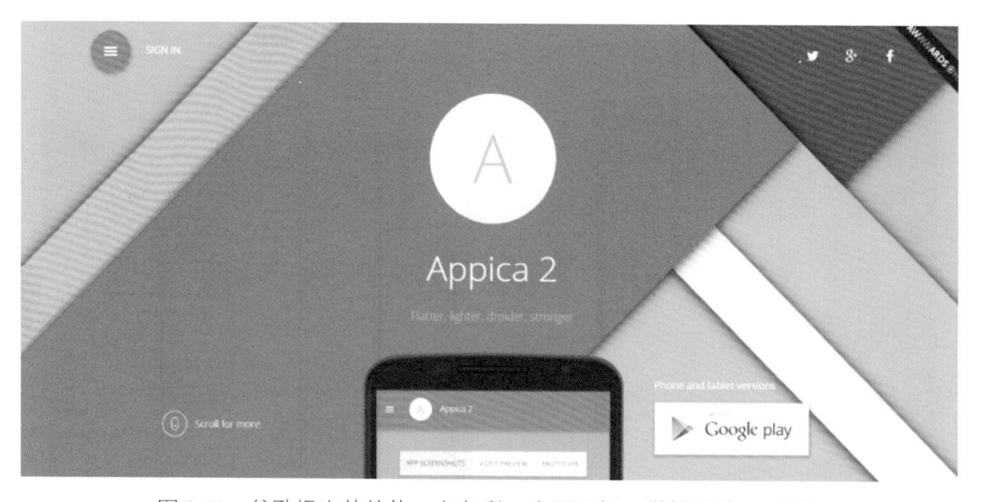

图 9-11　谷歌提出的简约、多色彩、扁平图标、微投影的 UI 风格

9.3 扁平化设计

在这个科技快速发展的时代，设计风格无疑会成为大众所关注的焦点。同样，艺术风格的流行还与媒介密切相关。近年来，以 Window 8 和 iOS 7 为代表，扁平化设计已成为今日 UI 设计的主流。扁平化设计（flat design）最核心的地方就是放弃一切装饰效果，诸如阴影、透视、纹理、渐变等能做出 3D 效果的元素一概不用。所有的元素的边界都干净利落，没有任何羽化、渐变或者阴影效果。同样是镜头的设计，在扁平化中去除了渐变、阴影、质感等各种修饰手法，仅用简单的形体和明亮的色块来表达，显得干净利落（图 9-12，上）。尤其在手机界面上，更少的按钮和选项使得界面干净整齐，使用起来格外简洁（图 9-12，下）。可以更加简单直接地将信息和事物的工作方式展示出来，减少认知障碍的产生。

图 9-12　iPhone 手机 iOS 6（左）和 iOS 7（右）的界面

从历史上看，扁平化设计与 20 世纪四五十年代流行于德国和瑞士的平面设计风格非常相似。瑞士平面设计（SwissDesign）色彩鲜艳、文字清晰，传达功能准确（图 9-13）。“二战”后曾经风靡世界，成为当时影响最大的设计风格。

图 9-13　瑞士平面设计风格的海报

同时，扁平化设计还与荷兰风格派绘画（蒙德里安）、欧美抽象艺术和极简主义艺术等有关，包括以宜家家居为代表的北欧极简风格或基于日本佛教与禅宗的“性冷淡风”。例如，很多人会联想到日本无印良品 MUJI 百货店（图 9-14）中各种原色、直线条、极简或棉麻的产品，虽然不是简约单调的极致，但覆盖面广且水准稳定。日式美学最贴合的场景可能就是京都常见的小而美的日式庭院，寂寥悠远。在这股风潮带动下，无论是时尚界、家装界、产品设计、流行杂志，还是餐馆、酒店或者百货店，简约主义风格都有无数的拥趸与粉丝的追捧。苹果计算机、Kinfolk 杂志（图 9-15）以及在城市中流行的素食轻食等也都是佛系美学的推崇与实践的代表。

图 9-14　日本无印良品 MUJI 百货店的简约风格

图 9-15　丹麦 Kinfolk 杂志的时尚简约风格

扁平化设计风格是媒体发展的客观需要。随着网站和应用程序涵盖了越来越多的具有不同屏幕尺寸和分辨率的平台，对于设计师来说，同时需要创建多个屏幕尺寸和分辨率的拟物化界面是既繁琐又费时的事情。而扁平化设计具有跨平台的特征，可以一次性适应多种屏幕尺寸。扁平化设计有着鲜明的视觉效果，它所使用的元素之间有清晰的层次和布局，这使得用户能直观地了解每个元素的作用以及交互方式。特别是手机因为屏幕的限制，使得这一风格在用户体验上更有优势，更少的按钮和选项使得界面干净整齐（图 9-16）。扁平设计既兼顾了极简主义的原则又可以应对更多的复杂性；通过去掉三维效果和冗余的修饰，这种设计风格将丰富的颜色、清晰的符号图标和简洁的版式融为一体，使信息内容呈现更清晰、更快、更实用。

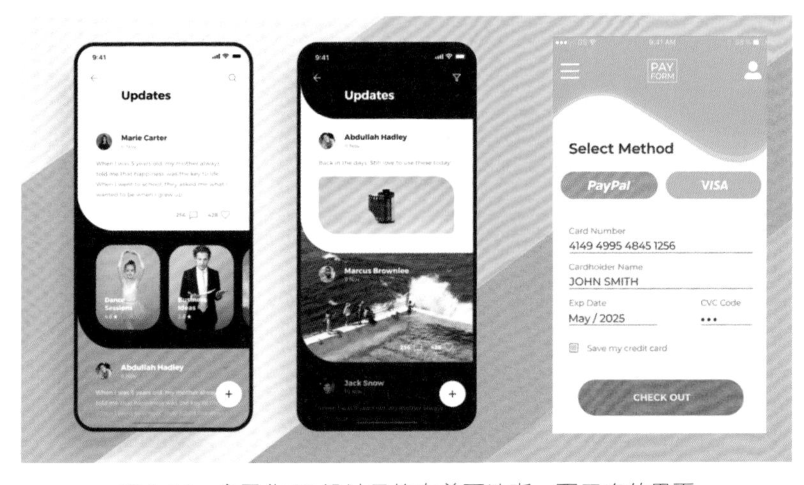

图 9-16　扁平化 UI 设计风格有着更清晰、更干净的界面

扁平化设计通常采用几何化的用户界面元素，这些元素边缘清晰，和背景反差大，更方便用户点击，这能大大减少新用户学习的成本。此外，扁平化除了简单的形状之外，还包括大胆的配色和靓丽、清晰的图标（图 9-17）。扁平化设计通常采用更明亮、更具有对比色图标与背景，这使得用户在使用时更为高效。

图 9-17　扁平化 UI 在图标设计上更为清晰和靓丽

在扁平化设计中，配色应该是最具有挑战的一环，如其他设计最多只包含两三种主要颜色，但是扁平化设计中会平均使用六到八种。而且扁平化设计中，往往倾向于使用单色调，尤其是纯色，并且不做任何柔化处理。另外还有一些颜色也挺受欢迎，如复古色（浅橙、紫色、绿色、蓝色等）。为了让色块更为丰富，通常每个色系会适当降低纯度形成阴影效果（图 9-18，左）。此外，部分 App 界面还可以通过相邻色值间的过渡渐变，如紫色与偏红的玫瑰色等（图 9-19）来强化视觉效果，这样通过颜色的互补再加上白色和蓝色的穿插，就可以形成特色鲜明的风格主题。

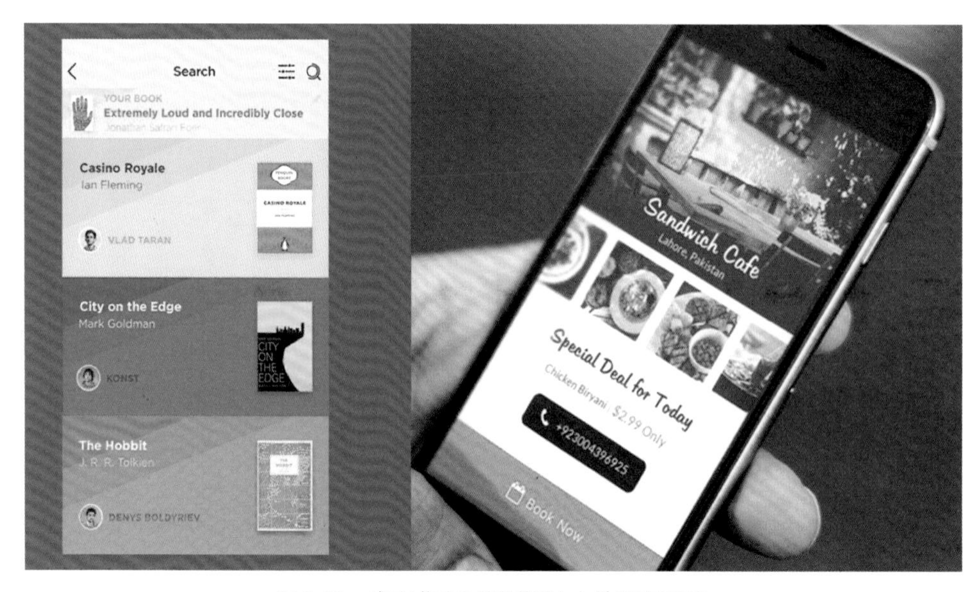

图 9-18　扁平化 UI 界面设计中的配色系统

图 9-19　通过渐变色使得 UI 的颜色设计更为丰富

扁平化设计代表了 UI 设计的以人为本的发展方向，强调隐形设计与内容为先的原则。UI 设计开始回归了它的本质：让内容展现自己的生命力，而不是靠界面设计喧宾夺主。今天的手机界面设计也在走由繁至简的道路。无论是苹果还是安卓、微软，都在更努力使 UI 隐形或简化，让界面设计成为更好的用户体验的助手。但作为一种偏抽象的艺术语言，扁平化设计也有缺点，例如传达的感情不丰富，特别是交互效果不够明显等。对于设计师来说，风格永远不会一成不变。扁平化设计也在发展之中，如“伪扁平化设计”的出现，微阴影、假三维、透明按钮、视频背景、长投影和渐变色等各种新尝试，这些努力会推动 UI 设计迈向新台阶。

9.4　列表与宫格设计

今天的新媒体无处不在，虚拟正在改变着现实。从休闲旅游到照片分享，从淘宝抢购到美团聚餐，移动互联网和大数据已经渗透到了我们生活的每一个角落。移动媒体的 UI 界面设计几乎是无处不在（图 9-20）。界面互设计师担负着沟通现实服务与虚拟交互平台的重任。其中，信息导航是产品可用性和易用性的显著标志。合理的布局设计可以使信息变得井然有序。不管是浏览好友信息，还是租赁汽车，完美的导航设计能让用户轻松、流畅地完成所有任务。目前界面的信息导航方式主要是以苹果 iOS 和安卓系统为代表。国内的手机厂商，如华为、小米等也都形成了自己个性化风格的主题和 UI 风格，如精致情怀的高颜值主题、华丽或扁平风格的图标、更加青春靓丽的色彩搭配等，成为各大手机厂商争奇斗艳的亮丽风景，也使得 UI 设计成为软件产品中最能吸引眼球的标志。

目前智能手机 UI 与内容布局开始逐步走向成熟和规范化，其导航设计包括：列表式、宫格式、标签式、平移或滚动式、侧栏式、折叠式、图表式、弹出式和抽屉式等。这些都是基本布局方式，在实际设计中，我们可以像搭积木一样组合起来完成复杂的界面设计，例如，顶部或底部导航可以采用选项卡式（TAB 或标签），而主面板采用陈列馆式布局。另外要考虑到用户类型和各种布局的优劣，如老年人往往会采用更鲜明简洁的条块式布局。在内容上，还要考虑信息结构、重要层次以及数量上的差异，提供最适合的布局，以增加产品的易用性和交互体验。下面将分别介绍这几种信息导航设计方式。

图 9-20　移动媒体的界面设计几乎是无处不在

列表菜单式是最常用的布局之一。手机屏幕一般是列表竖屏显示的，文字或图片是横屏显示的，因此竖排列表可以包含比较多的信息。列表长度可以没有限制，通过上下滑动可以查看更多内容。竖排列表在视觉上整齐美观，用户接受度很高，常用于并列元素的展示，包括图像、目录、分类和内容等。多数资讯 App、电商 App 和社交媒体都会采用列表式布局（图 9-21）。它的优点是层次展示清晰，视觉流线从上向下，浏览体验快捷。采用竖向滚动式设计也是多数好友列表或搜索列表的主要方式，用户可以通过上下滑动来浏览更多的内容。

图 9-21　列表式菜单是最常用的手机界面布局之一

为了避免列表菜单布局过于单调，许多 App 界面也采用了列表式 + 陈列式的混合式的设计（图 9-22，右）。

图 9-22　列表式 + 陈列式的混合式 UI 设计

宫格式布局是手机 UI 界面的最直观的方式。可以用于展示商品、图片、视频和弹出式菜单，如著名照片特效应用程序 PhotoLab 的设计（图 9-23）。同样，这种布局也可以采用竖向或横向滚动式设计。宫格式采用网格化布局，设计师可以平均分布这些网格，也可根据内容的重要性不规则分布。宫格式设计属于流行的扁平化设计风格的一种，不仅应用于手机，

图 9-23　照片特效应用程序 PhotoLab 的界面设计

而且在电视节目导航界面，在苹果 iPad 和微软 Surface 平板计算机的界面中也有广泛的应用。它的优点不仅在于同样的屏幕可放置更多的内容，而且更具有流动性和展示性，能够直观展现各项内容，方便浏览和更新相关的内容。

在手机导航中，九宫格是非常经典的设计布局。其展示形式简单明了，用户接受度很广。当元素数量固定不变为 8、9、12、16 时，则适合采用九宫格。九宫格也往往和标签式相结合，使得桌面的视觉更丰富(图 9-24，中)。在这种综合布局中，选项卡的导航按钮项数量为 3~5 个，大部分放在底部方便用户操作，而九宫格则以 16 个按钮的方式进行排列，通过左右滑动可以切换到更多的屏幕。选项卡式适合分类少及需要频繁切换操作的菜单，而上面的九宫格或陈列馆适合选择更多的 App。

图 9-24　宫格式的 UI 经常与标签布局相结合

宫格式布局主要用来展示图片、视频列表页以及功能页面。所以，宫格式布局会使用经典的信息卡片（paper design）和图文混排的方式来进行视觉设计。同时也可以结合栅格化设计进行不规则的宫格式布局，实现“照片墙”的设计效果。信息卡片和界面背景分离，使宫格更加清晰，同时也可以丰富界面设计。瀑布流的布局是宫格式布局的一种，在图片或作品展示类网站，如 Dribbble、Pinterest（图 9-25）设计中比较常见。瀑布流布局的主要特点是通过所展示的图片让用户身临其境，而且是非翻页的浅层信息结构，用户只需滑动鼠标就可以一直向下浏览，而且每个图像或者宫格图标都有链接可以进入详细页面，方便用户查看所有的图片，国内部分图片网站，如美丽说、花瓣网也是这种典型的瀑布流布局。宫格式布局的优点是信息传递直观，极易操作，适合初级用户的使用。丰富页面的同时，展示的信息量较大，是图文检索页面设计中最主要的设计方式之一。但缺点在于其信息量大，所以使得浏览式查找信息的效率不高。因此，许多宫格式布局结合了搜索框、标签栏等来弥补这个缺陷。

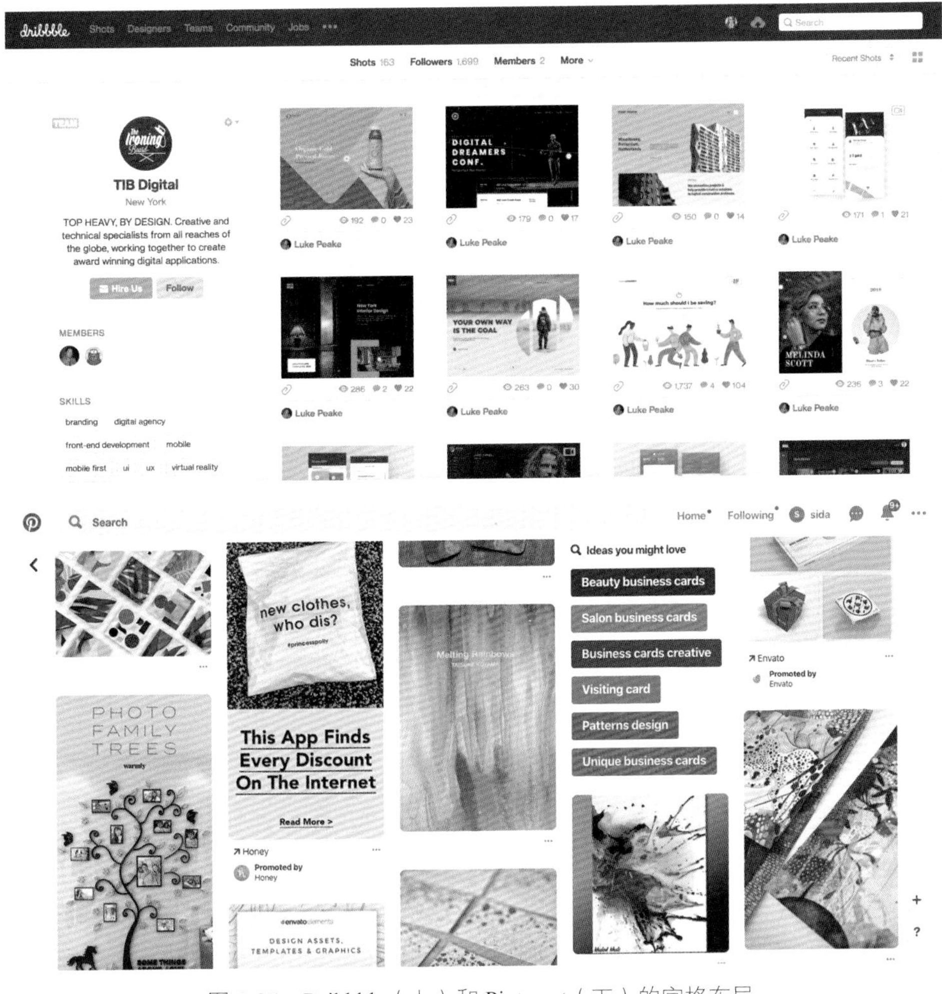

图 9-25 Dribbble（上）和 Pinterest（下）的宫格布局

9.5 侧栏与标签设计

侧滑式布局也称作侧滑菜单，是一种在移动页面设计中频繁使用的用于信息展示的布局方式。如果说，宫格式布局从网页时代就开始出现，并通过网页设计影响手机移动界面设计的话，那么，侧滑式布局可以说是根据手机屏幕特点设计的布局方式。手机界面的侧滑式布局大多是通过点击图标查看隐藏信息的一种方式，受屏幕宽度限制，手机单屏可显示的数量较少，但可通过左右滑动屏幕或点击箭头查看更多内容，不过这需要用户进行主动探索。它比较适合元素数量较少的情形，当需要展示更多的内容时，采用竖向滚屏则是更优的选择（图 9-26）。

侧滑式布局的最大优势是能够减少界面跳转和信息延展性强。其次，该布局方式也可以更好地平衡当前页面的信息广度和深度之间的关系。折叠式菜单也叫风琴布局，常见于两级结构的内容。传统的网页树状目录就是这种导航的经典。用户通过点击分类可展开并显示二级内容（图 9-27）。侧栏菜单在不用的时候是隐藏的。因此它可承载比较多的信息，同

图 9-26　手机 UI 设计中的侧滑式布局

时保持界面简洁。折叠式菜单不仅可以减少界面跳转，提高操作效率，而且在信息构架上也显得干净、清晰，是电商 App 的常用导航方式。在实现侧滑式布局交互效果时，增加一些交互上的新意或趣味性，例如折纸效果、弹性效果、翻页动画等，可以增强侧栏布局的丰富性。

图 9-27　折叠式菜单可以在同屏展示更多的信息

标签式布局又称选项卡（tab）布局，是一种从网页设计到手机移动界面设计都会大量用到的布局方式之一。标签式布局最大的优点便是对于界面空间的高重复利用率。所以在处理大量同级信息时，设计师就可以使用选项卡或标签式布局。尤其是手机 UI 设计中，标签式布局真正发挥其寸土寸金的效用。图片或作品展示类 App，如 Pinterest 就提供了颜色丰富的标签选项，淘宝 App 同样在顶栏设计了多个选项标签（图 9-28）。对于类似产品、电商或者需要展示大量分类信息的 App，标签栏如同储物盒子一样将信息分类放置，对于 App 网页的清晰化和条理化是必不可少的。此外，从用户体验角度来讲，一味地增加 App 页面的浏览长度并不是一个好方法，当用户从上到下浏览页面时，其心理也会从仔细浏览变成走马观花式的快速查看。在手机移动界面中，一般手机页面的长度不会超过 4~5 屏，所以利用标签式布局可以很好地解决这样的问题，在信息传递和页面高度之间提供了一个有效的解决方案。

图 9-28　标签式 UI 使得信息的分类更清晰

作为标签式网页的子类，弹出菜单或弹出框也是手机布局常见的方式。弹出框把内容隐藏，仅在需要的时候才弹出并可以节省屏幕空间。弹出框在同级页面进行，这使得用户体验比较连贯，常用于下拉弹出菜单、地图、二维码信息等（图 9-29）。但由于弹出框显示的内容有限，所以只适用于特殊的场景。

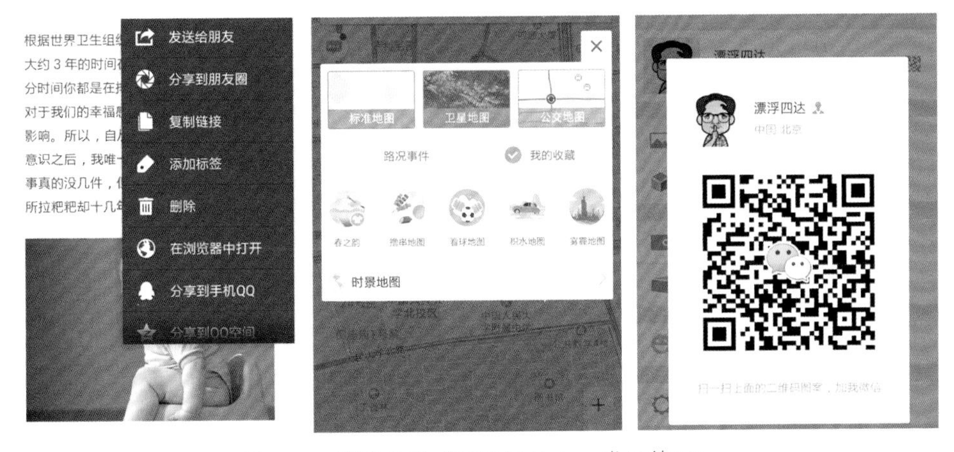

图 9-29　弹出菜单或弹出框是 App 常见的 UI

9.6　平移或滚动设计

平移式布局是移动界面中比较常见的布局方式。大平移式布局主要是通过手指横向滑动屏幕来查看隐藏信息的一种交互方式。这种设计语言来源于经典的瑞士图形设计的设计原则，并成为微软 Metro Design（城市地铁标识风格）设计语言。在 2006 年，微软的设计团队首次在 Window 8 的界面中引入了这种设计语言，强调通过良好的排版、文字和卡片式的信息结构来吸引用户（图 9-30）。微软将该设计语言视为“时尚、快速和现代”的视觉规范，并逐渐被苹果 iOS 7 和安卓系统所采用。使用这些设计方式最大的好处就是创造对比，可以让设计师通过色块、图片上的大字体或者多种颜色层次来创造视觉冲击力。对于手机 UI 设计来说，由于交互方式不断优化，用户越来越追求页面信息量的丰富和良好的操作体验之间的平衡，平移式布局不仅能够展示横轴的隐藏信息，而且通过手指的左右滑动，可以横向显示更多的信息，从而有效地释放了手机屏幕的容量，也使得用户的操作变得更加简便。

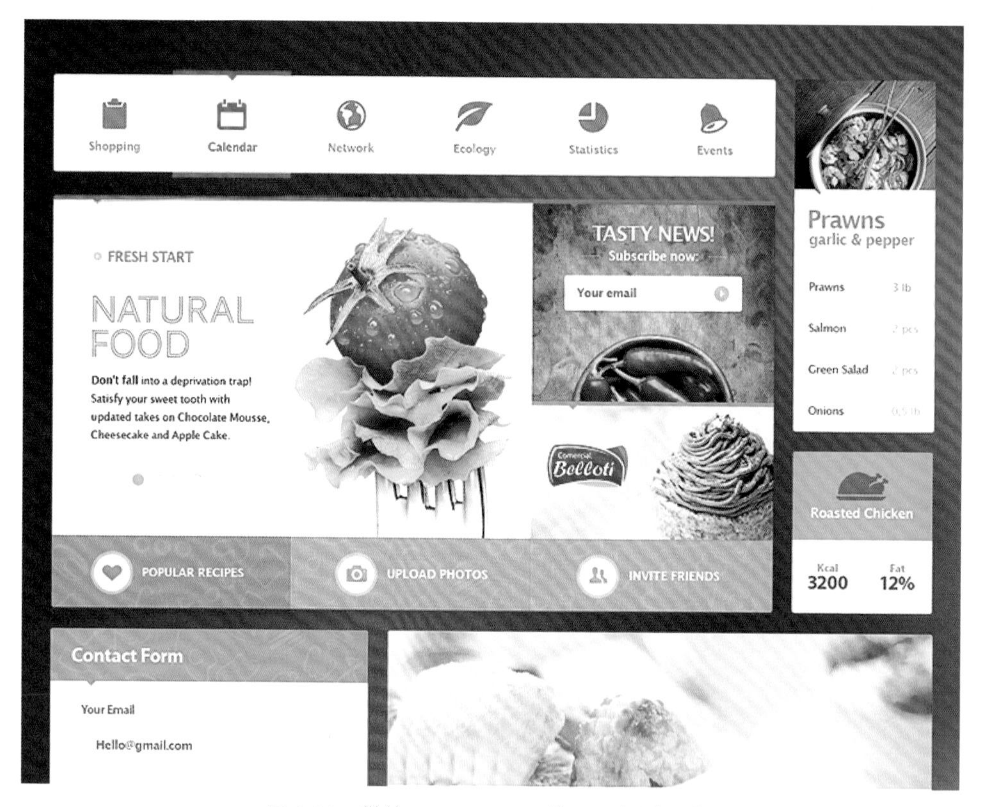

图 9-30　微软 Metro Design 的网页设计风格

对于手机屏幕来说，其尺寸都是固定的，以三星 S8+ 为例，屏幕为 6.2 英寸，分辨率为 1440 像素 ×2960 像素。所以页面信息的广度更多是在纵向区域来展示的，平移式布局的使用使得信息在手机屏幕的横向延展变成了可能，可以非常有效地增加手机屏幕的使用效率。这种设计样式使页面的层级结构变少，用户避免了一次次地在一级和二级页面之间切换。那么对于 iOS 平台来说，随着 iOS 10 系统的逐步更新，对于手机屏幕横向空间的利用也变得更加频繁。同样，Android 系统也支持平移布局为主的左右滑动。一般在设计平移式布局时，主要根据卡片式设计进行设计，如旅游地图的设计就可以采取左右滚动的方式（图 9-31，左）。左右滑动的卡片还可以采用悬停、双击等方式跳转到详细页，这样会给用户一种现实操作感，就像是在真实滑动一张张的卡片似的，体验感会更加优化。那么在设计平移动式的卡片的时候，最好是能够考虑到圆角的大小以及投影等各个参数的效果，以使视觉设计更加优化。如果结合了缓动或加速的浏览方式，平移滚动还能带给用户趣味的体验。

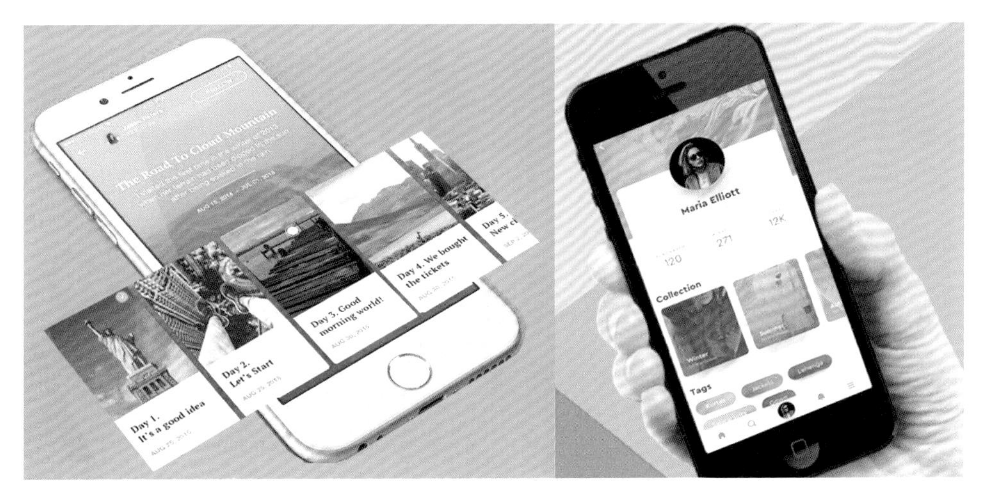

图 9-31　采取左右滚动的 App 页面 UI 设计

对于手机界面来说，无论是平移设计还是上下滚动设计，都是为了最大限度地利用手机的空间。特别是对于一些需要快速浏览的信息，如广告图片、分类信息图片和定制信息等，就可以考虑采用平移扩展的布局（图 9-32，左），平移设计一般以横向三四屏的内容最为合适，可以设计成手控双向滚动的模式。如果是大量的图片或视频等，就可以考虑采用上下滚动的布局（图 9-32，右）。通常可以考虑四五屏的长度，如果太长则会使用户失去耐心。对于 iOS 系统，这些图片圆角大小建议控制在 5 像素以内，如果是 Android 系统的话，那就按照材质设计的要求，卡片圆角统一成 2 像素即可。平移或滚动设计也可以结合标签或宫格布局使界面更加丰富。

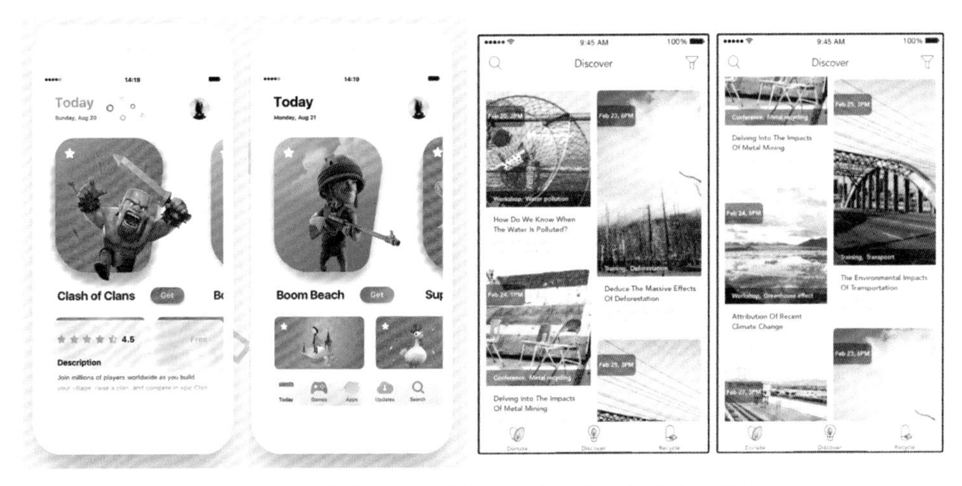

图 9-32　平移或垂直滚动布局适合图片和分类广告等排列

9.7 手机banner设计

网页或者手机 App 的通栏广告或 banner 广告设计，是电子商务（简称电商）或者手机 UI 中必不可少的设计环节（图 9-33）。电子商务广义上指使用各种电子工具从事商务或活动；狭义上指利用互联网从事商务的活动，或者就是基于互联网而产生的一种交易形式和手段，其中涉及的环节和角色分别有货物（实物或虚拟的）、商家、物流、货币与消费者。就拿上网购物这个场景来说，消费者的购买行为一部分是通过主动的“搜索”行为来完成的，另一部分则是被广告 banner 吸引了注意而发生的。作为协助完成线上交易的其中一个环节，电商设计要做的是准确地把信息传达给用户，也就是通过对文字图形的处理去传递某种情绪给到消费者，让消费者产生点击购买的欲望，banner 图的受欢迎程度直接关系到图片的点击率和转化率。

图 9-33　App 通栏广告（banner）是 UI 设计的重要元素

无论是活动广告还是商品广告，banner 通常的组成要素包含 4 个方面：文案（标题与信息文字）、商品 / 模特、背景（颜色或图案）和装饰点缀物（花边或植物）。其中无论是排版还是图文处理都有一定的规律性。阿里智能设计实验室在 2016 年推出的 banner 自动创意平台——“鲁班”设计系统就是研究了所有网页 banner 的设计套路，然后通过计算机资源搜索与色彩和图文匹配等方式，来“自动”生成各类广告。我们在 banner 设计时，也需要理解其中设计的关键之处。这里有 3 个问题非常重要：整体画面的气氛是否对路？各设计元素之间的层级关系是否准确和清晰？是否考量了 banner 所投放的环境？例如，在“双 11 淘宝节”

或者周年庆 / 节假日促销等商家活动期间，为了表现热闹红火的喜庆气质，除了画面形式比较活泼或者动感以外，banner 经常采用大面积的暖色（红、橙及其相近色）来渲染热闹氛围，让人感觉喜庆或者热血沸腾（图 9-34，左）。而在夏季主题、开学主题、校园主题等彰显年轻活力的促销场合，则需要色彩丰富、饱和靓丽（主色调可以超过四五种）。在这种类型气质的 banner 设计中，除去一些图形设计使画面看起来比较有设计感以外，很重要的一点就是善用大面积的高纯度色彩搭配模特使用，如聚划算打出的一系列 banner 广告（图 9-34，右）就以青春靓丽的女生系列为主体，通过动感字体、高纯度色彩背景来体现大学生的群体形象。这种 banner 设计借鉴了街头文化、混搭风格的时尚，不仅显得年轻可爱而且又带有一点特立独行、耍酷与放荡不羁的味道。

图 9-34　年货促销 banner 设计（左）和校园潮牌设计（右）

对于家庭产品（如化妆品、日用品）来说，由于针对的群体属于知性的上班族群体，广告往往采用大面积留白给人素雅的感觉，模特 / 产品更强调舒心的气氛，文字与背景能够给以清新自然美的感觉。对于 banner 的常规构图来说，通常以产品或模特为主或者以活动标题（文字）为主，而背景图案和点缀物往往是配角。以圣诞节促销为例，其 banner 将标题和主题图像（如圣诞树）组合成为视觉中心（图 9-35，左），同时结合圣诞节的红绿色彩对比使标题更加醒目。而一款以家庭产品为主的 banner 则以模特为主角，并通过留白或者大小对比的方式让商品（模特）体积或面积足够大并占据重要的位置（图 9-35，右），而自然景观的衬托使得“清新自然”的商品形象更加深入人心。此外，通过标题设计和蝴蝶、花卉的点缀，形成更丰富的视觉效果。近年来来，banner 设计的插画风格也非常流行（图 9-36）。这种广告不仅更加清晰美观，而且对于手机屏幕来说，其空间利用率与视觉效果能够吸引更多的用户关注。

图 9-35　节日促销的图形设计（左）和家庭产品的 banner 设计（右）

图 9-36　带有插画和装饰风格的主题 banner 设计

9.8 手机H5广告设计

从 2010 年开始，HTML5 就一直是互联网技术中最受关注的话题。从前端技术的角度看，互联网的发展可以分为 3 个阶段：第一阶段是以 Web 1.0 为主的网络阶段，前端主流技术是 HTML 和 CSS；第二阶段是以 Web 2.0 为代表的 Ajax 应用阶段，热门技术是 JavaScript/DOM 异步数据请求；第三阶段是目前的 HTML5（H5）和 CSS3 阶段，这二者相辅相成，使互联网又进入个了一个崭新的时代。在 HTML5 之前，由于各个浏览器之间的标准不统一，Web 浏览器之间互不兼容。而 H5 平台上的视频、音频、图像、动画以及交互都被标准化。近年来，我国移动互联网的用户、终端、网络基础设施规模在持续稳定地增长，展现出勃勃生机，为 H5 广告提供了技术驱动力。智能终端设备和网络 4G 的普及，用户的信息获取方式逐渐社交化、互动化、移动化、富媒体化。多元化社交网络平台的普及，为 H5 广告的传播制造了可能。除了网页或者手机 App 的 banner 通栏广告外，手机主题页 H5 广告也成为电商活动与产品营销的新媒体（图 9-37）。这些广告不仅炫目多彩，风趣幽默，还可以与用户互动。HTML5+CSS3+JavaScript 语言可以实现诸如 3D 动效、GIF 动图、时间轴动画、H5 弹幕、多屏现场投票、微信登录、数据查询、在线报名和微信支付等一系列功能。其中，HTML5 负责标记网页里面的元素（标题、段落、表格等）；CSS3 则负责网页的样式和布局；而 JavaScript 负责增加 HTML5 网页的交互性和动画特效。

图 9-37　手机主题页 H5 广告是电商促销活动的重要媒体

HTML5 的主要优势包括：①兼容性；②合理性；③高效率；④可分离性；⑤简洁性；⑥通用性；⑦无插件等。H5 在音频、视频、动画、应用页面效果和开发效率等方面给网页设计风格及相关理念带来了冲击。为了增强 Web 应用的实用性，H5 扩展了很多新技术并对传统 HTML 文档进行了修改，使文档结构更加清晰明确，容易阅读。同时，H5 增加了很多新的结构元素，减少了复杂性，这样既方便了浏览者的访问，也提高了 Web 设计人员的开发速度。H5 网页最大的特点就是更接近插画的风格，版式自由度高，色彩亮丽，为美术设计师发挥创意提供了更大的舞台（图 9-38）。而且这些广告或 banner 还有可移植性，能够跨平台呈现为移动媒体或桌面网页。目前，HTML5+CSS3 规范设计已成为网络和移动媒体的设计标准。

图 9-38　H5 网页更接近自由版式的插画风格

H5 广告有活动推广、品牌推广、产品营销几大类型，形式包括手绘、插画、视频、游戏、邀请函、贺卡、测试题等表现形式。其中，为活动推广运营而打造的 H5 页面是最常见的类型，H5 活动推广页需要有更强的互动、更高质量、更具话题性的设计来促成用户分享传播。例如，大众点评为“吃货节”设计的推广页（图 9-39）便深谙此道。复古拟物风格、富有质感的插画配以幽默的文字、动画与音效，用“夏娃”“爱因斯坦”“猴子”和“思想者”等噱头，将手绘插画、故事与互动相结合，成为吸引用户关注与分享的好创意。

图 9-39　大众点评为“吃货节”设计的 H5 推广页广告

H5 广告设计和平面版式设计类似，字体、排版、动效、音效和适配性这五大因素可谓

“一个都不能少”。如何有的放矢地进行设计，需要考虑到具体的应用场景和传播对象，从用户角度出发去思考：什么样的页面会打动用户。对于 App 广告设计来说，淘宝网设计师给出的公式：100 分（满分）= 选材（25%）+ 背景（25%）+ 文案设计（40%）+ 营造氛围（10%）就可以成为我们借鉴的指南。例如，淘宝造物节的手机 H5 广告（图 9-40）为长度高达 6 屏的滚动页。为了避免用户的视觉疲劳，该广告在设计上尽量“简单粗暴”：除了采用明亮的颜色和黑色边框为背景外，用立体风格与纵向箭头的结合鼓励用户快速滚动并选择自己感兴趣的商品或活动。这里，无论是色彩设计、风格设计、氛围营造，还是图标设计、文案设计，都是针对手机社交与游戏环境下成长起来的 90 后的一场青春回忆。

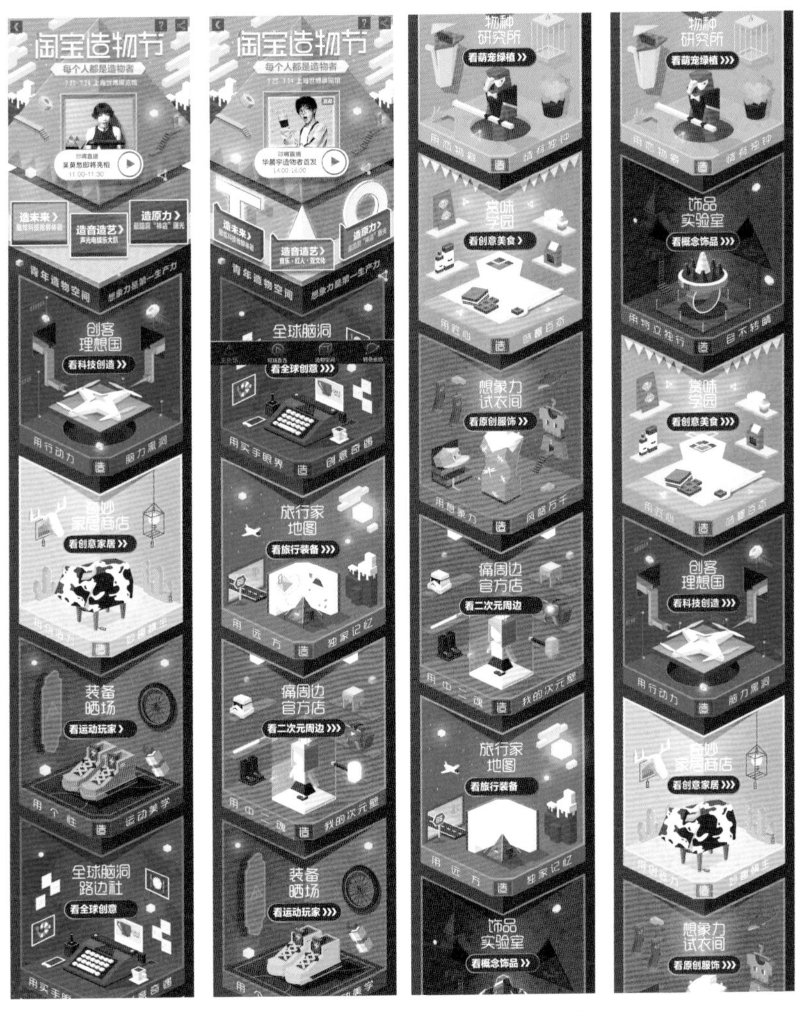

图 9-40　淘宝造物节的手机 H5 广告

H5 广告对交互设计师的能力带来了不少的挑战。例如，传统平面广告制作周期长，环节多，而 H5 广告则要快捷得多。此外平面设计师的制作工具较为单一，而 H5 广告则要求设计师还应该会音视频剪辑、动效和初步编程（交互）等。传统的广告设计师功夫在于做画面，内容是静止的，而 H5 广告能够融合平面、动画、三维、交互、电影、动销、声音等，其表现的范围和潜力要大得多。此外，二者在文案策划的思路上也存在差异。平面广告多是在户外公共空间或纸媒展示，往往内容更加“高大上”，而 H5 广告主要针对非特定的手机用户群，因此，广告文案要求更“接地气”，面向普通消费者的诉求（图 9-41）。在设计 H5 广告时，应该考虑到用户使用场景的多样性，如背景音乐尽量不要太吵闹，这对于会议、课堂、车厢等公共场所尤为重要，音乐播放最好有一点循序渐进，给用户留出可以关闭的时间。为了实现自动匹配的响应式设计，页面的设计应当根据设备环境（系统平台、屏幕尺寸和屏幕定向等）进行相应的响应和调整。具体的实践可以采用多种方案，如弹性网格和布局、图片、CSS3 media Query 和 jQuery Mobile 的使用等。从技术服务上看，目前国内几家 H5 定制化平台，如易企秀、兔展、MAKA、应用之星、iH5 等都可以提供专业化模板并可以根据用户需求提供定制服务。部分平台还提供了集策划、设计、开发和媒体发布于一身的“一条龙”互动营销整体策划方案。

图 9-41　H5 广告设计给设计师带来了新的挑战

下面是 H5 App 广告的几条设计原则。

（1）简洁集中，一目了然。手机广告设计不同于平面广告。在有限的手机屏幕空间内，最好的效果是简单集中，最好有一个核心元素，突出重点为最优。简单图文是最常见的 H5 专题页形式。“图”的形式可以千变万化，可以是照片、插画和 GIF 动图等。通过翻页等方式起到类似幻灯片的传播效果。考验的是高质量的内容本身和讲故事的能力。蘑菇街和美丽说的校招广告就是典型的简单图文型 H5 专题页（图 9-42），用模特 + 简洁的背景色 + 个性化的文案串起了整套页面，视觉简洁有力。

（2）风格统一，自然流畅。页面中的元素（插图、文字、照片）的动效呈现是 H5 广告最有特色的部分。例如一些元素的位移、旋转、翻转、缩放、淡入淡出、粒子和 3D 效果、照片处理等使得这种页面产生电影般的效果。例如，大众点评为电影《狂怒》设计的推广页《选择吧！人生》（图 9-43）就有统一的复古风格。富有质感的旧票根、忽闪的霓虹灯，围绕“选择”这个关键词，用测试题让用户把人生当作大片来选择。当你选到最后一题便会引出“大众点评选座看电影”，一键直达 App 购票页面。该广告的视觉设计延续了怀旧大字报风格，字体、文案、装饰元素等细节处理十分用心，包括文案措辞和背景音效，无不与整体的戏谑风保持一致，给用户一个完整统一的互动体验。开脑洞的创意、交互选择题和动画（如剁手）令人叫绝，由此牢牢吸引了用户的眼球。

图 9-42　蘑菇街和美丽说的校招 H5 广告

图 9-43　电影《狂怒》的推广页《选择吧！人生》

（3）自然交互，适度动效。随着技术的发展，如今的 HTML5 拥有众多出彩的特性，让我们能轻松实现绘图、擦除、摇一摇、重力感应、3D 视图等互动效果。轻松有趣的游戏是吸引用户关注的法宝。相较于塞入各种不同种类的动效导致页面混乱臃肿，合理运用游戏技术与自然的互动，为用户提供流畅的互动体验是优秀设计的关键。例如，“抓娃娃”和“对对碰”是最常见的手机休闲游戏类型之一，安居客的 H5 广告（图 9-44，上）就巧妙利用了“抓娃娃”的设计，达到吸引用户扫描“天天有礼”活动主题的目的。同样，欧美陶瓷也通过“新品对对碰”游戏（图 9-44，下）来吸引用户，这个代入感很强的互动游戏无疑是驱动用户驻足与分享的动力。

图 9-44 利用“抓娃娃”和“对对碰”游戏插入的 H5 广告

（4）故事分享，引发共鸣。不论 H5 的形式如何多变，有价值的内容始终是第一位的。在有限的篇幅里学会讲故事，引发用户的情感共鸣，将对内容的传播形成极大的推动。例如，腾讯三国手游推送广告《全民主公》（图 9-45）就是以《三国演义》历史和人物典故打造的幽默故事。该广告画面着传统年画门神的热闹气氛，对联更是基情四射，幽默夸张，令人捧腹。用户不仅体验了动画和故事的魅力，而且从故事、对联中领悟到游戏的乐趣。该广告还通过 Canvas+jQuery 技术实现了擦掉动作片马赛克的互动体验，这更是让大家乐此不疲，“马赛克擦除”的小游戏不会使人感到刻意炫技而是自然的游戏互动。此外，如果能够将中国传统创意元素，如波浪、云纹、京剧等和复古漫画风格相结合，就可以产生丰富的视觉表现力。如腾讯游戏《欢乐麻将》产品宣传 H5 广告《中国人集体暴走了！》（图 9-45）就是利用这些混搭元素进行综合创意的样本。因此，在设计 H5 广告时，设计师可以适当考虑借鉴中国传统的故事、典故、传说，同时结合民族化的表现形式，如云纹、海浪或者戏剧舞台效果的装饰风格，这样可以大大增强广告的表现力和文化内涵。

图 9-45 《全民主公》（上）和《中国人集体暴走了！》（下）

和 banner 广告设计的方式接近，H5 广告的组成要素也包含文案、商品 / 模特、背景与点缀物，但画幅以纵向设计为主，由此给设计师提供了更大的空间。通常第 1 屏的内容非常重要，是画龙点睛之笔，如果设计得乏味或者雷同，用户就不会再有兴趣往下滚动。在一个时装发布的 H5 广告中，设计师就用“时尚周刊”的模式，将模特、动感图形、红黑配色、点题文案相结合，在整体风格上统一（图 9-46）。和针对校园女生群体的广告配色不同，前者往往采用漫画、卡通与粉色基调，突出阳光与少女的气质（图 9-47）；时尚类广告则彰显“酷”与“范儿”的特征，如黑色与红色以及与暗色系颜色的搭配使得整体画面显得高端大气，同时为了让画面不那么沉闷，可以通过画面的拼贴与混搭，来产生动感和更具设计感的风格。

图 9-46　以红黑配色为基调的时装发布的 H5 广告

图 9-47　针对校园群体的萌系自拍软件 H5 广告

9.9　界面设计原则

什么是优秀的界面设计？从心理学上说，无论是手机界面还是平面广告，其能够打动人心的或者说符合人性的设计就是好的设计。因此，从深层上理解，心理学家唐纳德·诺曼所提出的本能层、行为层和反思层的设计思维应该是把握设计原则的关键。做设计的核心是在揣摩人性，而情感化设计归根结底就是对人性的把握和理解。德国《愉快杂志》(*Smashing Magazine*) 编著的《众妙之门：网站 UI 设计之道》(贾云龙、王士强译，人民邮电出版社，2010) 针对界面设计提出了几个设计原则。该书指出几乎所有精彩的界面大都具有下面这几个符合人性的品质。

(1) 简洁化和清晰化。简洁化的关键在于文字、图片、导航和色彩的设计。近年来扁平化设计风格的流行就是人们对简洁清晰的信息传达的追求 (图 9-48，上)。通过网格化和板块式的布局，再加上简洁的图标与丰富的色彩，亚马逊的 App 设计使服务流程更加清晰流畅 (图 9-48，下)。清晰的界面不仅赏心悦目，而且保证服务体验的透明化。

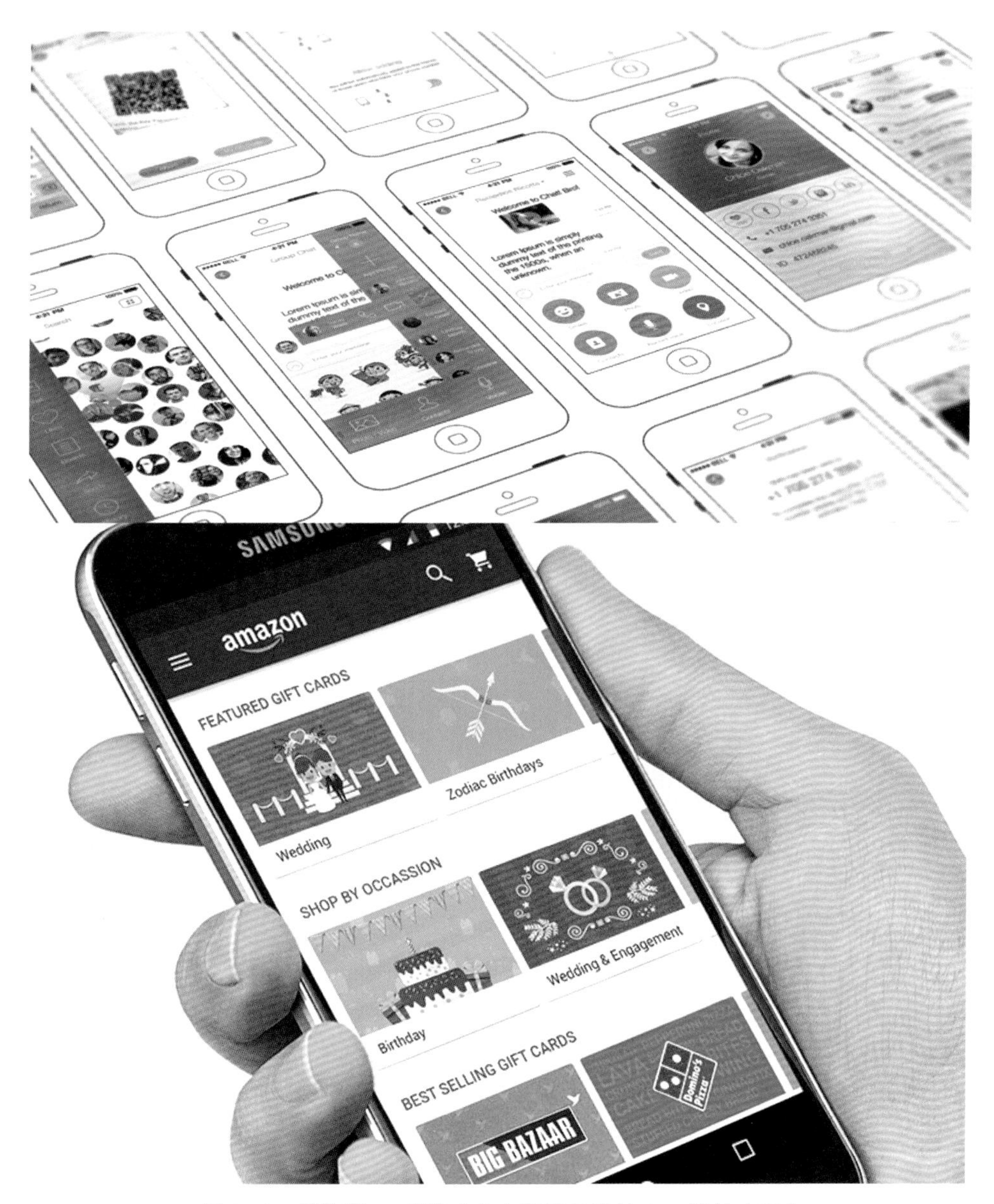

图 9-48　简约型 UI 界面 (上) 和亚马逊的 App 设计 (下)

（2）熟悉感和响应性。人们总是对之前见过的东西有一种熟悉的感觉，自然界的鸟语花香和生活的饮食起居都是大家最熟悉的。在导航设计过程中，可以使用一些源于生活的隐喻，如门锁、文件柜等图标，因为现实生活中，我们也是通过文件夹来对资料进行分类的。例如，生活电商 App 往往会采用水果图案来代表不同冰激凌的口味，利用人们对味觉的记忆来促销（图 9-49）。响应性代表了交流的效率和顺畅，一个良好的界面不应该让人感觉反应迟缓。通过迅速而清晰的操作反馈可以实现这种高效率。例如，通过结合 App 分栏的左右和上下的滑动，不仅可以用来切换相关的页面，而且使得交互响应方式更加灵活，能够快速实现导航、浏览与下单的流程。

图 9-49　电商 App 利用人们的视觉习惯进行导航

（3）一致性和美感。在整个应用程序中保持界面一致是非常重要的，这能够让用户识别出使用的模式。一旦用户学会了界面中某个部分的操作，他很快就能知道如何在其他地方或其他特性上进行操作。同样，美观的界面无疑会让用户使用起来更开心。例如，俄罗斯电商平台 EDA 就是一个界面简约但色彩丰富的应用程序（图 9-50）。各项列表和栏目安排的赏心悦目。该应用程序采用扁平化、个性化的界面风格，无论是服务分类、目录、订单、购物车等页面，都保持了风格一致，简约清晰、色彩鲜明。

（4）高效性和容错性。高效率和容错性是软件产品可用性的基础。一个精彩界面应当通导航和布局设计来帮助用户提高工作效率。例如，著名的图片分享网站，全球最大的图片社交分享网站 Pinterest（图 9-51）就采用瀑布流的形式，通过清爽的卡片式设计和无边界快速滑动浏览实现了高效率，同时该网站还通过智能联想，将搜索关键词、同类图片和朋友圈分享链接融合在一起，使得任何一项探索都充满了情趣。因为每个人都会犯错，如何处理用户的错误是对软件的一个最好测试。它是否容易撤销操作？是否容易恢复删除的文件？一个好的用户界面不仅需要清晰，而且也提供用户误操作的补救办法，如购物提交清单后，弹出的提醒页面就非常重要。

图 9-50　简约但色彩丰富的俄罗斯电商平台 EDA

图 9-51　Pinterest 通过瀑布流的导航实现了高效率

界面设计的核心就是应该遵循“少就是多”的原则。你在界面中增加的元素越多，用户就需要用更多的时间来熟悉。因此，如何设计出简洁、优雅、美观、实用的界面，是摆在设计师面前的难题。扁平化设计可以理解为 :“精简交互步骤，用户用最少的步骤就完成任务。”层级太多，用户就会看不懂，即使看得懂，层级多了用起来也麻烦。因此手机上能不跳转就不跳转。从心理学来说，我们可以把用户对 UI 的体验分类为 : 感官体验、浏览体验、交互体验、阅读体验、情感体验和信息体验。依据近 10 年来国内外研究者对网站用户体验的调研，我们可以总结出依据“情感化设计”的原则，App 界面设计需要注意的事项（图 9-52）。

	App 要素	移动媒体交互设计与 App 设计标准
感官体验	设计风格	符合用户体验原则和大众审美习惯，并具有一定的引导性
	LOGO	确保标识和品牌的清晰展示，但不占据过分空间
	页面速度	确保页面打开速度，避免使用耗流量，占内存的动画或大图片
	页面布局	重点突出，主次分明，图文并茂，将客户最感兴趣的内容放在重要的位置
	页面色彩	与品牌整体形象相统一，主色调 + 辅助色和谐
	动画效果	简洁、自然，与页面相协调，打开速度快，不干扰页面浏览
	页面导航	导航条清晰明了、突出，层级分明
	页面大小	适合苹果和安卓系统设计规范的智能手机尺寸（跨平台）
	图片展示	比例协调、不变形，图片清晰。排列疏密适中，剪裁得当
	广告位置	避免干扰视线，广告图片符合整体风格，避免喧宾夺主
浏览体验	栏目命名	与栏目内容准确相关，简洁清晰
	栏目层级	导航清晰，收放自如，快速切换，以 3 级菜单为宜
	内容分类	同一栏目下，不同分类区隔清晰，不要互相包含或混淆
	更新频率	确保稳定的更新频率，以吸引浏览者经常浏览
	信息版式	标题醒目，有装饰感，图文混排，便于滑动浏览
	新文标记	为新文章提供不同标识（如 new，吸引浏览者查看）
交互体验	注册申请	注册申请和登录流程简洁规范
	按钮设置	对于交互性的按钮必须清晰突出，确保用户清楚地点击
	点击提示	点击过的信息显示为不同的颜色以区分于未阅读内容
	错误提示	若表单填写错误，应指明填写错误并保存原有填写内容，减少重复
	页面刷新	尽量采用无刷新（如 Ajax 或 Flex）技术，以减少页面的刷新率
	新开窗口	尽量减少新开的窗口，设置弹出窗口的关闭功能
	资料安全	确保资料的安全保密，对于客户密码和资料加密保存
	显示路径	无论用户浏览到哪一层级，都可以看到该页面路径
阅读体验	标题导读	滑动式导读标题 + 板块式频道（栏目）设计，简洁清晰，色彩明快
	精彩推荐	在频道首页或文章左右侧，提供精彩内容推荐
	内容推荐	在用户浏览文章的左右侧或下部，提供相关内容推荐
	收藏设置	为用户提供收藏夹，对于喜爱的产品或信息，进行收藏
	信息搜索	在页面醒目位置，提供信息搜索框，便于查找所需内容
	文字排列	标题与正文明显区隔，段落清晰
	文字字体	采用易于阅读的字体，避免文字过小或过密
	页面底色	不能干扰主体页面的阅读
	页面长度	设置页面长度，避免页面过长，对于长篇文章进行分页浏览
	快速通道	为有明确目的的用户提供快速入口
	友好提示	对于每一个操作进行友好提示，以增加浏览者的亲和度
情感体验	会员交流	提供便利的会员交流功能（如论坛）或组织活动，增进会员感情
	鼓励参与	提供用户评论、投票等功能，让会员更多地参与进来
	专家答疑	为用户提出的疑问进行专业解答
	导航地图	为用户提供清晰的 GPS 指引或 O2O 服务
	搜索引擎	查找相关内容可以显示在搜索引擎前列
信任体验	联系方式	准确有效的地址、电话等联系方式，便于查找
	服务热线	将公司的服务热线列在醒目的地方，便于客户查找
	投诉途径	为客户提供投诉或建议邮箱或在线反馈
	帮助中心	对于流程较复杂的服务，帮助中心进行服务介绍

图 9-52　根据 App 构成要素总结的设计注意事项

9.10 规范设计手册

对于移动媒体的界面设计师来说，理解界面的技术构成、布局规则和设计标准是至关重要的事情。作为移动媒体界面的先行者，苹果公司多年来对 iOS 的设计规范进行了深入的研究，并向第三方设计师和软件开发商提供了详细的参考手册。2014 年，腾讯 ISUX 用户体验部完整翻译了苹果公司官方的《iOS 8 人机界面指南》，为国内的设计师提供了详细的苹果手机的设计规范。其中，“为 iOS 而设计”（Designing for iOS）的关键词就包含如下三大原则。①遵从：UI 能够更好地帮助用户理解内容并与之互动，但却不会分散用户对内容本身的注意力。②清晰：各种大小的文字应该易读，图标应该醒目，去除多余的修饰，突出重点。③深度：视觉的层次和生动的交互动作会赋予 UI 活力并让用户在使用过程中感到惊喜。苹果公司建议设计师们无论是修改或是重新设计应用都可以尝试下列方法：①去除了 UI 元素让应用的核心功能呈现得更加直接。②直接使用 iOS 的系统主题让其成为应用的 UI，这样能给用户统一的视觉感受（图 9-53）。③保证你设计的 UI 可以适应各种设备和不同操作模式。

图 9-53 直接使用 iOS 系统（下方导航栏）实现快速导航

苹果公司认为：虽然明快美观的 UI 和流畅的动态效果是 iOS 体验的亮点，但内容始终是 iOS 的核心。例如，天气应用 App 早期都采用模拟天气实景的设计，但最近更流行卡片式的简约表现风格：时尚颜色，气象图标，动态显示的温度和当地气候变化数据让用户一目了然（图 9-54）。设计中应该尽量减少视觉修饰和拟物化图标设计，渐变和阴影有时会让 UI 元素显得很厚重，会抢了内容的风头。保证清晰度可以确保 App 的内容始终是核心。让最重要的内容和功能清晰，易于交互。留白不仅可以让重要内容和功能显得更加醒目，而且可以传达一种平静和安宁的视觉感受，它可以使一个应用看起来更加聚焦和高效。适当使用同框版式中的对比色，可以使字体无论在深色和浅色背景上看起来都更清晰干净。iOS 的系统字体自动调整行间距和行的高度，使阅读时文本清晰易读，无论何种大小的字号都表现良好。

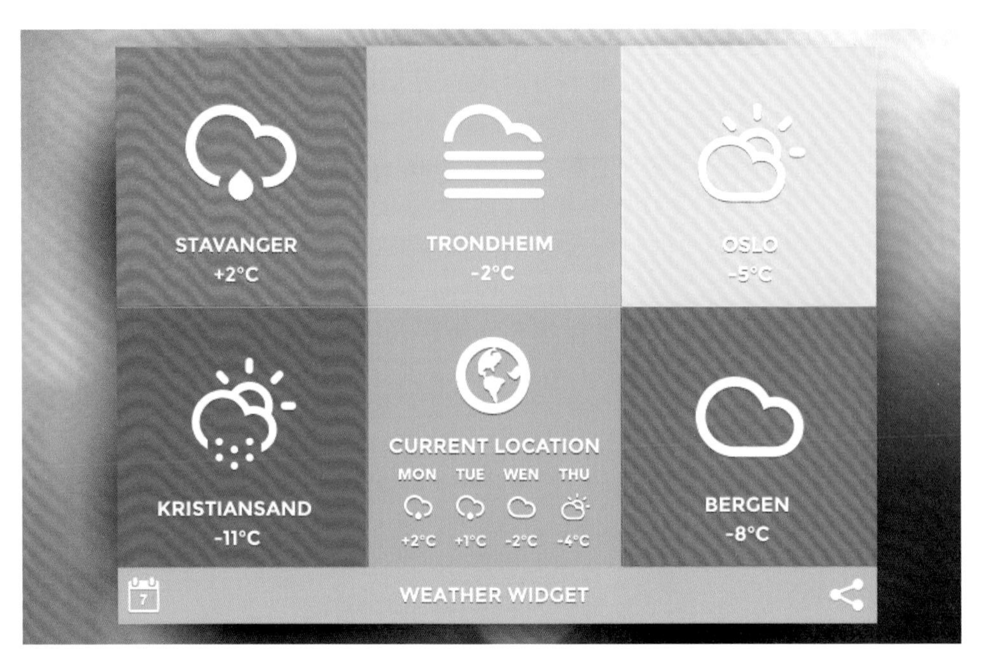

图 9-54　卡片简约风格的天气类 App 界面设计

对于图标和图形的设计，苹果公司在《iOS 8 界面设计指南》中也给出了建议："每个应用都需要一个漂亮的图标。用户常常会在看到应用图标的时候便建立起对应用的第一印象，并以此评判应用的品质、作用以及可靠性。以下几点是你在设计应用图标时应当记住的。当你确定要开始设计时，需要参考苹果不同规格手机的图标尺寸规格（图 9-55）。图标是整个应用品牌的重要组成部分，设计师应该将图标设计当成一个讲故事以及与用户建立情感连接的机会。最好的图标应该是独特、整洁、打动人心和让人印象深刻的。一个好的图标应该在不同的背景以及不同的规格下都同样美观。"该书还指出：所有的图标或图形设计都确保较高的分辨率。显示照片或图片时请使用原始尺寸，并不要将它拉伸到大于 100%。

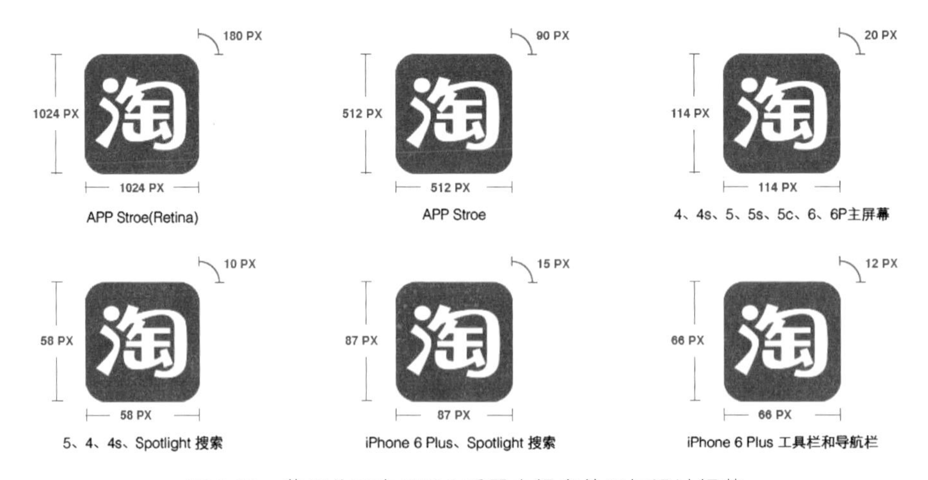

图 9-55　苹果公司在 iOS 8 手册中规定的图标设计规范

苹果公司进一步建议用深度和两侧的拓展来体现界面的层次信息。例如，在一个提供民宿旅游的 App 上，用户可以通过手指左右滑动来选择自己心仪的房间，通过进一步单击带有房间和价格的图片，这个页面就可以进一步向下滑动展开，并显示订房日期选择页面（图 9-56）。这样就可以在有限的空间展示更多的信息，而无须翻页。同样，通过可视化图表信息设计，也可以在有限的空间提供更丰富的内容，如计步器曲线、燃烧卡路里曲线、健身时间以及体重的变化等信息（图 9-57）。

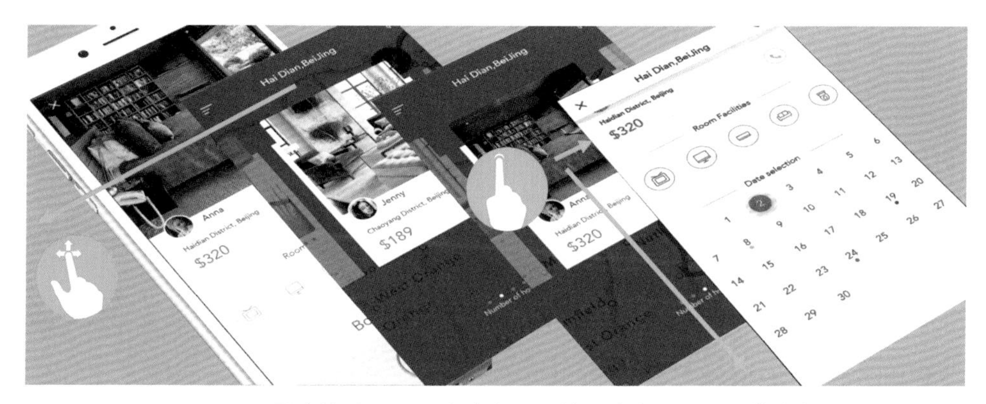

图 9-56　民宿旅游 App 用左右和上下的滑动来呈现更多的信息

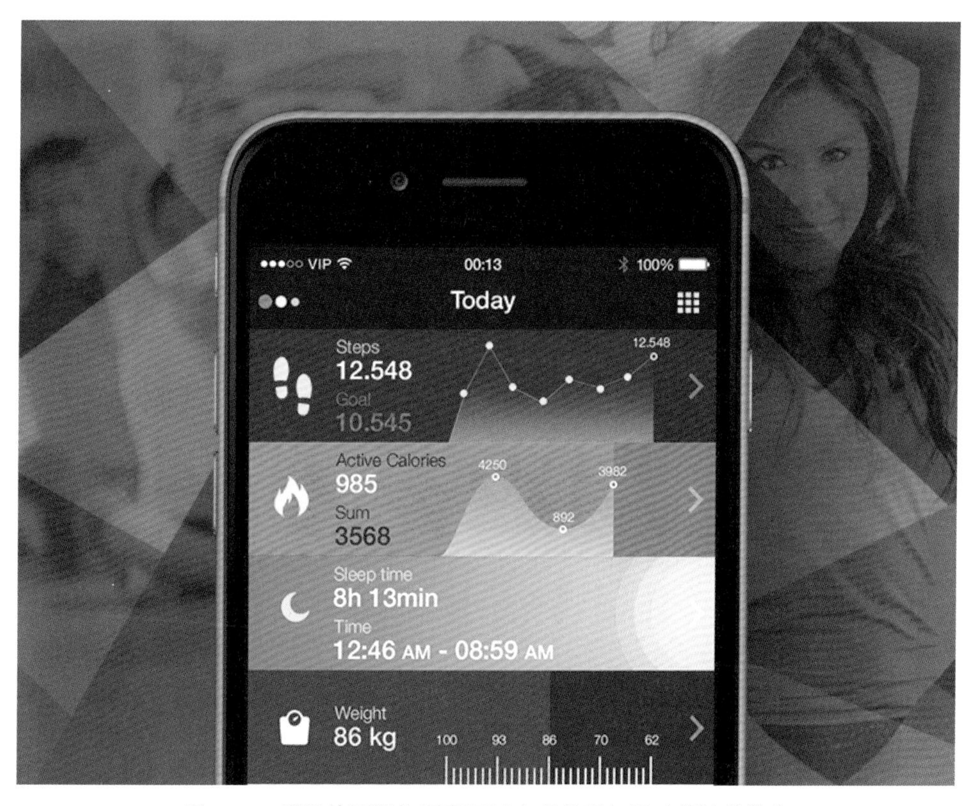

图 9-57　手机的可视化图表可以直观呈现与运动相关的信息

苹果公司对于 iOS 8 界面设计给出了设计指南，同样安卓系统也有类似的设计说明书。谷歌公司早在安卓 5.0 和 6.0 的版本中，就使用了材质设计或者卡片式设计的规范。2014 年，谷歌发布了《材质设计规范手册》。这个手册定义了新的 UI 设计准则。该文件指出：我们挑战自我，为用户创造了崭新的视觉设计语言（图 9-58）。该语言除了遵循经典设计定则，还汲取了最新的科技，秉承了创新的设计理念。MD 的核心是一种底层系统，在这个系统的基础之上，可以产生构建跨平台和超越设备尺寸的统一体验（图 9-59）。

图 9-58　谷歌的材质设计手册定义了新的 UI 设计准则

图 9-59　卡片设计系统可以用于不同的设备

按照谷歌公司的说法，材质设计就是构建一种卡片式容器，这个材料是刚性、不可弯曲的，均匀厚度为 1 个虚拟像素。材料构成界面的容器（或平台），无论是动画、字体、色彩、图像、版式或组件都是在这个材质上呈现的。这个对象与现实生活中的物理对象具有相似的性质（图 9-60）。在现实生活中，卡片材料可以被堆积或粘贴，但是不能彼此交叉穿过。虚拟的线照射使场景中的材料对象投射出阴影，45°照射的主光源投射出一个定向的阴影，而环境光从各个角度投射出连贯又柔和的阴影。环境中的所有阴影都是由这两种光投射产生的，阴影是光线照射不到的地方，包括直射光的阴影，散射光的阴影以及直射光和散射光混合投影。

图 9-60　卡片式框架可以包含字体、图像和图标等信息

该手册规定，刚性材质遵循虚拟的牛顿物理学的规则，如不能折叠、不能彼此穿越以及不能改变其厚度。这些材质在颜色、宽度、形状和层次关系上可以自由改变，同样也可以产生或自然消失（动画中的放大缩小），可以用来承载或显示各种内容，如图像、文字、视频等。实体的表面和边缘阴影提供基于真实效果的视觉体验，熟悉的触感让用户可以快速地理解和认知。实体的多样性可以呈现出更多反映真实世界的设计效果，但同时又绝不会脱离客观的物理规律。光效、表面质感、运动感这三点可以用来解释物体运动规律、交互方式、空间关系的关键。真实的光效可以解释物体之间的交合关系、空间关系，以及单个物体的运动。

谷歌公司借鉴了传统的印刷设计，如排版、网格、空间、比例、配色和图像，并在这些基础的平面设计之上形成了材质设计的思想。基于这种理念而设计的界面不但可以愉悦用户，而且能够构建出视觉层级、视觉意义以及视觉聚焦。设计师通过精心选择色彩、图像、合乎比例的字体、留白，可以构建出鲜明、形象的用户界面，让用户沉浸其中。例如，材质设计的颜色表达生动、鲜活、大胆而丰富，这与单调乏味的周边环境形成鲜明的对比。强调大胆的阴影、渐变、投影和高光可以引出意想不到且充满活力的颜色。传统设计大多采用的色彩在 2~4 种颜色之间，而材质设计的色彩运用达到了 6~8 种之多，所以，色彩的运用无疑是这种设计最重要的特征。同样，材质设计的图标去掉了拟物化的大部分特征，更多是用色彩来表现，用色彩来刺激人的视觉达到更好的功能性。为了帮助设计师尽快熟悉材质设计的颜色构成规律，该手册还提供了详细的 UI 调色板。该调色板以一些基础色为基准，通过增加灰度为不同操作环境提供一套完整可用的颜色规范。基础色的饱和度是 500。最深为 900，最浅为 100。调色板通过同色系的颜色搭配营造了和谐、统一的感觉，也成为设计应用程序主题色调、导航和窗口的依据（图 9-61）。材质设计通过强烈的色彩对比度使人能在第一时间发现信息。同时，相对于拟物化的设计少了更多的细节，增加了图标对人视觉上的刺激，使人机交互变得更加及时与高效。

图 9-61　色彩的运用是卡片设计重要的特征之一

卡片式的布局能够把信息、图像、文本、按钮、链接等一系列数据整合到各种矩形方框中。这些模块可以分层、堆叠、移动或放大到全屏幕尺寸。这种布局不仅能够最大化利用手机的空间，而且界面清爽干净，内容也一目了然。而矩形的设计也能够完美体现出 UI 设计的简洁美。苹果 iOS 7 使用了毛玻璃堆叠层级的方式，而安卓系统大量使用了带阴影的剪纸效果（图 9-62）。

在谷歌的卡片设计手册中，给出了界面设计的如下几条规则。

（1）了解光线的物理性质：设计师应仔细考虑如何使用阴影和渐变，使元素看起来更加真实。这对于卡片式设计而言是非常重要的，因为它涉及了卡片的“真实感”。如果阴影投在各个角落边上的话，这种卡片式的体验可能就会被破坏掉。

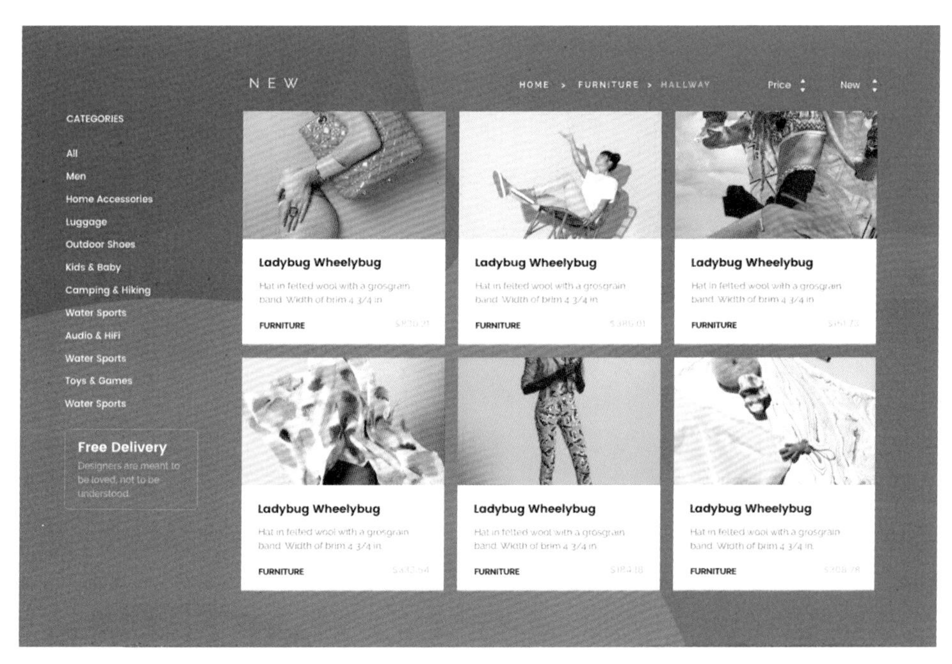

图 9-62　全屏网页的卡片式风格设计

（2）确保 UI 在黑白两色下能够正常使用：设计的第一步就是要抛弃颜色（图 9-63）。这将能够让你明确地把设计重点放在实用性和内容上。设计师应该在设计的最后一步再添加颜色，颜色对 UI 设计只是起到点缀的作用。

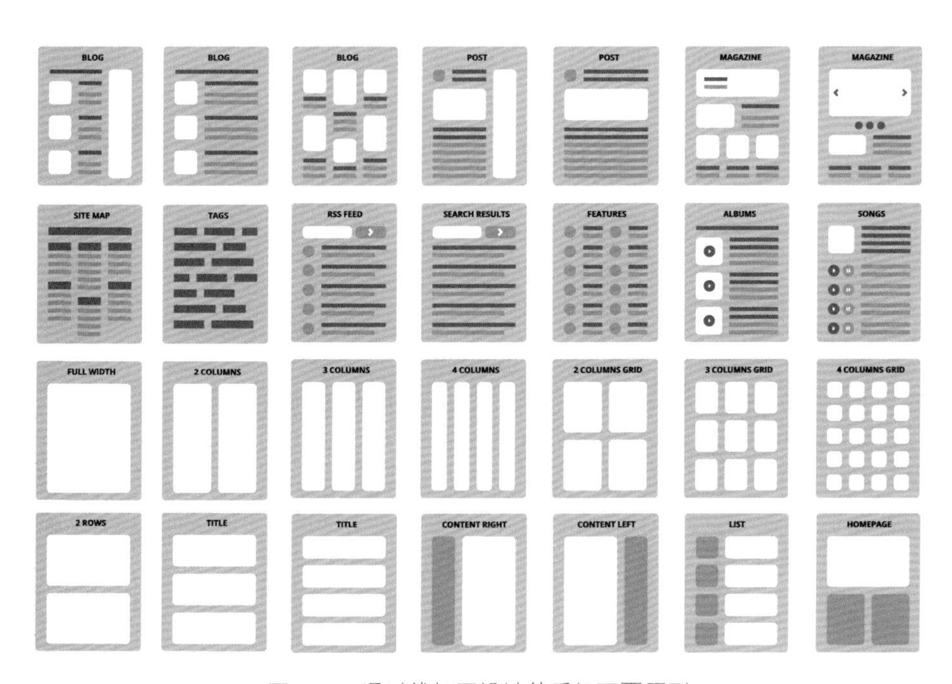

图 9-63　通过线框图设计的手机页面原型

（3）不要吝啬使用留白：请先给你的卡片一些空白的空间，之后再去慢慢缩减这部分空白。留白是帮助你组织和分离各种元素的良师益友。

（4）掌握分层文字的艺术：一定要使用一个明确的、清晰的颜色或图案作为背景（图 9-64）。为了确保文本看起来效果更好一些，你可以使用一个黑暗的色调来进行叠加，如把文字放进一个“盒子”里，或者是尝试虚化背景图。

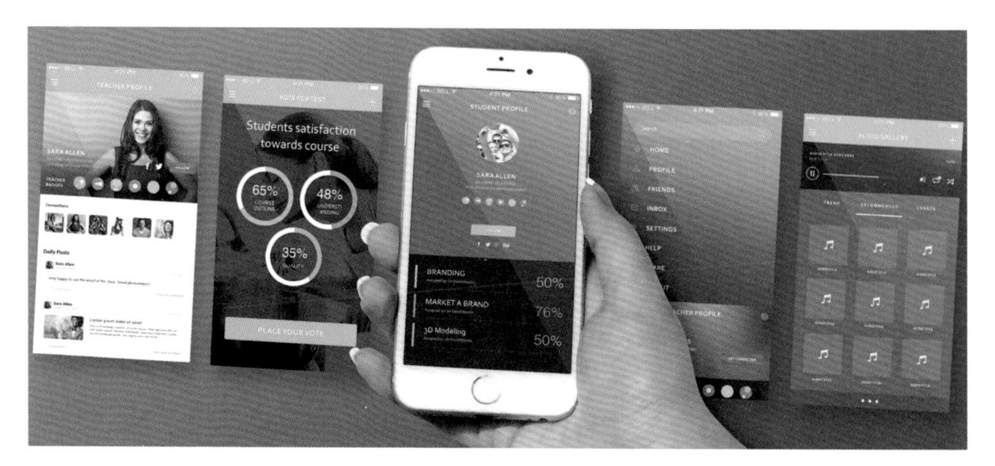

图 9-64　背景颜色或图案的设计对于视觉呈现非常重要

（5）知道如何创建与排版对比：无论是用大卡片还是小卡片，或是用更多的文字还是更少的文字进行组合，其实最重要的是要把这些元素有机的配合起来，达到吸引用户注意的目标。通过给卡片加以美化润色是一种取悦用户的好方法。如把阴影元素加进卡片中的话就会使用户感到更加亲切自然。

9.11　页面动效设计

页面动效是手机 UI 设计中的重要环节。我们通常可以把当前的手机页面可以想象成一个无限拓展的三维世界，分为 x 轴，y 轴与 z 轴（图 9-65）。在这三个维度上，内容可以进行无限的拓展。通过在 x 轴、y 轴和 z 轴上使用多种手段做适时的收纳与展现，就可以最大限度地利用好手机的空间。其中，动画和动效设计的重要性就在于能够有效地暗示和指引用户，并通过自然滑动的操作，来展示或隐藏部分信息（如菜单的展开与折叠），由此提高信息导航的有效性。

例如，通过动效设计，先让菜单先露出一部分，如果用户滑动则会露出更多。通过页面覆盖的形式将信息折叠起来。例如虾米音乐的播放页，默认评论只露出标题让用户可以发现有该栏目，当用户上滑时，采用动效的形式将评论页面在当前展开（图 9-66，上）。又比如每日优鲜的“我的页面”，当用户想了解会员有什么权益时，可以滑动页面查看更多会员信息，无须跳转进入会员权益页（图 9-66，下）。材质设计将动画作为真实物理世界的模拟，如一个物体的运动可以告诉我们它是轻还是重，柔性还是刚性，小还是大。根据牛顿力学，物理世界中物体拥有质量，所以只有人推动时才会移动，因此物体有加速的过程。动画突然开始或者停止，或者在运动时突兀地变化方向，都会使用户感到意外和不和谐。因此，动效设计就在于如何让动画完整地展现物体的真实特性，如缓动、加速或弹跳等物理运动的体验。线性动作会使人感到机械和死板，具有弹性的运动则会使人感到自然和愉快。

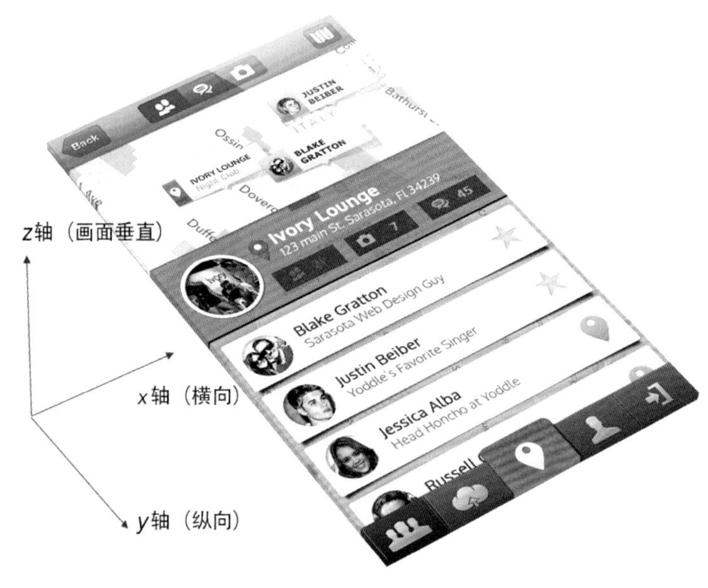

图 9-65　手机页面可以在 x 轴、y 轴与 z 轴方向扩展

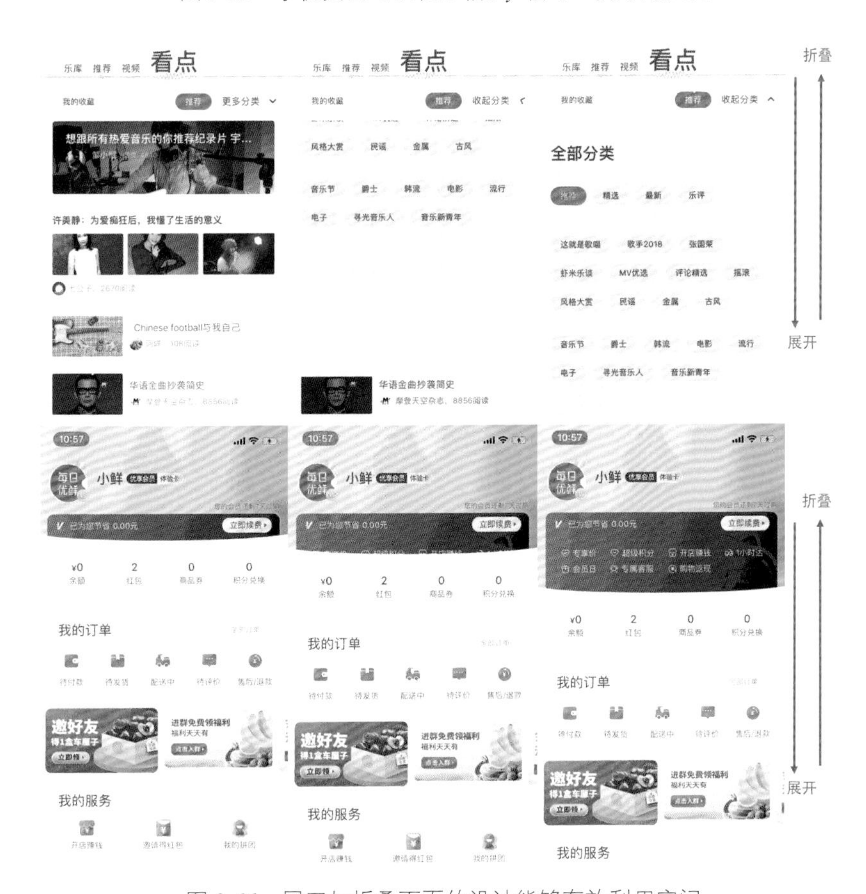

图 9-66　展开与折叠页面的设计能够有效利用空间

转场的设计是动效设计的重点。所有的动效，如折叠菜单展开、圆形蒙版展开（图 9-67）、左右滚动展开、推拉转场、缩放蒙版或百叶窗栅格转场等，都要求模拟自然移动的规律。例如，

一个人进入场景的时候，并不是从场景的边缘开始走入的，而是从更远的地方。同样，一个物体退出这个场景时，需要维持它的减速运动，缓慢地离开场景。此外，并不是所有物体的移动方式是相同的，轻的或小的物体可能会更快地加速和减速，大的或重的物体可能需要更多的时间。设计师需要认真思考 UI 动效的动力学特征。交互中的动效设计同样是必不可少的。一个明显的动效可以用户清晰地感知自己的输入和反馈。在用户的操作中心点应该形成一个像涟漪一样逐渐发散开的径向动效响应。涟漪效果应从触控点、语音图标或键盘输入时的按键点展开。无论是滑动、拖曳还是放大图像，系统应该立即在交互的触点上提供可视化的图形让用户感知到交互的反馈，如示例中的折叠菜单的展开与收拢的动画过程（图 9-68）。触控反馈是这种触摸效果的核心机制，也就是清晰而及时地让用户感知触摸按钮后的界面变化。设计师进行动效设计要根据用户行为而定，动效本身应该是有意义的、合理的，其目的是为了吸引用户的注意力以及保持 App 的连续体验。动效设计的原则是自然、细腻、清爽、高效和明晰。

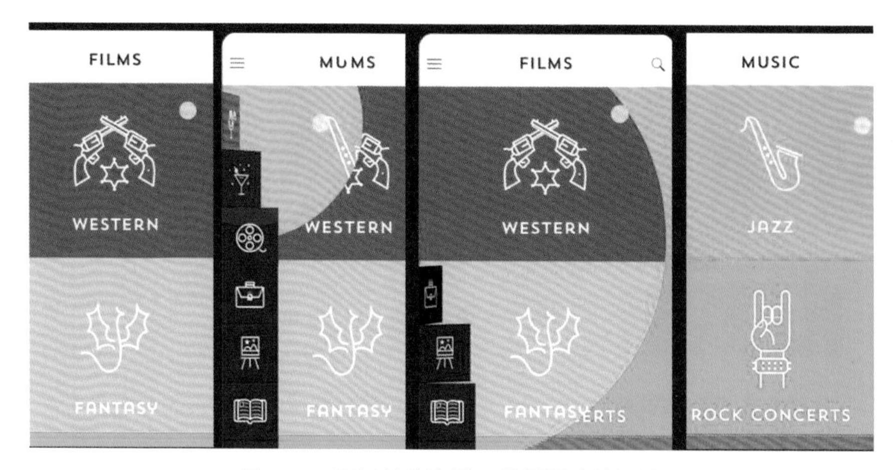

图 9-67　可以放缩和展开的界面动效设计

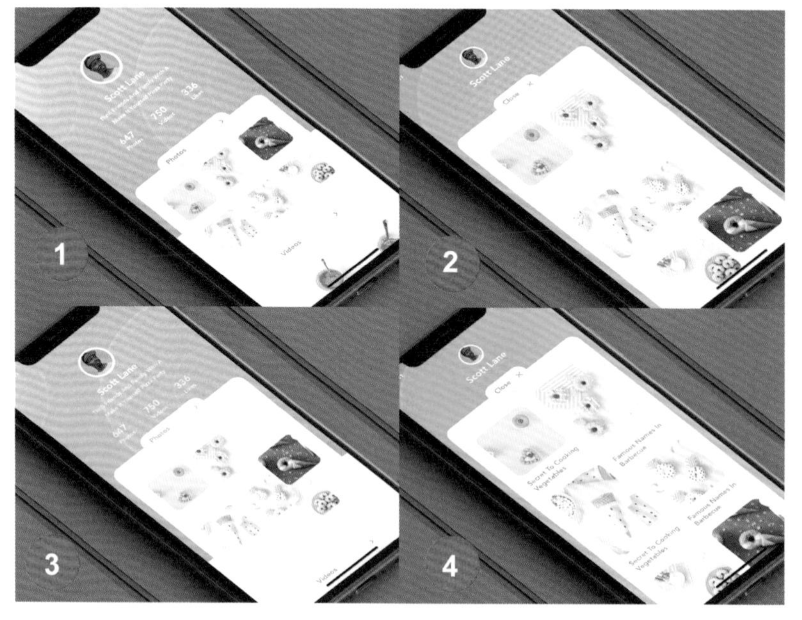

图 9-68　可触控的 UI 展示交互动效（示意画面切换动效）

思考与实践9

思考题

1. 举例说明什么是可用性和情感化设计？

2. 优秀的用户界面风格包括哪几个品质或特点？

3. 苹果公司《iOS 8 人机界面指南》提出了哪几个设计规范？

4. 苹果公司建议设计师可以采用哪些方法来改进 UI 设计？

5. 举例说明风格（时尚）的变化和发展的两个主要趋势？

6. 什么是模仿实物纹理的设计风格？

7. 卡片式布局的优势有哪些？说明其设计的规则？

8. 什么是谷歌推出的材质设计风格？

9. 材质设计在视觉设计语言上有哪些特点？

实践题

1. 文字设计是手机 H5 广告和 banner 设计的重要内容之一，很多有个性的字体都需要结合内容进行字体的变形或修饰，用来表现浪漫、心动、魔幻或者惊悚的感觉（图 9-69）。请结合表现情人节、春节或圣诞节购物促销的主题，设计带有变形字体标题的 banner 或者 H5 手机广告。

图 9-69　苹果 iPhone 智能手机界面的 UI 元素模板

2. 有些人质疑谷歌的材质设计思想源于荷兰风格派（蒙德里安）和抽象主义绘画（康定斯基的点线面），其形式超过内容。如何通过借鉴自然主义和超现实隐喻来摆脱 MD 设计形式单一的局限性？请通过 Photoshop 设计一种“反 MD 风格”的手机界面。

第10课

文创产业与交互设计

中国文化产业的核心是数字创意产业。本章就交互设计和文化创意产业的关系进行阐述，重点介绍与交互设计密切相关的数字娱乐、虚拟博物馆、游戏与电子竞技、信息可视化、可穿戴设计、情感机器人和新型智能交互等领域。本课也对智能设计时代的工作变迁以及未来设计师的能力进行探索。

10.1 文化创意产业

创意产业（creative industry) 或创意经济 (creative economy)，是一种在全球化背景中发展起来的，推崇创新和个人创造力，强调文化艺术对经济的支持与推动的理念、思潮和经济实践。早在 1986 年，著名经济学家保罗・罗默（P.Romer）就曾撰文指出，新创意会衍生出无穷的新产品、新市场和创造财富的新机会，所以新创意才是推动一国经济成长的原动力。文化经济理论家凯夫斯对创意产业给出了以下定义："创意产业提供我们宽泛地与文化的、艺术的或仅是娱乐的价值相联系的产品和服务。它们包括书刊出版、视觉艺术（绘画与雕刻）、表演艺术（戏剧、歌剧、音乐会、舞蹈）、录音制品、电影电视，甚至时尚、玩具和游戏。"创意产业作为一种国家产业政策和战略的创意产业理念是由英国政府明确提出的。1997 年 5 月，英国首相布莱尔为振兴英国经济，提议并推动成立了创意产业特别工作小组。1998 年，该工作组首次对创意产业进行了定义，将创意产业界定为"源自个人创意、技巧及才华，通过知识产权的开发和运用，具有创造财富和就业潜力的行业"。根据这个定义，英国将广告、建筑、艺术和文物交易、工艺品、设计、时装设计、电影、互动休闲软件、音乐、表演艺术、出版、软件、电视广播等行业确认为创意产业。2016 年，美国劳工部出台了一份《创意州密歇根州创意产业研究报告》，内容涉及 12 大类的文化创意产业，即广告，建筑，艺术院，、艺术家和代理商，创意科技，文化与遗产，设计，时装、服装和纺织品，电影、视频和广播，文学、出版和印刷，音乐，表演艺术，视觉艺术和手工艺（图 10-1）。

图 10-1 美国《密歇根州创意产业报告》提供的十二大类文创企业

现阶段推动文化产业增长的引擎主要源于两个方面：网络的普及以及移动媒体应用的逐步成熟。随着服务业日趋多元化、电商化和智能化，网络服务、网络游戏、数字影音动画等数字内容业务保持高速增长。与此同时，以智能手机、大数据为代表的新型服务业代表了未来的增长方向。这些数字内容业务包括针对旅游、婚恋、购物、打车、电影、游戏、数字出版、智能家居、科技养生、在线教育和数字音乐等全方位的市场渗透。智能手机将摄影、图像处理、音乐、视频流、网页浏览、电子商务、语音服务、地图和导航等多种服务为一体。据统计，到 2017 年，苹果在线商店提供的各种应用服务（App）已达到 210 万之多（图 10-2）。

基于智能手机的服务业已成为新经济增长的重要推动力，是文化创意产业发展的重要的支柱之一。

图 10-2　苹果在线商店的 App 已达到 210 万种（2017）

数字内容（digital content）产业是指将图像、文字、声音、影像等内容，运用数字化高新技术手段和信息技术进行整合运用的产品或服务。数字内容产业涉及移动内容、因特网服务、游戏、动画、影音、数字出版和数字化教育培训等多个领域。未来基于数字媒体技术的内容产业边界将会越来越扩大，今天流行的微博、微信、抖音、快手、GPS 定位服务、SNS 社区、网络游戏和 VOD 点播、音乐下载，甚至 QQ 等都属于这种新兴的数字内容产业。而未来的可穿戴设备不仅包括眼镜、手环或手表，还包括智能珠宝配饰、耳环、智能服装、智能头盔等更多形态和功能的产品。就是艺术家或设计师利用 3D 打印技术创作的艺术设计产品。这些艺术产品在首饰设计、家用工业品设计、工艺美术用品设计等领域有着广阔的发展前景。

数字内容产业主要由以下几大类构成：数字视听类、数字动漫游戏类、数字教育学习类、数字广告类、数字出版与典藏类、虚拟展示类、无线内容类、因特网服务类和衍生产品商业化服务类。其中，网络游戏是近年来特别引人关注的一个新兴行业（图 10-3）。根据中投顾问发布的《2017—2021 年中国网络游戏市场投资分析及前景预测报告》，2016 年，中国网络游戏市场规模为 1789.2 亿元，增速 24.6%。同样，根据中国文化娱乐行业协会发布的《2017 年中国游戏行业发展报告》，2017 年，中国游戏行业整体营业收入约为 2189.6 亿元。其中，网络游戏全年营业收入约为 2011.0 亿元，同比增长 23.1%。这些数据充分说明我国网络游戏的重要地位。

图 10-3　近年来最火爆的网络游戏宣传海报截图

数字媒体艺术研究学者，北师大教授肖永亮曾经指出："创意产业立足于'内容'和'渠道'两个方面：以丰富的数字艺术为表现形态的数字内容是数字媒体的血液，渠道主要有电影、电视、音像、出版、网络等媒体和娱乐、服装、玩具、文具、包装等衍生行业。可以看出，数字媒体在创意产业中占据着重要的地位，以 IT 技术和 CG 技术为核心的数字媒体就像是创意产业的发动机。影视制作、动漫创作、广告制作、多媒体开发与信息服务、游戏研发、建筑设计、工业设计、服装设计、系统仿真、图像分析、虚拟现实等领域都是创意产业的热点，并涉及科技、艺术、文化、教育、营销、经营管理等诸多层面。"当前，"媒介融合"早已打破先前文化艺术固有的边界，横跨通信、网络、娱乐、媒体及传统文化艺术的各个行业，而朋友圈、公众号、微信、微博、轻博客、App 网络视频、手机游戏、虚拟体验、增强现实游戏等一大批的新型的数字媒体与创新娱乐则展示了更强大的生命力。

10.2 虚拟博物馆设计

进入 21 世纪以来，数字化生活已经成为当今社会生活的主要形式。与此同时，会展服务与博物馆建设也同样正经历着数字化的洗礼。博物馆正在从“以物为中心”到“以人为本”的理念转化，提升观众的参与感正成为展览馆发展的思考点，这使得展览馆的“数字互动体验”成为热点。而今数字敦煌、数字颐和园、虚拟故宫都已经实现了丰富的视听体验，而新一代数字展示手段给展览馆的发展带来了新的机遇。例如，智能手机和 VR 头盔的出现就为观众体验“虚拟博物馆”提供了新的手段。通过 VR 3D 虚拟导航，观众可以在虚拟体验馆直接体验故宫的宏伟建筑与历史文化（图 10-4）。这个 3D 虚拟体验馆还可以通过手机 App 进行浏览，再进一步结合实景导航，游客就可以自助式完成故宫的旅游与文化体验。

图 10-4　基于智能手机和 VR 体验馆的数字虚拟故宫场景

虚拟博物馆的意义在于将历史上有价值的古迹与文物通过互动方式带给观众，由此唤起历史记忆。在众多优秀的文化遗产中，圆明园在国人心目中有着特殊的情感羁绊。圆明园历经清朝五代帝王 150 余年营建，因其丰富的文化内涵，多样的园林景观，享有“万园之园”的美誉，是重要的世界文化遗产。后因战火沦为废墟，国人关于重建圆明园、认知圆明园的情感诉求也一直无法得到满足。2018 年 9 月，由清华大学美术学院设计团队打造的“重返·海晏堂”主题展览就希望通过数字复原的方式，重新展示出这座瑰宝园林的风貌。这个名为《万物有灵》的数字文化遗产展览通过“文化 + 艺术 + 科技”的表现手法，以用户视角，将数字展演、数字互动融为一体，带来有温度、可感知、可分享的文化体验。为了让这座毁于战火的“万园之园”重现辉煌，该团队结合了近 20 年的复原研究成果，历时两年研发并推出了该“重返系列”产品。此次展示的“重返·海晏堂”展现了圆明园十二兽首所在处——海晏堂从废墟重现历史原貌的震撼场景。展览一开始，观众将进入一个 360°环形空间，巨大的环幕与地幕相连，通过联动影像、雷达动作捕捉、沉浸式数字音效等手段，打破时间与空间的局限，展现了圆明园海晏堂从遗址废墟重现盛景的全过程。在将近 7 分钟的沉浸体验秀中，观众可以用自己的脚步揭示出封存在地下的海晏堂遗址，亲身参与圆明园的探索发现，随着场景的纷繁变化，时而置身五彩斑斓的建筑琉璃构件中，时而融入浩如烟海的文献史料里，随即又被气势恢宏的水利机械所包围，从四面八方传来的齿轮声震耳欲聋……一幕幕震撼人心的场景开启了奇幻的穿越之旅，带领观众见证圆明园的数字重生（图 10-5）。该展览有效地链接知识和情感，满足了公众的文化需求。

图 10-5　由清华美术学院团队打造的“重返·海晏堂”虚拟体验馆

目前，数字化的动态展示与体验设计已经成为现代都市的时尚。这种人性化的互动多媒体的应用领域不断延伸，例如科技馆、规划馆、博物馆、行业展馆、主题展馆、企业展厅等。上海世博会的成功启发了各地博物馆、展览馆项目的数字化改造，数字化技术可以满足观众的多维互动体验和参与、娱乐与学习的需求，这对于提升全民素质无疑有重要的意义。因此，数字化的动态展示与体验设计可以通过全信息数字采编、CG 数字仿真动画、立体影像、激光雷达、全息投影、多点触控和红外体感交互等关键技术来提升观众的参与热情。通过对视频、音频、动画、图片、文字等媒体加以组合应用，设计师还可以深度挖掘展览陈列对象所蕴含的背景、意义，实现普通陈列手段难以做到的既有纵向深入解剖，又有横向关联扩展的动态展览形式，从而促进观众的视觉、听觉及其他感官和行为的配合，创造崭新的参观体验，增添其欣赏、探索思考的兴趣。因此，形象生动的数字化的动态展示与体验设计已成为当代博物馆的重要表现形式。

10.3 可穿戴设计

在未来学家的眼中，可穿戴技术是人类与机器智能相互融合的一个必经阶段。从桌面计算机到笔记本计算机，从平板计算机到智能手机，从无人驾驶到智能家具、从可穿戴到可移植，人与技术的关系逐渐从形式上的延伸到真正的融合，可穿戴技术正是代表了未来人机关系发展的前景。美国麻省理工学院教授及媒体实验室可穿戴技术创办人，未来学家尼古拉·尼葛洛庞帝在其著名的《数字化生存》一书中，把世界分成比特和原子两种状态。可穿戴设备的最大魅力，就是让传统意义上原子状态的信息变成了比特：人的运动、体征情况、人像画面、眼部动作都可以通过传感器成为大数据。眼镜、手腕、手指、足部甚至心脏，都成可量化的数据。与此同时，通过 3D 打印技术、内置微芯片、LED 光纤以及石墨烯纤维等技术打造的可穿戴服装与服饰（图 10-6）也跨界成时尚界的亮点。

图 10-6　3D 打印技术和 LED 光纤打造的时尚表演秀

智能眼镜是可穿戴技术的重要领域，由于眼镜具有可隐身、高效率和便携性的特点，已成为观影（3D）、监控、导航、通信、声控拍照和视频通话等功能最直接的应用产品。2014年谷歌公司推出的智能眼镜无疑是这类产品的代表。目前智能眼镜已经被应用到多个领域。例如，2018 年春节，中国警察首次使用了具备面部识别技术的智能眼镜，用于抓捕人群中的逃犯和可疑人员。这款眼镜在测试中能够在不到 100ms 的时间内就从存储了一万名嫌疑人信息的数据库中确定了个人身份，比传统的固定摄像头更快。据报道，中国郑州铁路警方首次使用了这种配备人脸识别技术的人像比对警务眼镜。这种眼镜可以对人群进行高效筛查，找出人群中的嫌疑犯和冒用他人身份证件人员（图 10-7，上）。同样，在 2018 年初，英特尔公司推出名为 Vaunt 的智能眼镜，其外观与普通眼镜几乎没有区别（图 10-7，下）。Vaunt 的智能眼镜用一种简单的塑料框架制成，重量还不到 50 克，是通过激光直接在瞳孔投影来呈现信息。该眼镜内部配有低功率的激光器、智能芯片、加速器、蓝牙芯片以及指南针等。激光可发出红色单色图像到人眼中，通过处理器处理图像后，就会让你在 AR 环境中看到某人的生日或别人给你的手机发送的通知等。

图 10-7　人像比对警务眼镜（上）和 Vaunt 的智能眼镜（下）

手表作为历史最悠久，持续时间最长的“智能设备”，从机械表时代开始，就是大家可以随身携带的设备里最精密最复杂的一件。在易用性和方便性上，手表几乎是智能穿戴中最合适的载体。不论是基础的传感器的安置，信息通过震动或屏幕的传递，还是用于社交时的方便程度，手表的形态都是最完美的（图 7-72）。因此，智能穿戴的起点和核心就是智能手表。随着苹果智能手表的带动，很多设计师也针对智能手表的 UI 进行了多款设计，如基于安卓系统的 Moto360、谷歌的 Android Wear、三星的 Galaxy Gear 和索尼的 Smart Watch，国内如映趣科技的 inWatch 等，这些智能手表的 UI 设计对设计师来说是一次非常新鲜的体验和挑战。虽然手表的圆形表盘司空见惯，但在以矩形界面为主流的数字媒体屏幕中，圆形却因制作工艺、信息展示习惯等原因一直很难跻身其中。传统的圆形，无论是钱币、LOGO 或是指南针，处处体现了圆形的信息设计。因此，许多厂家（如 Facebook 的通话设置（图 10-8））仍然以圆形表盘为核心，通过界面切换的方式实现智能响应和 UI 界面的变化。此外，如苹果和谷歌的设计团队也将设计重点放在手表的信息交互方式上。谷歌 Android Wear 的设计总监布瑞特·林德（Brett Lider）说过："我们最关注的是在表盘上的直接操作行为，因为用户应该会下意识地去开始点击他们所看到的信息……开始我们将点击作为进入辅助界面，但是几近波折，我们还是将点击作为返回主表盘。" 这充分说明尊重用户习惯与产品认知在交互设计上的重要性。

图 10-8　Facebook 智能手表的通话设置

智能手表最突出的特征就是它能够支持可交互的表盘，而这些都是通过自身的应用驱动实现表盘中的计时、通话、日历、天气和社交等功能。可交互表盘可以实现拖曳标签、点按切换、长按通话等。智能手表可以采用更多的交互方式，如语音、滑动、长按或手势等来淘汰传统点击的方式。智能手表的主要功能包括：通过各类传感器监测运动 / 生理 / 健康指标（图 10-9）；通过屏幕、声音和震动完成手机为核心的推送信息传递，以及初步的社交功能（微信加好友）。未来通过距离 / 运动 / 位置传感器的发展，对创新手势（如旋转操作，图 10-10）的支持，LBS(Location Based Service) 的引入以及更深入的社交功能，将逐渐把智能手表这一品类变得越来越不可或缺。

图 10-9　智能手表可以提供运动 / 生理 / 健康指标的监测

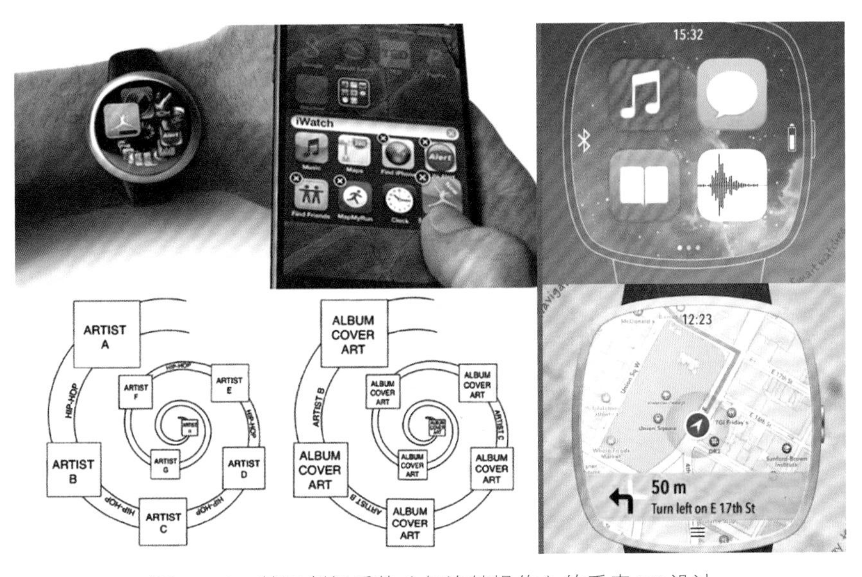

图 10-10　基于创新手势（如旋转操作）的手表 UI 设计

10.4 手势交互设计

以手势体现人的意图是一种非常自然的交互方式，几千年的进化发展过程中，人类已经形成了大量通用的手势，一个简单的手势就可以蕴含丰富的信息，人类通过手势能够高效传递大量的信息，因此将手势用于计算机能够极大程度地提高人机交互的效率，给用户自然的使用体验。例如，有的触摸屏可以感应到手指按压的力度，能画出一条粗细浓淡变化丰富的线条。2015 年，迪士尼大导演格兰・基恩（Glan Keane）就表演了借助虚拟现实头盔和 VR 画笔程序 Tilt Brush，实现空中绘画的过程（图 10-11）。Tilt Brush 是谷歌的一款立体绘画软件，可以让用户通过定制的“画笔”在 VR 空间画出富有景深效果的图形。虚拟现实技术结合手势交互突破了传统的人机交互模式，使得整个操作过程更加有趣、更加自然。

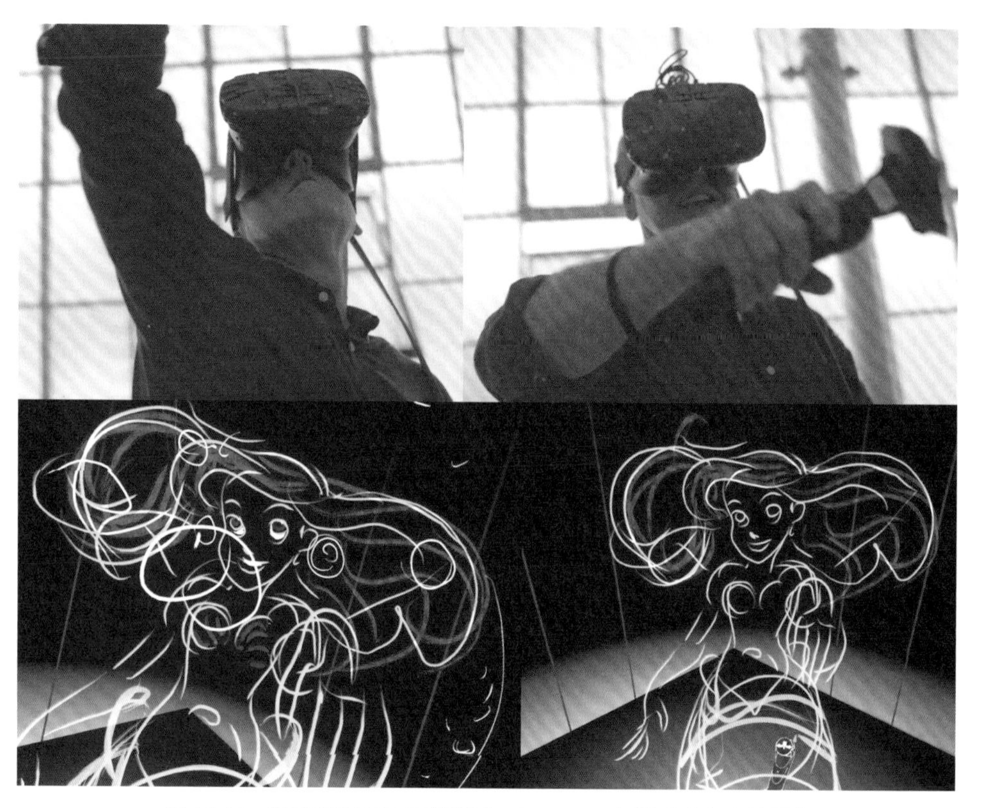

图 10-11　基恩通过 VR 画笔程序 Tilt Brush 实现了“空中绘画”

手势界面的研究可以追溯到 1983 年贝尔实验室）的工程师莫瑞・希尔（Murray Hill）的《软机器》（*Soft machine*）一文，该论文试图为触摸屏用户界面提供一个更便于理解的定义。20 世纪 80 年代早期的虚拟现实（VR）研究也包括追踪手的动作的研究。1995 年，智能可触摸交互界面的概念开始出现。2005 年，纽约大学媒体研究室的研究员杰夫・韩（Jeff Han）利用 FTIR 技术在 36 英寸 ×27 英寸大小的银幕上首次实现了双手触摸交互（图 10-12）。傅里叶变换红外线光谱技术是由 LED 发光照向塑料的内层表面产生光线折射，如果塑料表层是空气，光就会完全反射。但是如果有个折射率较高的物质（如皮肤）压住亚克力表面，位于接触点的光就会造成散射光（被吸收）。该技术成为多重触控技术的基础。2007 年，苹果公司的 iPhone 成为该技术的里程碑产品。

图 10-12　纽约大学研究员杰夫 · 韩（左）首次实现了双手触摸交互（右）

2008 年，微软推出了首个基于手势交互的平板计算机台 Microsoft Surface。这个设备没有鼠标键盘，通过人的手势、触摸和其他物体来和计算机进行交互，这完全改变了人和信息之间的交互方式。Surface 计算设备将内置红外传感器，无须触碰即可感知用户手势和动作（图 10-13，右上）。Surface 具有一个可以支持多点触摸的平板显示屏，同时它还可以识别放在它上面的物体并触发不同的响应，因为在该计算机内部具有 5 个摄像头。比如你在餐馆就餐时，当你将饮料放计算机台时，它的所有信息就会在上面呈现出来，比如相应的甜点的菜单，需要的话只要手指一点即可。

图 10-13　微软 Surface 的交互台，无须触碰即可感知用户手势和动作

相对于传统图形用户界面的 WIMP（窗口、图标、菜单、光标），微软强调该智能计算机台是基于自然用户界面（NUI）的“所用即所得”的概念，强调自然、亲切、易用、友好和快捷的操作环境。例如，传统界面的指针被替换成为水波纹或者光环互动的方式（图 10-14）。每个用户手指的姿势应导致不同类型的水波纹或者光环。该智能计算机台可以通过摄像头捕捉手的各种姿势，如单指、双手指、手掌和各种不同尺寸的物理对象。通过拖曳等方式用户可以移动、旋转或放大物体。“光环”的边缘也有着不同的波纹，这可以响应不同的操作。同样，如果用户停止与计算机台表面进行交互，该光环也会随着时间的推移逐渐淡化或消失。为了使得用户能够在各种光线环境下使用该设备，平板计算机台特别使用中间色调和高饱和度的颜色作为背景，这可以使“水波纹”的感觉更加清晰可见。2015 年，纽约库珀・休伊特（Cooper Hewitt）国家设计博物馆经过数字化改造，专门设置了可供游客创意与交互的智能计算机台（图 10-15）并成为参观者乐此不疲的互动体验项目。

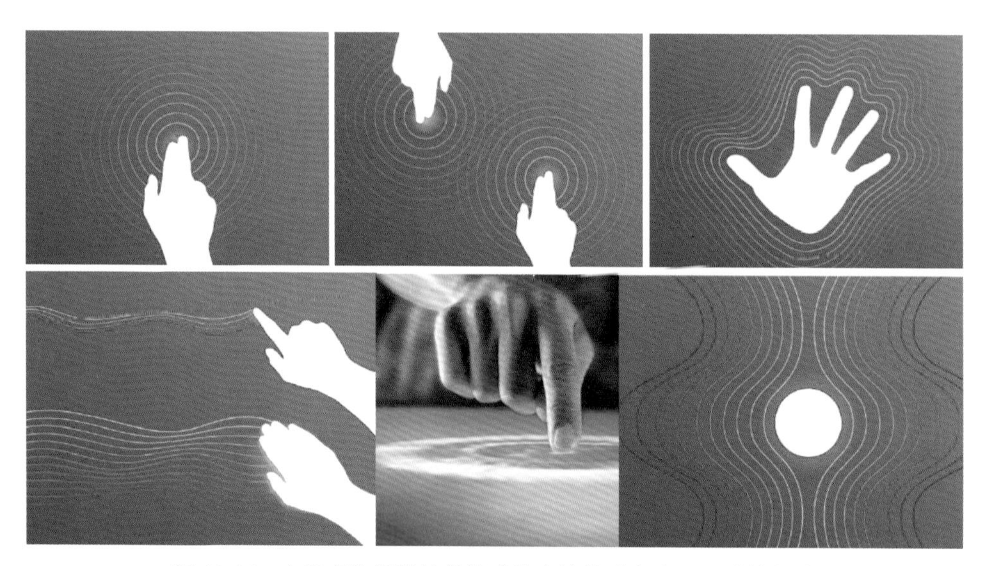

图 10-14　交互桌的指针被替换成为水波纹或者光环互动的方式

图 10-15　库珀・休伊特国家设计博物馆内的交互体验桌

10.5 声控装置与交互

交互装置作品的基本原理是：通过计算机捕捉和识别人的多种表情（眼神、视线、脸部表情和唇动）语音和肢体动作、姿势来实现与观众的“对话”。除了和观众直接互动的作品外，还有一种非接触式的，可以通过眼睛“凝视”而改变的交互作品。艺术家丹尼尔·罗津（Daniel Rozin）的《镜子》（*Mirror*）系列作品就让观众能够在墙面雕塑中看到自己的形象（图 10-16）。他使用软件控制的机械将各种材料，如塑料、金属、木钉等构成编织图案并形成有凹凸感的“镜子图像”。让观众通过“照镜子”来体会该作品的神奇与乐趣。基于同样的原理，在“2012 年蒙特利尔国际数字艺术双年展”上，一件互动作品《吹气变形》引发了关注。当观众对着手机话筒吹气时，屏幕上的一对男女对嘴吹的泡泡糖就会不断增大（图 10-17）。为了“吹破”这个泡泡糖气泡，参与者必须加快吹气频率，由此产生了有趣的体验。

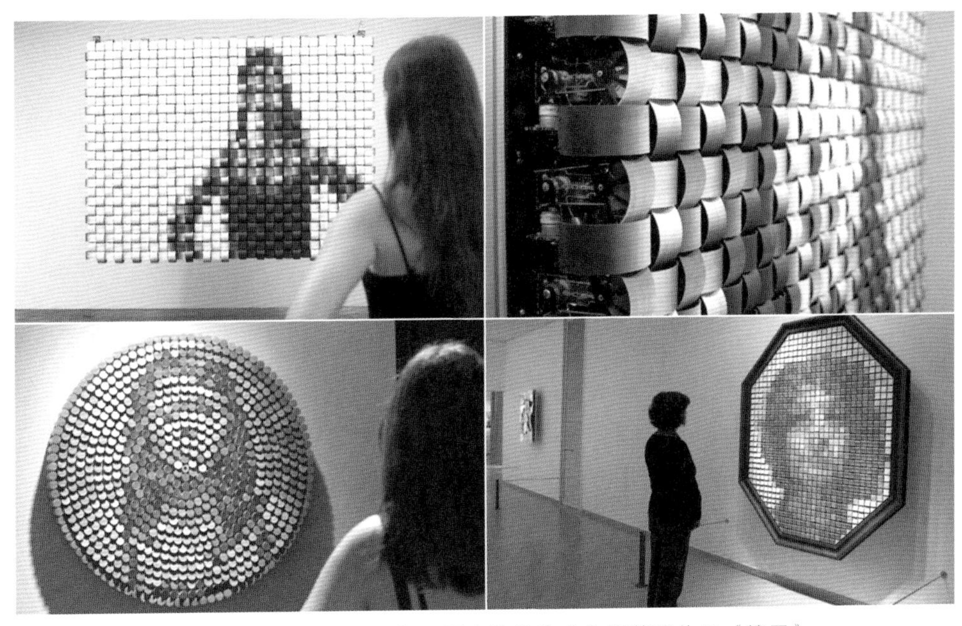

图 10-16 艺术家丹尼尔·罗津的体验式交互装置作品《镜子》

图 10-17 可以通过手机控制的“吹泡泡”互动装置投影作品

借助观众的呼喊、拍手或者语音识别，同样可以触发交互装置作品。例如，美国艺术家乌斯曼·哈格（Usman Haque）的一个名为《呼唤》（*Evoke*）的交互作品就采用了这个创意。该作品使用了高达80 000流明的大型投影装置，照亮了整个约克教堂的外立面。市民通过他们的声音将色彩斑斓的图案从建筑的地基层中"呼唤"出来，然后使得它们顺着墙壁冲向云霄（图10-18）。乌斯曼·哈格的这个交互作品使这座教堂和广场成为热闹的场所，很多人在教堂前发出声音，共同打造了墙体表面让人眼花缭乱的动画"生长"效果。

图10-18　艺术家乌斯曼·哈格的声控交互作品《呼唤》

有没有不敢说出口的愿望？如果对着麦克风勇敢说出你的小秘密，然后语音会转换为文字，随后奇幻般的被包裹在茧内并停留在许愿墙上，最终蜕变成专属于你的蝴蝶翩翩起舞。声控交互装置《许愿墙》（*Wishing Wall*，2014）就是英国巴比肯艺术中心和谷歌合作的一个项目，他们邀请了艺术家瓦尔瓦拉·古丽吉瓦（Varvara Guljajeva）和马尔·卡内特（和Mar Canet）进行创作（图10-19）。

声控装置同样也可以产生可视化的效果。在中国美术馆主办的《合成时代：媒体中国2008》国际新媒体艺术展上，西班牙艺术家丹尼尔·帕拉西奥斯·吉米尼兹（Daniel Palacios Jimenez）就展出了一个声控可视化的装置作品《波浪》（*Wave*）。该装置将声波、震动与可视化波形结合在一起，通过由环境声效变化导致的细线震动，从而产生基于声学的视觉波形变化（图10-20）。《波浪》可以根据周围观众的数量及其走动的方式，产生包括正弦波、谐波和复杂声波等多种形式。观众可以通过该装置，将美妙波形之美与它引发的声音相联系，并思考我们周围隐藏的空间。

图 10-19　古丽吉瓦和卡内特的声控交互装置《许愿墙》

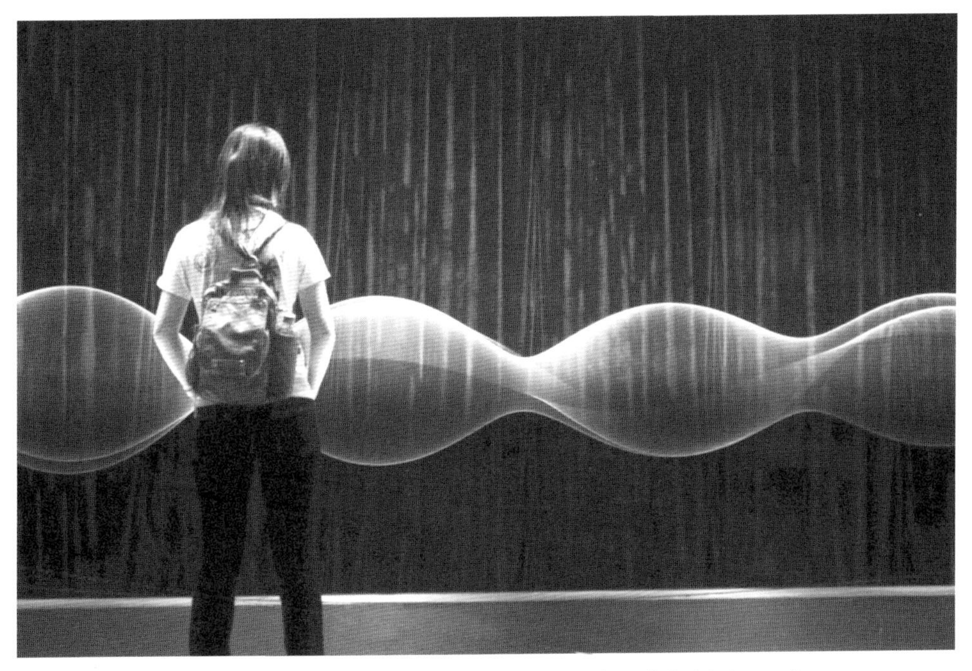

图 10-20　吉米尼兹的声控可视化的装置作品《波浪》(2008)

10.6　可触媒体设计

在 2014 年意大利举办的米兰设计周上，一个特殊的“钢琴交响乐”演奏现场吸引了众多观众。这个由麻省理工学院研发团队设计的“钢琴”的“琴键”可以随着指挥的手势而上下起伏，并弹奏出美妙的音乐（图 10-21，左）。这就是目前麻省理工学院研究的热点领域——有形可触媒体（tangible media）。该研发小组由著名的人机交互专家石井裕（Hiroshi Ishii）博士（图 10-21，右上）等人领导。他们正在研究的智能可变形家具可以根据周围人的动作和情感来进行结构改变，成为未来的智能互动形式。这种变形家具的基础是可以上下起伏的底层，微处理器控制的 1152 个塑料柱构成了这个底层。计算机程序决定了每个塑料柱的动作，创造起伏的波浪运动，并可以建立沙堡状结构并形成某种具体形状。交互控制则由微软的 Kinect 传感器负责，当 Kinect 的传感器察觉有人接近，并与家具互动时（如坐在沙发上），它们会如同这个“钢琴”一样做出相应的上下起伏运动（图 10-21，右下）。

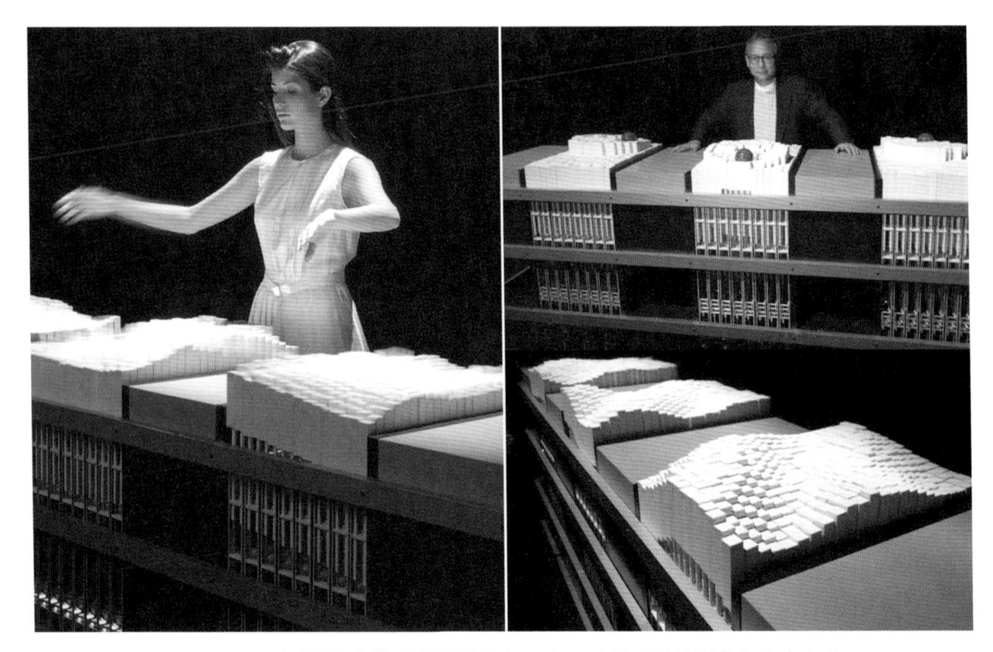

图 10-21　智能互动的“钢琴”（左，右下）和石井裕博士（右上）

家居摆设历来是一种静态的展示，我们坐的桌子椅子等家具，千百年来一直保持僵硬和呆板的造型。麻省理工学院正在研发的可变型家具，很可能彻底改变家具未来发展方向。试想一下，当你下班回家，家中沙发可以感觉到你的感受并作出相应的舒适度调整，或者你在沙发上休息得太久，沙发会自动从柔软变硬，敦促你从沙发中起身去户外运动。“可触媒体”是石井裕博士提出的一个交互设计的新观念。石井裕认为计算机是用像素来显示信息的。像素是一种没有物理实体存在的东西，而可触媒体则反其道而行之，试图通过日常生活中大家早已熟悉的事物来进行新的数字产品设计并导入或“隐喻”新的人机交互关系结果。

2013 年，石井裕博士发布了轰动互联网的 In FORM 项目——“远程触摸互动”。在屏幕中的用户可以通过一个特殊的立体触控板（柱型可变形交互界面）来远程触摸或操控物体（如抓住小球），这个立体触控板可以响应手的各种姿势，其表面形状可以相应地不断进行改变并控制物体（图 10-22）。这种技术的疯狂之处在于，有一天我们可能实际使用这种技术进行远距离沟通握手，人机互动将超越冰冷的屏幕和传统的 GUI。“可触媒体”还可能会改变设计师的工作方式。如麻省理工学院的另一个研究小组就开发了一个“立体桌面显示器”，它可以在一个立体的柔性表面，通过用户手指的操控而显示出三维立体地形（图 10-23），这可能会成为环境艺术设计师和建筑设计师未来工作的立体沙盘。

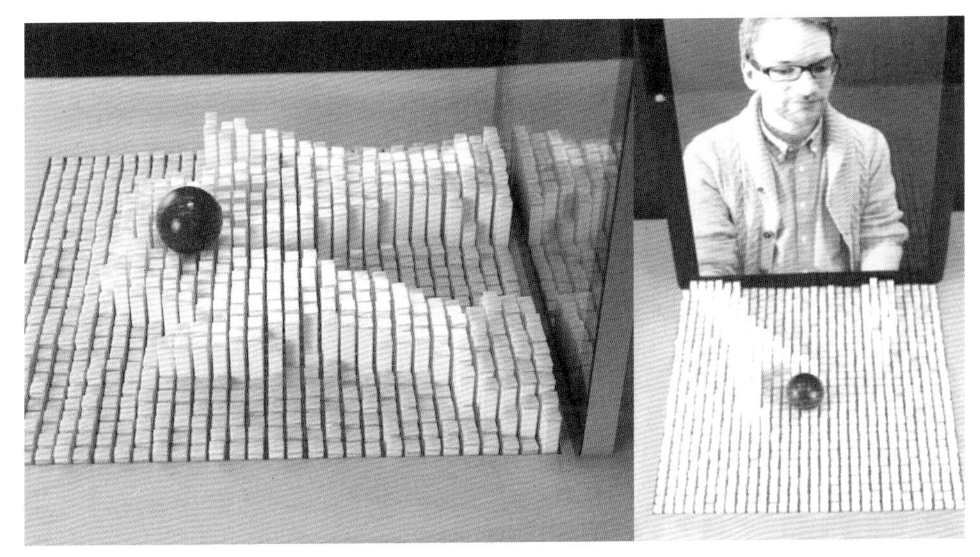

图 10-22　立体触控板可以远程触摸或操控物体（如抓住小球）

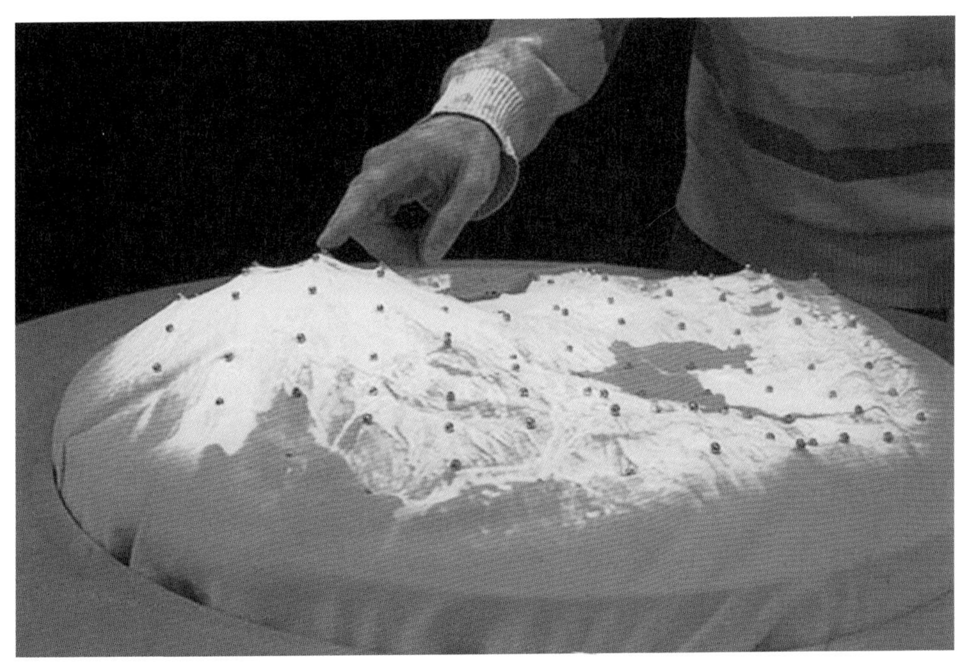

图 10-23　立体桌面显示器可以用手指拖曳出三维立体地形

石井裕博士指出："我们身处在海边，一边是原子的陆地，另一边是比特的海洋，我们是物理世界和数字世界的双重公民。如何接连好这两个身份是我们要面对的挑战。可触摸媒体将比特和原子这两个迥然不同的世界完美无缝地接合起来。"可触媒体的核心在于"功能可见性"（affordance），如我国古代的"算盘"，你可以在算盘上触摸、感知和进行计算。算盘的算珠既是输入也是输出。所有"内存"记忆或推算的概念都很透明，一切都非常直观。然而在计算机时代，这种直观的特性便不复存在了。现在一切都交由芯片处理，而芯片的运算逻辑是不为人轻易了解或认知的。为了解决这种高科技的复杂性或功能不可见性，就必须回归到人类造物的基本思想——形式和功能的统一。

在 2005 年，石井裕等人就设计了一套 inTouch 系统：两组放置在异地的滚轴同步滚动，但它们并未真的连在一起，而是以数字方式进行连接的。两个人可以把各自的手掌放在滚轴上，感受彼此的动作，从而形成远程互动（图 10-24，左）。此外，石井裕等人还设计了一组可交互的"音乐瓶"（图 10-24，右）：他们设计了三种瓶子，分别装有古典、爵士和摇滚音乐。当打开玻璃瓶子的盖子时，音乐声会随之响起，当盖子盖上后音乐就消失了。这个音乐瓶还能进行天气预报。如果第二天预报的是晴天，就会听到悦耳的鸟鸣声。如果听到的是淅沥的雨声，那就说明要下雨了。2000 年 6 月，该项目获得了 2000 年度杰出工业设计奖（IDEA）银奖。该音乐瓶通过艺术和科技结合的手段来支持人性化的交互界面，是直观界面和功能可见性的代表。

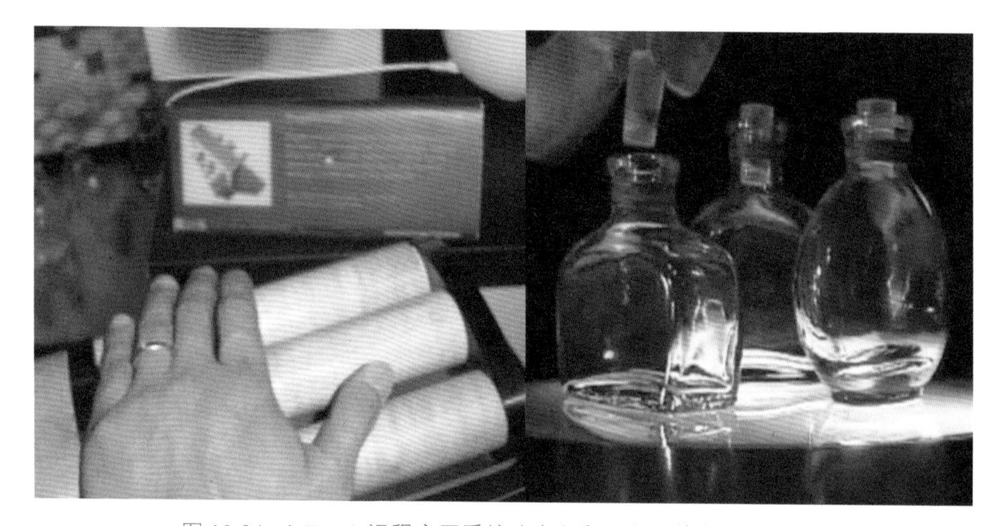

图 10-24　inTouch 远程交互系统（左）和可交互的音乐瓶（右）

石井裕教授认为，目前大多数人并未意识到标准化的弊端。例如，标准字体固然有其优点，但同时也失去了传统书法中蕴藏的韵律、情感和个性。因此，了解媒体的优势和局限是非常重要的。可触媒体所追求的目标就在于通过创新交互和界面来开启人们的创造潜能，激发出个人的想象力。例如，2016 年，石井裕教授领衔的研究团队发布了"梦幻钢琴"的研究成果。通过投影在钢琴键盘上奔跑跳跃的动画人或卡通动物来带动钢琴键的上下运动，从而"弹奏"出美妙的音乐（图 10-25）。该虚拟演奏家甚至还可以和真人同台演出，产生更有趣的互动效果。

石井裕教授指出："如今移动电话和互联网正试图在虚拟世界中重新创造出一个现实世界。而我所做的恰好相反，是把现实世界本身作为界面，而将数码比特和计算隐蔽起来，使其变得透明和无形。现在的主流技术，像视窗、计算机和移动电话，人人都认为它们很棒，我却不这么认为。我知道我在做的是反抗主流。主流技术的关键是像素和多用途性。我决定反其道而行之，用不同的方式和方法。这就是我的基本途径。"石井裕教授进一步指出：未来的 UI 将要从传统的 GUI 经过现在的可触控界面（TUI），随后会发展到智能环境时代，即通过可记忆、能交互、会变形的智能材料"自由基原子"（radical atoms）所引领的强智能交互时代（图 10-26）。

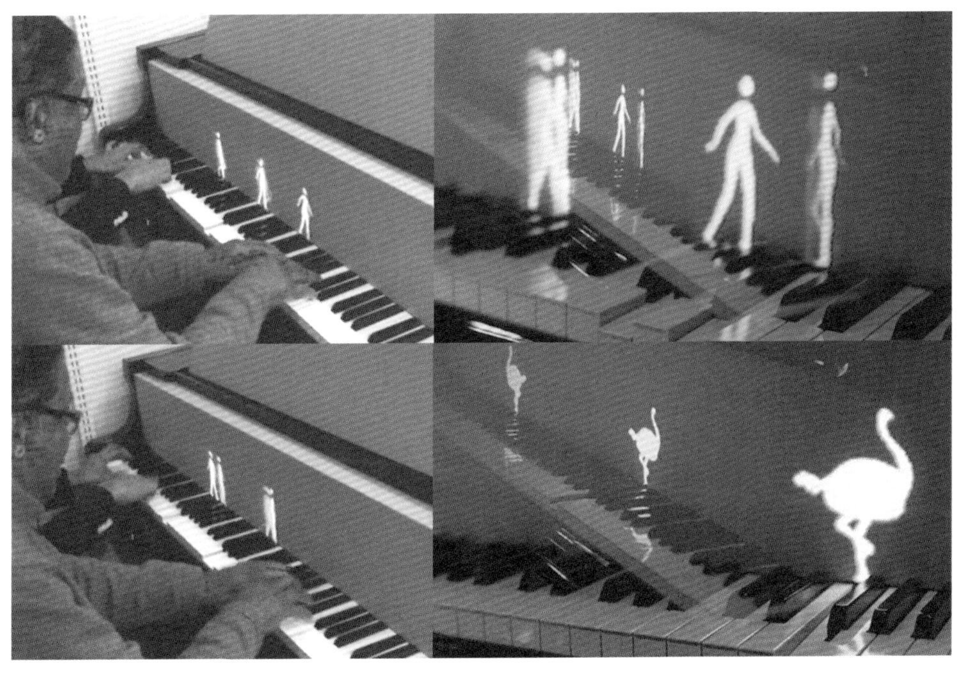

图 10-25　投影在钢琴键盘上奔跑的“动画角色”可以弹奏音乐

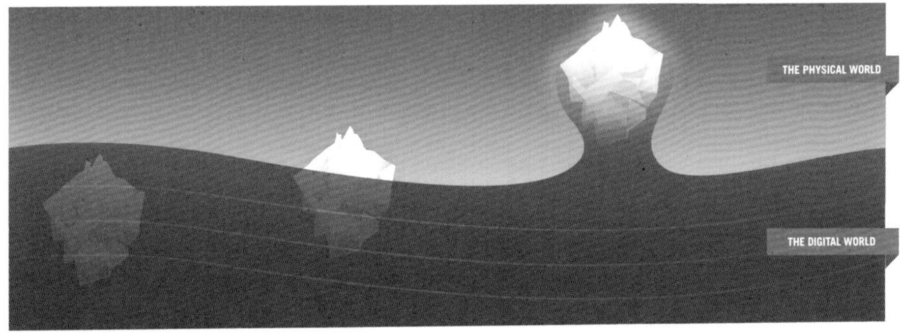

图 10-26　未来的 UI 是自由基原子引领的强智能交互时代

10.7　表情识别与机器人

2015 年，我国香港的环球资源春季电子展沸腾了，因为有一个几可乱真的高仿机器人出现在展览的现场。这个名叫 Ham 的机器人由美国著名机器人大师大卫・汉森（David Hanson）的机器人公司 Hanson Robotics 一手打造的。他最大的特点就是喜怒哀乐各种表情动作都几乎跟人类一模一样。它可以和人进行简单对话，还能识别人的表情。更夸张的是，他会看着你的眼睛，甚至根据人的反应来做出各种各样的表情。它的皮肤是使用仿生皮肤材料制成的，它脸上甚至有 40 毫微米（十亿分之一米）的毛孔，几乎跟人类一模一样。以至于很多人评论称，Ham 不应该叫机器人，而应该被叫做仿生人（图 10-27）。事实上，早在 2009 年 3 月，美国加利福尼亚大学举行的科技、娱乐与设计会议上就展出了一款感情机器人。它以科学家爱因斯坦长相为模型，“爱因斯坦”机器人的头部与肩膀的皮肤看上去与真人的皮肤没有什么不同。这种皮肤由一种特殊的海绵状橡胶材料制成，它融合了纳米以及软件工程学技术，连褶皱都非常逼真。另外，该机器人目光炯炯有神，可以做出各种表情，这让现场的与会者惊讶不已（图 10-28）。而这个“机器爱因斯坦”，同样也是出自于大卫·汉森（David Hanson）的机器人公司。

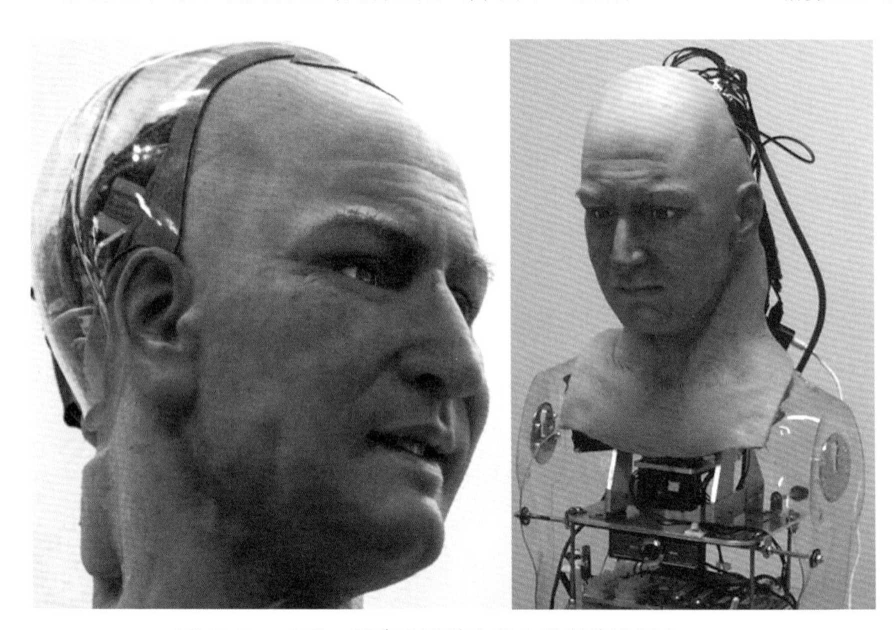

图 10-27　大卫・汉森公司的高仿人类表情机器人 Ham

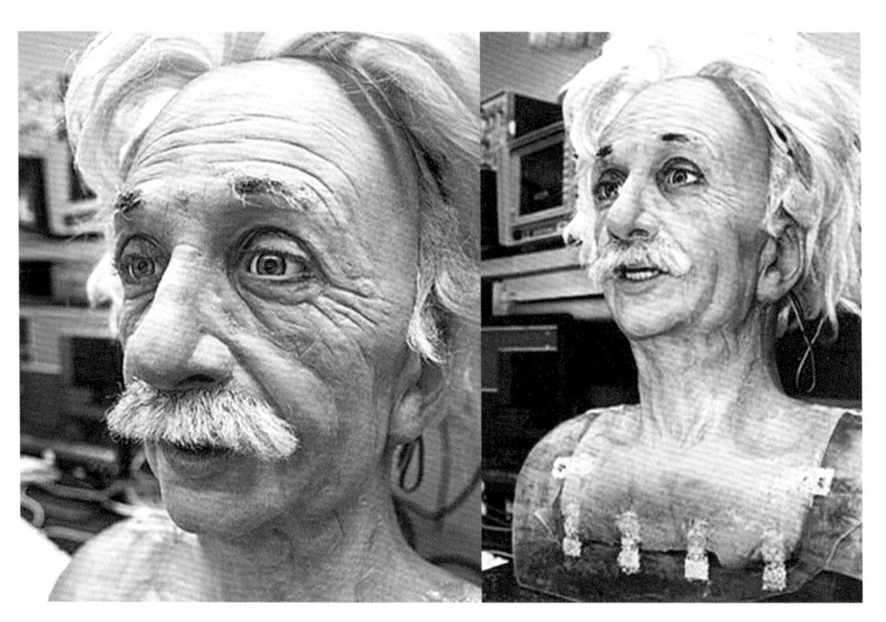

图 10-28　大卫・汉森公司以爱因斯坦为蓝本的表情机器人

面部表情是由脸部的肌肉收缩运动引起的，它使眼睛、嘴巴、眉毛等脸部特征发生形变，有时候还会产生皱纹，这种引起人脸暂时形变的特征叫做暂态特征，而处于中性表情状态下的嘴巴、眼睛、鼻子等几何结构、纹理叫做永久特征。人脸表情识别的过程就是将这些暂态特征从永久特征中提取出来，然后进行分析归类的过程（图 10-29）。从表情识别过程来看，表情识别可分为 4 部分：表情图像的获取、表情图像预处理、表情特征提取和表情分类识别。到目前为止，国际上关于表情分析与识别的研究工作可以分为基于心理学识别和基于计算机识别两类。计算机的表情识别能力迄今为止还与人们的期望相差甚远，但科学家们仍在这方面做着不懈的努力，并已取得了一定的进展。例如，汉森制作的表情机器人面部装有 31 处人造运动肌，因此可以做出相当丰富的面部表情。而且，这款机器人“脑”中装有一个专门识别人脸表情的软件，这样机器人就能随时根据人类的情绪变化来改变自己的表情并与人互动。情感机器人目前可以识别悲伤、生气、害怕、高兴以及疑惑等情绪。

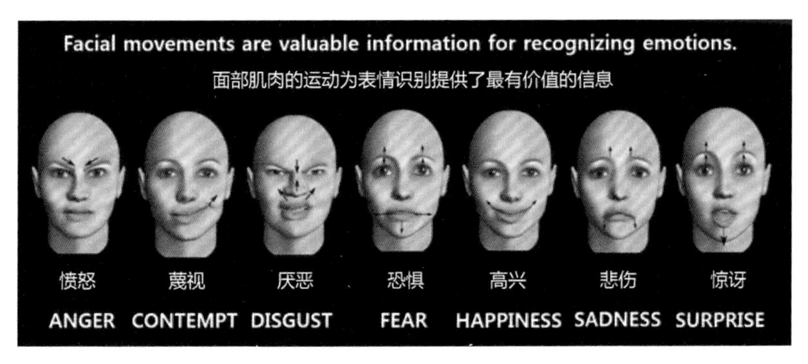

图 10-29　人脸表情识别就是对脸部肌肉群的暂态特征提取的过程

研究表情识别的主要目的在于建立和谐而友好的人机交互环境。使得计算机能够看人的脸色行事，从而营造真正和谐的人机环境。人的面部表情不是孤立的，它与情绪之间存在着千丝万缕的联系。人的各种情绪变化以及对冷热的感觉都是非常复杂的高级神经活动，如何感知、记录、识别这些变化过程是表情识别的关键。国外研究者以此为灵感开发了 PrEmo 情感测量工具。该工具包含了 14 种情感，如渴望、愉快、惊喜、满足、着迷、平静、乏味、鄙视、不满、失望、厌烦、悲伤、忧郁等（图 10-30），每种测试情感都有相应卡通人物的面部表情来表示（分为男士和女士两种表情）。该工具可用于测定设计是否表达了预期的情感因素。

1971 年，美国心理学家 Ekman 和 Friesen 定义了 6 种最基本的表情：生气（angry)、厌恶（digest）、害怕（fear）、伤心（sad）、高兴（hAppy）和吃惊（surprise）以及 33 种不同的表情倾向。他们于 1978 年开发了面部动作编码系统 FACS（Facial Action Coding System）来检测面部表情的细微变化（图 10-31）。系统将人脸划分为若干运动单元（Action Unit，AU）来描述面部动作，这些运动单元显示了人脸运动与表情的对应关系。6 种基本表情和 FACS 的提出具有里程碑的意义，后来的研究者建立的人脸表情模型大都基于 FACS 系统，绝大多数表情识别系统也都是针对 6 种表情的识别而设计的。Ekman 和 Roseberg 后来提出的 FACSAID 系统将每种表情与肌肉的运动对应起来，只需观察肌肉的运动即可判断出表情类别。如研究者就根据美国黑人总统奥巴马面部肌肉的运动提取来描述其丰富的表情（图 10-32）。

图 10-30　PrEmo 情感测量工具提供了 14 种不同的情感反应（部分显示）

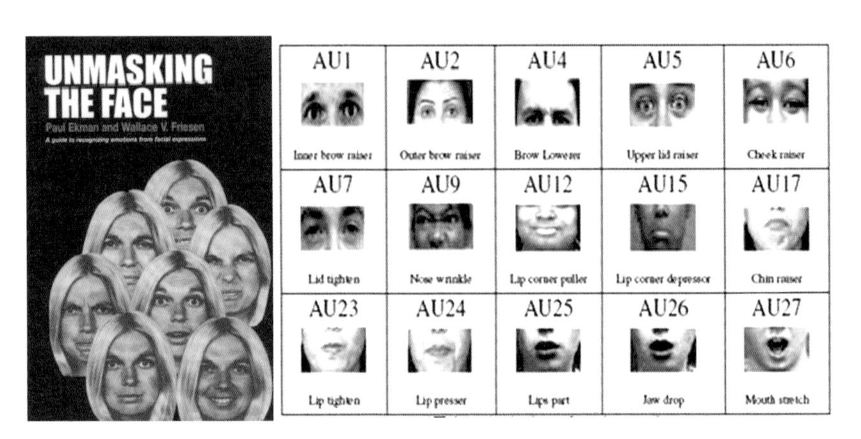

图 10-31　FACS 编码系统能够用来检测面部表情的细微变化

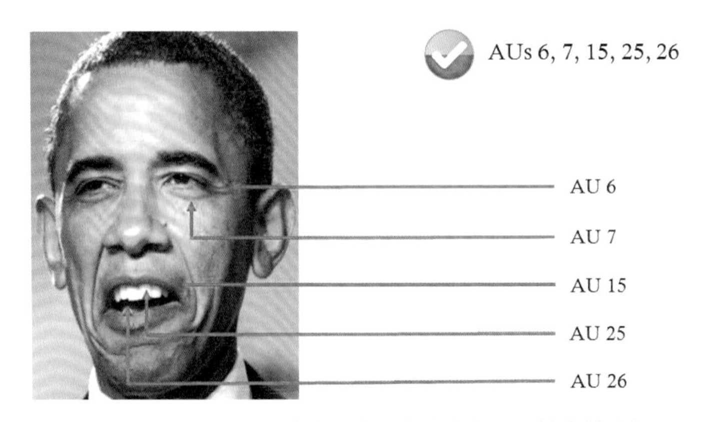

图 10-32　FACS 编码系统对美国前总统奥巴马的表情分析

从心理学角度来讲，情绪心理至少由情绪体验、情绪表现和情绪生理这三种因素组成。情绪表现是由面部表情、声调表情或身体姿态三方面来体现的。面部表情识别具有普遍的意义。在计算机自动图像处理的问题中，面部表情理解方面的问题主要有 5 个：人脸的表征（模型化）、人脸检测、人脸跟踪与识别、面部表情的分析与识别和基于物理特征的人脸分类。人的表情是异常丰富的，用计算机来分析识别面部表情不是一件容易的事，它关键在于建立表情模型和情绪分类，并把它们同人脸面部特征与表情的变化联系起来。而人脸是个柔性体，不是刚体，因此很难用模型来精确描绘。在一些实际研究中发现，面部表情提供了大量的情感交流，效率甚至超过语言表达。表情识别的应用领域包括如下几种。

（1）网络交流：如果我们和一个朋友在网上聊天的同时还可以看见他的影像，那么交流的效果肯定会更好。但因为流量及速度的限制，影像的传输还是非常缓慢，如果能够对用户表情进行分析输出就可以大大提升交流的质量。

（2）安全和医疗：表情识别可用于强调安全的工作岗位，如核电站的管理和长途汽车司机等。在岗者一旦出现疲劳和瞌睡的征兆，识别系统就会及时发出警报以避免险情发生。表情和人脸识别还可用于公安机关的办案和反恐中。医疗领域的表情识别还可用于机器人手术操作和电子护士的护理。如可根据患者面部表情变化及时发现其身体状况的变化，避免悲剧发生。

（3）教育和计算机游戏：2008 年，美国加州大学圣地亚哥分校的一位计算机博士生将表情识别系统和教学系统整合在一起，教师们通过表情的探测来了解学生对于教学内容的反应从而对教程进行改进。动画、影视和电脑游戏可能是脸部表情设计最有应用价值的领域。通过动作捕捉等方式赋予虚拟角色以真人的生动表情（图 10-33），这已成为影视、动画和游戏出奇制胜的法宝。

图 10-33　电影《阿凡达》通过动捕技术赋予角色生动的表情

10.8 智能设计时代

每一种新媒介的产生，都开创了人类认知世界新的方式，并改变了人们的社会行为。手机改变世界。无人超市、互助养老、刷脸购物、共享经济、互联网 +、O2O……这一系列新词汇预示着新生活的开始，如今的“手机人类”正在经历着最剧烈的文化碰撞。正如传媒大师和先哲麦克卢汉所预言的那样：“任何新媒介都是一个进化的过程，一个生物裂变的过程。它为人类打开通向感知和新型活动领域的大门。”今天，智能科技不仅改变了以产品为核心的商业模式，而且也改变了未来的工作与生活方式。根据 2017 年底著名咨询公司麦肯锡发布的一份最新的报告《未来的工作对就业、技能与薪资意味着什么》显示：到 2030 年，全球将有多达 8 亿人的工作岗位可能被自动化的机器人取代，相当于当今全球劳动力的 1/5。即使机器人的崛起速度不那么快，保守估计，未来 13 年里仍有 4 亿人可能会因自动化寻找新的工作。

麦肯锡认为，全球至少有 3.75 亿人急需在自动化不断普及的当下转变就业岗位并学习新技能，麦肯锡的这份报告认为，当自动化在工作场所迅速普及时，机器操作员、快餐店员工和后勤人员将受到最严重的影响。这三种职业将最容易被机器人取代。此外，银行普通职员、抵押贷款经纪人、律师助理、会计、文员也容易受到自动化的影响。其实，自动化在银行系统中已较为普及。比如，用机器学习算法处理大量数据，可以帮助交易员预测趋势；自然语义处理可以应用在法律与合规任务上，将记录、往来邮件和录音转化成为结构化数据；智能流程工具，例如文件扫描与自动数据识别，可以加速新客户注册的流程等。这个结果与英国 BBC 公司 2017 年基于牛津大学研究专家的预测几乎一致（图 10-34）。

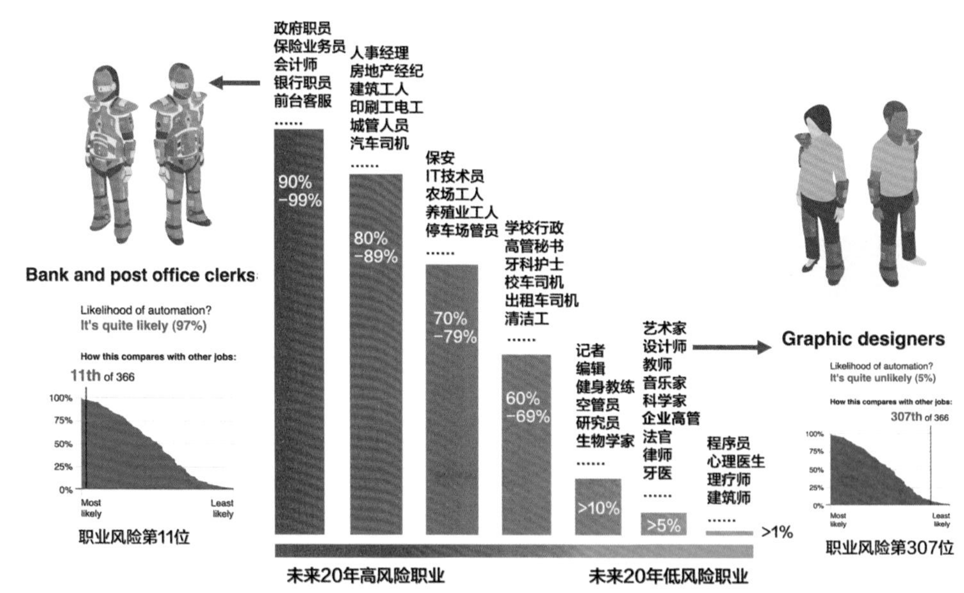

图 10-34 英国 BBC 公司对未来职业变化的预测

麦肯锡报告中分了 11 个行业大类，预测了中、美、德、日、印和墨西哥在这些行业的岗位需求变化。其中涉及创意类、技术类、管理类以及社会互动类的岗位需求增长明显，如医生、设计师、艺术家、媒体从业者、律师、教师、计算机工程师等在中国会有高达 50%~119% 的增长幅度（图 10-35），因为机器还无法在这些领域取代人类。另一方面，那些在可预测环境中部分岗位，如普通工人、银行职员、保险经纪人等的需求将下降明显（-4%）。另外值得注意的是，在不可预测环境下的一些相对低收入岗位，例如园艺工人、水管工、儿童和老人护理人员受自动化影响的程度也会较低。一方面由于他们的技能很难实现自动化；另一方面，由于这类岗位工资相对较低，而自动化成本又相对较高，因此推动这类劳动岗位自动化的动力较小，这些职位也不太容易被机器人取代。麦肯锡预测，随着老龄化社会的到来，医护人员，如医生、护士、医师助手、药剂师、理疗师、保健员、保育员以及保健技师等岗位需求将增长 122%，这充分体现了未来服务业的巨大发展潜力。麦肯锡报告特别指出：被机器人取代并不意味着大量失业，因为新的就业岗位将被创造出来，人们应该提升工作技能来应对即将到来的就业大变迁时代。

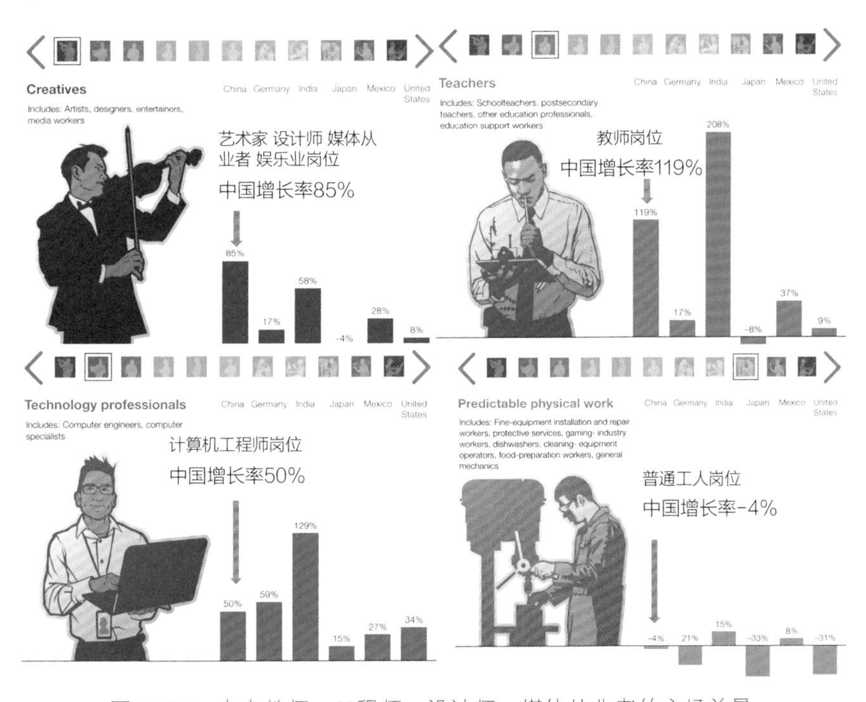

图 10-35　未来教师、工程师、设计师、媒体从业者的市场前景

事实上，互联网与人工智能带来的巨变早在 10 年前就已经开始了。2007—2017 年全球市值最高的 10 大公司的榜单变化就清楚地揭秘了这个进程（图 10-36，上）。2007 年，榜单中只有微软（绿色）属于计算机行业企业，其他的基本都是工业和银行类的大企业，我国的工商银行、中石油、中石化等巨头赫然在目。而 10 年后，榜单中的企业都换成了绿色，互联网企业占据了 7 席，包括中国阿里巴巴和腾讯两大互联网公司。亚马逊用了 14 年才在美国市场占有 50% 的用户，而淘宝仅用了 9 年。ApplePay 虽然在移动支付领域起步较早，但至今并未获得美国 50% 的市场，而支付宝短短 4 年就达成这一目标。诸如此类的例子还有很多，比如微信、滴滴、爱奇艺……在这 10 年间，这些软件的出现已经彻底改变了人们的生活方式。环顾周围的世界，从滴滴打车到微信开店，从淘宝抢购到众筹创业，移动互联网在今天更加广泛地渗透到了我们生活的每一个角落。今天，谷歌的无人驾驶汽车已可以在高速公路上穿梭，它不仅可以自动停靠到大街上，而且还能在地库中寻找车位。技术的发展还

在加速，更多的新技术还处在萌芽期和成长期。美国著名 IT 研究与顾问咨询公司 Gartner 给出的 2017 年度技术成熟度曲线（图 10-36 下）表明，这一切才刚刚开始。

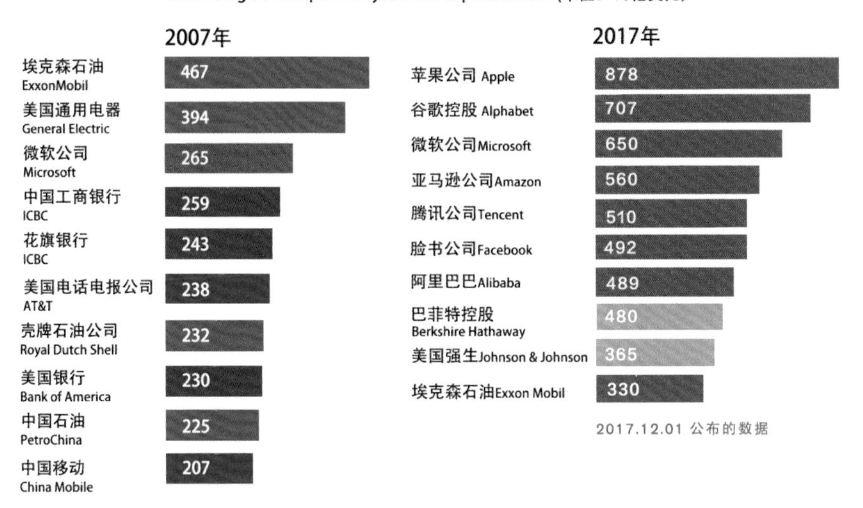

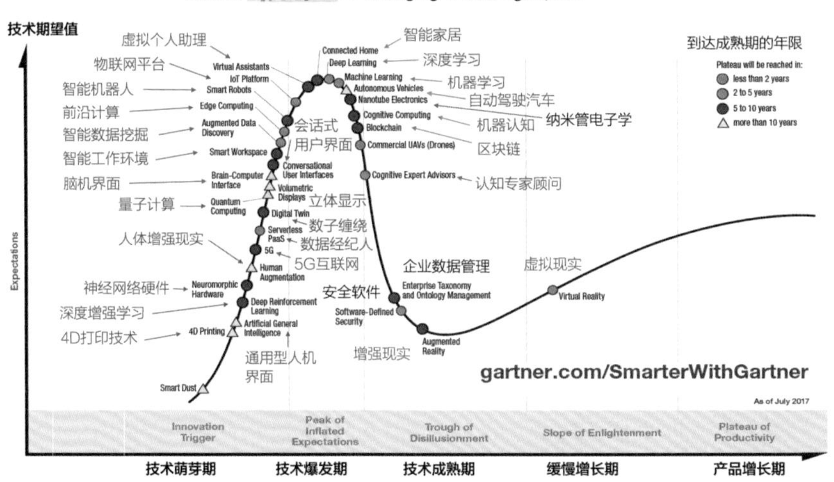

图 10-36　全球市值最高 10 大公司的变化（上）Gartner 技术成熟度曲线（下）

在人工智能高速发展的时代，什么样的工作将成为未来职场常青树？一些就业专家分析发现，未来的很多好工作将要求人们左右大脑同时发达并能兼用。根据《华尔街日报》的记者调查，这类工作必须左右半脑联手协作的工作，即技术和创造能力兼备，如导演、医生、交互设计师、数据工程师和网络安全分析师等，这些工作比较难被机器人替换，将在未来获得更高的薪金并能防止被淘汰。这种技能也被称为“混合工作技能”。根据科学常识，人脑分为左半脑和右半脑，左右半脑负责不同的技能：左脑通常负责逻辑与分析，右脑则负责直觉和创造力。现在一些就业专家分析发现，未来的很多好工作将要求人们左右大脑同时发达，并能兼用。“混合工作”未来就业增长达 21%。根据波士顿劳动力市场分析公司——伯尼格雷斯技术公司（Burning Glass Technologies）公布的数据分析结果，同时需要技术和创造能力的工作，如移动应用程序开发或生物信息分析等工作，近年来不仅增长最快，而且收入最高。其中，涉及新媒体营销、数字广告与短视频编辑的工作成为更多设计专业学生的选择。这些工作不仅要求右脑的创意与想象力，而且需要左脑的逻辑分析能力（图 10-37）。例如，在 2015 年，每 20 个与设计、媒体和文案创意的工作中就有一个要求具备数据分析技能；在 2018 年，每 13 个中就有一个。2013 年，每 500 个营销和公关广告中就有一个被要求具有数据可视化技能，而到 2018 年，这一比例增加到每 59 个广告中就有一个。由此来看，交互设计师正是处于这个创意 + 分析的岗位范畴，对工具（编程 + 数据科学 + 可视化）的熟悉和对人性（用户研究 + 市场分析 + 心理学）的洞察，使得这个职业将成为未来艺术设计领域最具备竞争力的热门职业之一。

图 10-37　右脑 + 左脑的“混合工作技能”将会在就业市场中胜出

思考与实践10

思考题

1. 文化创意产业包含哪几大类别?

2. 可穿戴设计在未来有哪些可能的发展方向?

3. 虚拟博物馆设计的主要技术有哪些？如何实现深层互动？

4. 什么是有形可触媒体？

5. 麻省理工学院研究的智能可变形家具有哪些应用前景？

6. 麻省理工学院提出的“自由基原子”是什么概念？

7. 手势交互和虚拟现实头盔相结合会带来哪些商机？

8. 人脸识别技术可以应用在哪些领域？未来前景如何？

9. 什么是智能时代的设计？智能时代对设计师的挑战是什么？

实践题

1. 宠物作为人们生活的重要伴侣，其健康问题受到了人们的关注（图 10-38）。某宠物医师需要定制一款可以帮助主人实时监控宠物活动和健康状况的可穿戴设备。请调研其市场需求并设计该产品，其主要功能包括：①健康监测，② GPS 防走失预警，③动物脑波分析（动物心理与情绪），④动物叫声的语义识别。

图 10-38　宠物作为人们的伴侣，其健康问题受到了人们的关注

2. 有形可触媒体的核心是把现实世界本身作为界面，而把计算和数码比特隐藏起来。请寻找并观察一颗大树的树洞，在里面设计一个可以播放音乐歌曲的交互装置，如果将手伸到树洞中就可以切换不同的歌曲，请附加原型图。

结束语

交互设计的未来

前卫艺术家约瑟夫·博伊斯在20世纪60年代宣称“人人都是艺术家”，这个时代已经来临。而交互设计正是秉承共享、共创、共赢和独特的个性化设计的理念。个性、顿悟、创意、梦想、浪漫、伤感、回归和对人生价值的追求，已成为未来设计师的坐标。智能设计时代已经来临，“人机共栖”的现实意味着交互设计将从界面转向编程、从单感官体验转向混合体验、从人机关系转向综合服务与体验。这些使得交互设计有着更辉煌的未来。

卡耐基·梅隆大学设计学院院长理查德·布坎南（Richard Bushanan）教授曾经指出：“坦率地说，设计最大的优点之一就是我们不会局限于唯一的定义。现在，有固定定义的领域变得毫无生气、失去活力或索然无味。在这些领域中，探究不再挑战既定的真理。”而交互设计对传统设计观念最大的挑战就是针对行为与体验的设计。交互设计着重通过无形和有形的媒介，从体验的角度创造概念与产品。从系统和过程入手，为用户提供整体的服务。正如我国工业设计前辈、清华大学美术学院柳冠中教授（图 J-1）所强调的那样，从“物”的设计发展到“事”的设计；从简单的对单个的系统要素的设计发展到对系统关系的总体设计，从对系统内部因素的设计转向对外部因素的整合设计。这种设计思维跨越了技术、人的因素和经济活动三大领域，成为新型产品设计美学的核心。

图 J-1　柳冠中教授呼吁关注设计的系统性和综合性

1969 年，工业设计理论家、社会活动家维克多·帕帕奈克（Victor Papanek）出版了《为真实世界而设计》一书，帕帕奈克指出：设计应该为广大人民服务，设计不仅应该为四肢健全的人服务，还应该为残疾人服务，设计应该考虑地球有限资源的使用问题，应该为保护地球有限资源而服务。柳冠中教授也特别强调设计师的责任感和视野。他多次强调：一切设计要从本源出发，外观是设计最浅的层次，而设计师是要解决问题的。这就是“事理学”，也就是做事在先，工具在后。随着智能制造和工业 4.0 概念的提出，特别是体验经济、共享经济、参与式合作和人工智能技术的发展，未来的“设计”边界的外延还会进一步拓展，在包括工业智能产品、生活方式、交互设计、智能（家居）空间、互联网 +、社会创新、健康医疗、可穿戴产品、城乡有机农业、深度体验、大数据 + 智能硬件等领域，成为不可或缺的重要因素（图 J-2）。

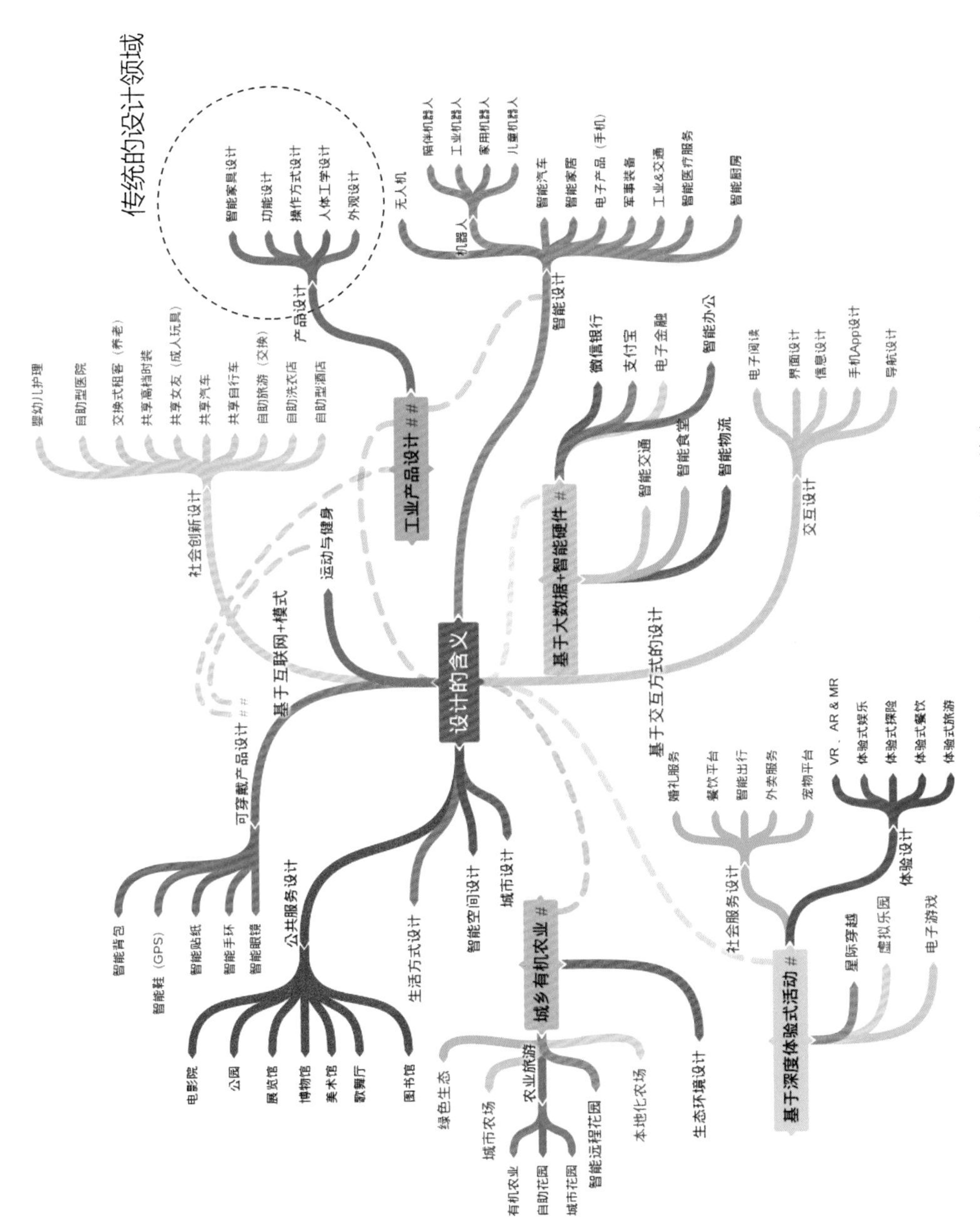

图 J-2 体验经济时代艺术与设计内涵的变迁

对于艺术家和设计师来说，计算机不仅是日常信息沟通的工具，而且还是批判社会、表达观念和建构美学的载体。随着媒体的数字化，技术和艺术的联姻打开了通往时间、虚拟空间和互动生活方式的大门。技术不仅改变了社会，同时也改变了设计的法则。电子阅读替代了纸质阅读，意味着静态的、叙事型的和线性的设计美学的终结。手机屏幕替代了海报，象征着以字体、版式、图像和图形构成的印刷世界被数字化媒体的“流动世界”所替代（图 J-3）。苹果的简约风吹遍全球，谷歌的材质设计成为 UI 设计的新标准，所有这些意味着变革的到来，一种基于流动的、交互的、大众的和服务的设计美学呼之欲出。

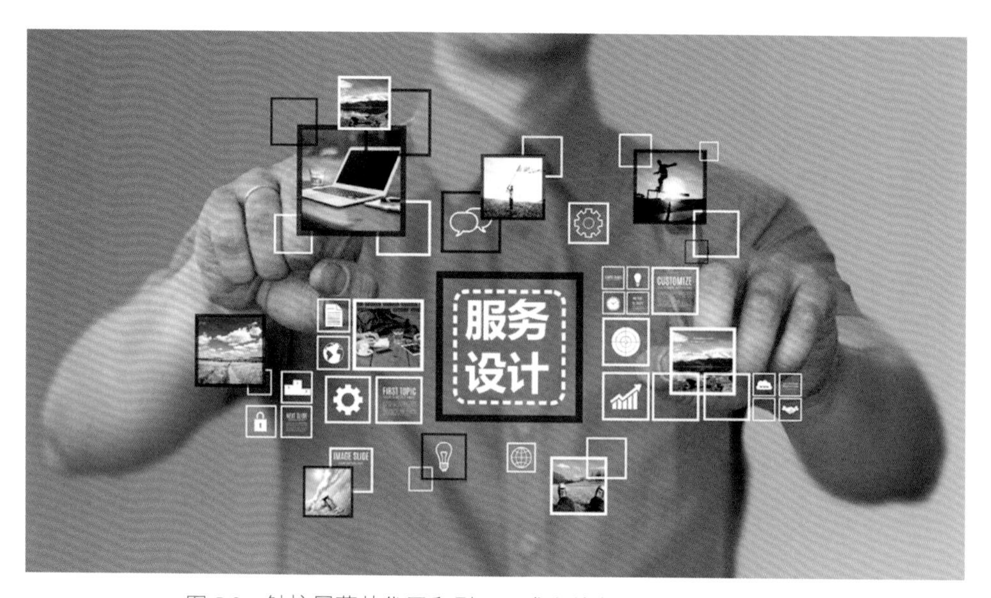

图 J-3　触控屏幕替代了印刷，已成为数字化生活方式的基础

简约、高效、扁平化、直觉与回归自然代表了数字时代的美学标准。正如简洁干净的计算机程序所带来的美感一样，所有的“数据库逻辑”也成为新时代设计的主宰。美国南加州大学视觉艺术系的俄裔教授列夫·曼诺维奇指出：在新媒体时代，数据库将成为一种文化和美学的形式。从视觉层面来说，交互设计的美学意味简洁、清晰、高效、实用和大众化，也就意味着更为扁平和清晰的视觉设计。以手机界面为例，这种美学强调通过明快的色彩、大胆的布局、简约的风格和亲切的图像营造出更具有活力和感性的页面（图 J-4），从而使得信息流变得更为清晰，实用性、易用性更强，也更受公众的欢迎。

信息时代的核心就是“服务”与“民主”。也只有现在这个时代，由于网络的不断进步，让我们能够更加平等地站在一起。搜索引擎让我们用最快的速度找到需要的信息，博客与微信让每个人都有机会畅所欲言，淘宝让每个人都可以是老板，P2P 让人人都能分享好的资源。共享、共创、共赢的理念从更深层次上表达了交互与服务的本质。十多年前，苹果计算机设计先驱杰夫·拉斯基（Jef Raskin）出版了著名的《人本界面：交互式系统设计》一书，提出了人本界面的设计思想。而伴随近年来“以用户为中心”设计理念的流行，交互式沟通和设计中的“民主”界面再一次成为人们对于产品与设计的追求。越来越多的设计师不再沉迷于某一个设计风格，或者自诩某一个设计流派，而将设计的原始权利交给最终设计产品的使用者，这种开放原则正在成为最前卫的设计哲学。

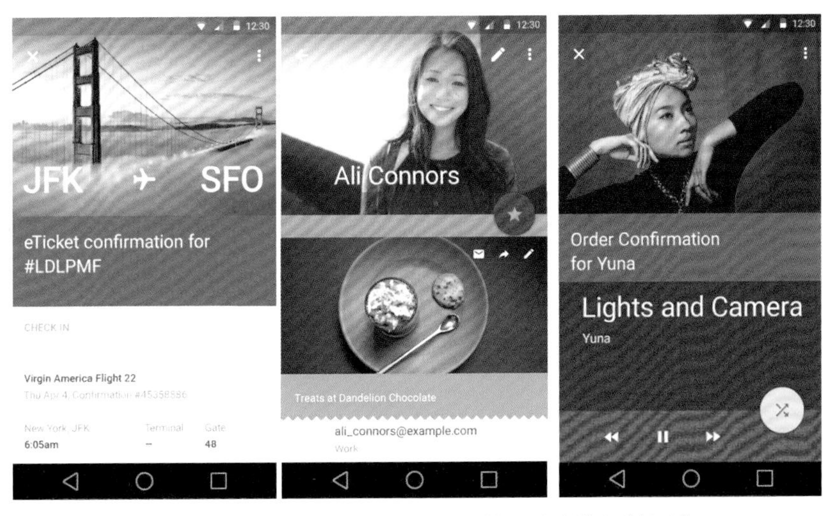

图 J-4　服务的美学意味着更为简约和清晰的视觉设计

今天，无所不在的互联网深深影响了设计界，传统的器物化审美失去了光芒。如何在手机屏幕中呈现出生动、高效、有趣的购物界面，比塑造一个玻璃杯的曲线更有诱惑力。电影版《变形金刚》的角色设计最能体现这个选择：一方面要考虑“孩之宝”大批量生产玩具的商业利益，另一方面又要征求动画片《变形金刚》的超级“粉丝”们的意见。导演麦克·贝和孩之宝玩具设计主管亚伦·阿切认为：由设计师凭空想象灌输给消费者的时代早就过去了。因为消费者有选择权，甚至在最初就参与设计，这种新型的设计与消费者关系已成为服务设计的准则。按照杰夫·拉斯基在《人本界面》中的说法，以人为本已经不只是一种人机关系的理想，而是可以体现在服务平台、界面及相关软硬件技术上的设计原则。设计师作为产品与界面设计的执行者，他们的设计体现了一种跨越技术、美学与服务的桥梁（图 J-5）。

图 J-5　人本界面：一种跨越技术、美学与服务的桥梁

1975 年，年轻的工程师斯蒂夫·沃兹尼克灵机一动：如果把计算机电路和普通打字机键盘、视频屏幕连接在一起会是个什么东西？由此，他和乔布斯在自家车库中的发明所引发的计算机的革命至今仍然在改变着人类世界。但是与乔布斯在性格上的天壤之别，还是让他离开了苹果，一个计算机天才最终成了新技术商业化的冷眼旁观者。设计师通常对自己身边的物质世界不满，不满足于别人塑造出来的瓶瓶罐罐，不满足于那些大牌设计师勾勒出来的各种产品，更不满足于自己对于每天使用的东西毫无发言权。人类最伟大的事情就在于我们每个人都是不同的。所有设计师都拥有独特的个性、追求和信仰（图 J-6），那么，为什么不能发挥每个人的想象力和创造力？为什么不能为每个人量身定制"个性化的设计"？ 20 世纪 60 年代，前卫艺术家约瑟夫·博伊斯（Joseph Beuys）就宣称一个"人人都是艺术家"的时代的来临。交互与服务设计正是秉承共享、共创、共赢和独特的个性化设计的理念。后直觉主义、材料美学、超实用性、自然的借鉴、维度的突破、交互与流动、触摸与灵感……所有这一切都将成为新时代设计的语言，个性、顿悟、创意、梦想、浪漫、伤感、回归和对人生价值的追求，已成为未来设计师的坐标。

图 J-6　所有设计师都拥有独特的个性、追求和信仰

20 世纪初，法国《费加罗报》曾引用过意大利诗人菲利波·马里内蒂的宣言："我们站在各个世纪的峰顶！当我们要打开这扇不可能的神秘之门时，为什么还要回头看？时间和空间在昨天已死去，我们已经生存在绝对时空里。"为了与传统决裂，未来主义运动诞生了。于是，汽车、飞机以及地铁重新建构了时间和空间，白炽灯光模糊了白天和黑夜的分界，X 射线和空调则混淆了内外空间，留声机、摄像机、收音机拓展了人们的感官。马里内蒂要求同时代的人们告别过去，大胆地迈向新的时代。光阴似箭、日月如梭，未来主义百年之后，我们同样开始怀疑，由印刷机、涡轮机和发电机掌控的电气时代的美学规则，显然已经不符合这个由智能手机、服务器和路由器组成的世界。科幻小说家威廉·吉布森（William Gibson）曾

经说过：“未来已来临，只是尚未广为人知而已。”我们展望未来，但未来始于现在。或许，随着科技进步，人机界面终将消失，智能代理（情感机器人）将会替我们打理一切，但人类永不满足的好奇心、对未知世界探索的勇气、对丰富内心体验的渴望都会成为设计师的奋斗目标。境由心生，新奇与独创乃设计之本，美的体验则为心灵震撼之源（图 J-7）。

图 J-7　新奇与独创乃设计之本，美的体验则为心灵震撼之源

维基百科的创始人吉米·威尔斯曾经说过，我的梦想就是让这个星球上的每个人都能接触到人类知识的总和。一个津巴布韦的孩子能和一个美国亚拉巴马州的孩子一起分享知识。威尔斯说，10 年后，也许维基百科并不存在了，但维基的这种社会构架还会存在下去。人们可以分享一切，不论是一部百科全书、一部字典，还是人们多样的生活方式。分享、互动、沟通与服务意味着对每个生命个体的尊重。认识到每一个独立个体的生存价值，尊重他创造与成长的权利，这就是设计的未来。在一个由卫星、网络和光纤构成的地球村里，没有家长，却有设计师，他们像大自然的园丁，不断打理和浇灌盛开的花圃，为全村人提供着美和生命的意义。

参 考 文 献

[1] 李世国，顾振宇．交互设计 [M]. 2 版．北京：中国水利水电出版社，2016.

[2] 赵大羽，关东升．交互设计的艺术：iOS7 拟物化到扁平化革命 [M]. 北京：清华大学出版社，2015.

[3] 刘津，李月．破茧成蝶：用户体验设计师的成长之路 [M]. 北京：人民邮电出版社，2014.

[4] 王国胜．服务设计与创新 [M]. 北京：中国建筑工业出版社，2015.

[5] 向怡宁．就这么简单——Web 开发中的可用性和用户体验 [M]. 北京：清华大学出版社，2008.

[6] 茶山．服务设计微日记 [M]. 北京：电子工业出版社，2015.

[7] 腾讯用户体验部．在你身边，为你设计：腾讯的用户体验设计之道 [M]. 北京：电子工业出版社，2013.

[8] 善本出版有限公司．与世界 UI 设计师同行 [M]. 北京：电子工业出版社，2015.

[9] Stephen P Anderson. 怦然心动 情感化交互设计指南 [M]. 徐磊，等译．北京：人民邮电出版社，2015.

[10] 琼·库珂．交互设计沉思录 [M]. 方舟译．北京：机械工业出版社，2012.

[11] 克拉格．瓦格等．创新设计．如何打造赢得用户的产品、服务与商业模式 [M]. 吴卓浩，郑佳朋，等译．北京：电子工业出版社，2014.

[12] 加瑞特．用户体验要素：以用户为中心的设计 [M]. 范晓燕译．北京：机械工业出版社，2011.

[13] Terry Winograd. 软件设计的艺术 [M]. 韩柯译．北京：电子工业出版社，2005.

[14] Alan Cooper 等．About Face3.0 交互设计精髓 [M]. 刘松涛，等译．北京：电子工业出版社，2008.

[15] 雅各布·施耐德，等．服务设计思维 [M]. 郑军荣译．南昌：江西美术出版社，2015.

[16] 科尔伯恩．简约至上：交互式设计四策略 [M]. 李松峰，秦绪文，译．北京：人民邮电出版社，2011.

[17] Branko Lukic 等．Nonobject 设计中文版 [M]. 蒋晓，等译．北京：清华大学出版社，2014.

[18] 布朗 .IDEO，设计改变一切 [M]. 侯婷，译．北京：万卷出版公司，2011.

[19] 宝莱恩，等．服务设计与创新实践 [M]. 北京：清华大学出版社，2015.

[20] 杰夫·拉斯基．人本界面：交互式系统设计 [M]. 史元春，译．北京：机械工业出版社，2004.

[21] Steven Heim. 和谐界面——交互设计基础 [M]. 李学庆，译．北京：电子工业出版社，2008.

[22] 唐纳德·A. 诺曼．设计心理学 [M]. 梅琼，译．北京：中信出版社，2003.

[23] 唐纳德·A. 诺曼．情感化设计 [M]. 付秋芳，等译．北京：电子工业出版社，2004.

[24] 克里斯·安德森．创客：新工业革命 [M]. 萧潇，译．北京：中信出版社，2012.